U0673835

# 景观设计师手册 3

丛书主编：李克俊
本书主编：崔建明　肖　阳

# HANDBOOK OF THE LANDSCAPE ARCHITECT

中国林业出版社

图书在版编目（CIP）数据

景观设计师手册.3 / 李克俊，崔建明主编 . -- 北京：中国林业出版社，2014.6（2020.5重印）

ISBN 978-7-5038-7481-9

Ⅰ . ①景… Ⅱ . ①李… ②崔… Ⅲ . ①景观设计 - 手册 Ⅳ . ① TU986.2-62

中国版本图书馆 CIP 数据核字 (2014) 第 090741 号

中国林业出版社·建筑家居分社
策划、责任编辑：李 顺 段植林
出版咨询：（010）83143569

出 版：中国林业出版社（100009 北京西城区德内大街刘海胡同 7 号）
网 站：http://www.forestry.gov.cn/lycb.html
印 刷：固安县京平诚乾印刷有限公司
发 行：中国林业出版社
电 话：（010）83143500
版 次：2014 年 9 月第 1 版
印 次：2020 年 5 月第 2 次
开 本：889mm×1194mm 1 / 16
印 张：16.5
字 数：400 千字
定 价：128.00 元

# 本书编委会

**丛书主编：**李克俊

**主　　编：**崔建明　肖　阳
**副 主 编：**张　琪　张　静

**编写人员（按姓氏拼音排序）**

崔建明　陈英夫　杜海娟　胡可分　李克俊　刘玢颖　刘鑫磊　罗露萍　尚书静　苏泽宇
孙一琳　王冬冬　王福亮　王广鹏　王丽娜　王　雪　武学军　肖　阳　员　婧　于艳华
闫　静　袁铭澳　赵　娜　朱亚男　邹　力　张　博　张鸿伟　张　琪　张　静

**专家顾问：**孟建国　李存东　李金路　史丽秀　李　力　张　磊　董　强　史莹芳

**支持单位：**
北京筑邦园林景观工程有限公司
中城建北方建筑勘察设计研究院有限公司北京分院
北京久道景观设计有限责任公司
北京爱尔斯环保工程有限责任公司
景立方（北京）景观规划设计有限公司
北京中元林信息技术有限公司（园林中国网）
洛阳元之林园林工程有限公司

# 序 FOREWORD

2011 年夏天，克俊来找我，构想编写一本设计师手册。

克俊同时带了几本已经出版的同类手册，并分析了这些同类手册的特点，也指出其不足和局限。她向我介绍了她要编写的手册的大概的形式、包含内容怎样使用查找等，以及将来手册编成后对工作和行业的意义等等……她分析得深入透彻，构想得成熟完善，看得出她编书的决心大，但我还是心有忧虑，因为设计院平时设计任务繁多，要想在空余时间编写这样详尽丰富的设计资料手册，需要花费很多精力，困难可想而知。

2014 年初夏，克俊又来找我，带来了厚厚的三册书稿，我甚感欣慰与感动。粗阅书稿，内容涵盖了园林景观设计从业者需要的各项设计资料：有概念也有理论，有技术也有实践。整套书编制新颖别致，查阅系统便捷清晰，应易为读者所接受。

本套手册编写人员都是我院在园林景观设计行业从业多年的资深设计师及管理人员。他们专业扎实，实践经验丰富，我认为他们所编写的，也一定是园林景观设计人员所需的。当今社会发展迅速，各行各业都在为利润趋之若鹜之时，他们能守住专业、钻研专业，并无私奉献所得所学，是一份热爱行业的情感，也是一种难能可贵的精神。

万丈高楼平地起，园林景观设计是一个综合的系统工程，一本书或一套书可能远远不能满足我们的所有需求，但是有了这套书的基础，我相信广大设计师同仁们一定能从中受益，我也希望能看到更多的好书为设计行业添砖加瓦，为园林景观行业者的新使命贡献力量。

北京筑邦园林景观工程有限公司
北京筑邦建筑装饰工程有限公司　执行董事 总经理
中国建筑设计集团筑邦环境艺术设计院　　院 长

**苦于千头万绪**

2011 年的夏天，我从建设部设计院调到景观设计公司工作。刚到新环境，就有青年设计师来找我指导，其中大部分都不算是技术难题，只是一些常见的规范、规定。我建议他们去查规范、翻图集，自己解决问题。意图用这样的办法来督促大家多学习，牢固掌握专业基础知识，但收效甚微。一是针对特定的问题去查规范，解决的大多数是个别问题，不具有普遍性；二是资料规范等工具书专业性强，但综合性差，解决一个问题需要查阅多本资料或规范。

诚然，园林景观设计涉及到园林景观、规划、植物、建筑、总图、结构、给排水、电气等很多相关专业的知识，虽然不是一门很高深的学科，但要求掌握多专业的知识。遇到设计疑问去资料查阅真是一件千头万绪的事。

**手册出自民间**

有同事提议，建议将分布在各个专业领域的基础知识点整合集中，把这些资料统一编排成一本手册，便于查阅。在工作之余，由我组织安排，几位同事经过多轮的查阅、整理、编排，手册已经初见雏形。并在实际工作中得到了初步的运用，这本"民间"手册也日渐完善。

偶然的机会，中国林业出版社的策划编辑李顺阅读了我们这本民间手册，并给予了较高的评价，希望我们能将手册整理编辑正式出版，惠及更多的园林景观设计师和院校师生。不同于"民间"自用，正式出版的书籍要求非常高。为了能让"民间"手册早日与读者见面，出版社的领导、李编辑和所有的编者经历过数次的讨论、修改、扩充、删减、更新、替换，手册从一本书几章节扩编到了一套三本几十章节，内容越来越丰富、体系越来越完善，前后经历了共计三年，终于完成了今天这套《景观设计师手册》。

**使用事捷功倍**

编手册的初衷就是要便于查找，让工作繁忙的设计师在最短的时间找到需要的资料。这要求手册的索引体系非常强大。我翻遍了各种设计手册、工具书，尝试了很多种索引办法，都不理想。偶然发现中国建筑工业出版社的《建筑设计资料集Ⅱ》有很清晰明确的索引功能，既有工具书的特点，又简单明了，非常适合设计师查阅。（难怪这套资料集如此经典，看来确实是面面俱到）原来，简单的、实用的，就是最强大的，顺着这个思路，我们仿效《建筑设计资料集Ⅱ》的索引体系，理出了现在的查找形式。从现在的使用情况来看，基本达到了我们的预想要求。

限于编者们的学力和工作条件，文献资料收集不甚全面，书中论述不妥、征引疏漏讹误之处在所难免，希望读者谅解匡正。

编者

2014 年 3 月

# 使用说明：

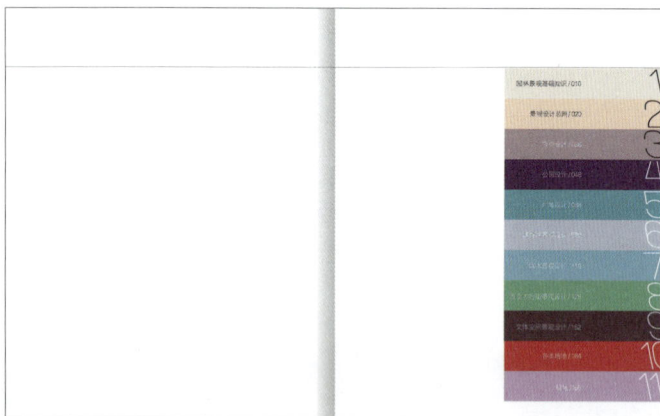

园林景观基础知识 /010    1

章名称　章页码　章编号

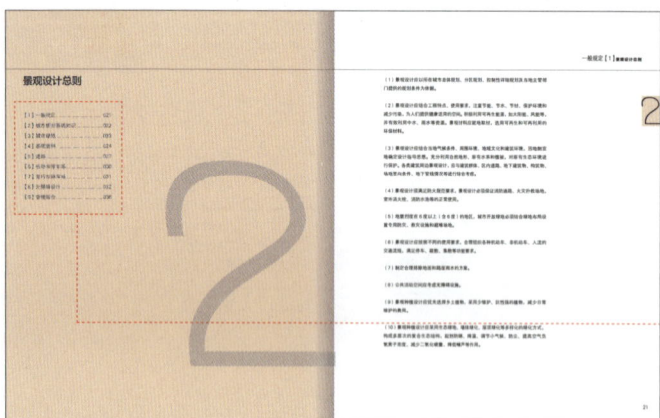

章编号

节目录

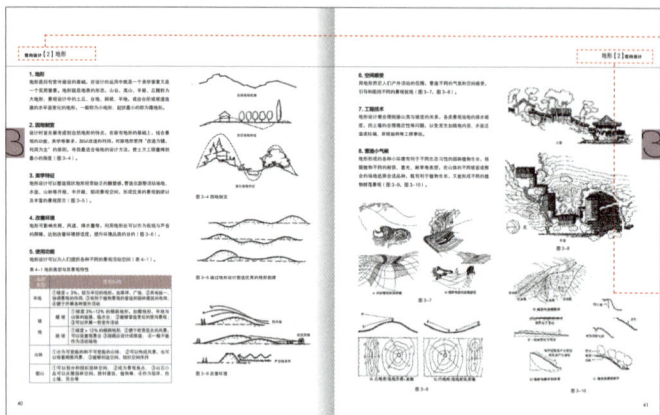

竖向设计【2】地形

章名称　节编号　节名称

地形【2】竖向设计

节名称　节编号　章名称

# 目录
## CONTENTS

# 目录
## CONTENTS

# 人工观赏水景

## 1. 定义

人工观赏水景是现代园林的重要组成部分。包括城市水系规划、小型水闸、驳岸、护坡、水池等。在园林工程当中，水景的作用是不容忽视的。数千年来，水在园林景观中向来是画龙点睛之笔，是园林设计中最富特色的组成部分。水景以它特有的绚丽多姿为园林景观的设计营造出一道亮丽的风景线，同时也可使旧园林景观焕发出青春的光彩。

## 2. 类型及特征（表 1-1）

表 1-1　人工水景的类型及特征

| 类型 | 形式 | | 特征 |
|---|---|---|---|
| 静水 | 不受外界环境影响的水体 | 透光 | 通过水体的透光效应，清晰地反映池底材质 |
| | | 反射 | 通过水面的反射特性产生镜面，映出周围环境景物，形成隔岸观桃花，一枝变两枝的效果 |
| | 受风等环境因素影响的水体 | 质地 | 在风等外界环境因素影响下，产生浪花的水面能表现出一定的质地 |
| | | 媒介 | 产生浪花的水面可以成为表现池底质地的媒介 |
| 动水 | 溪流 | | 水的行为特征如奔流或平静，取决于其流量、河床的大小、坡度、宽窄、驳岸的形式、河底的质地等 |
| | 落水 | 自由下落式 | 水不间断地从一个高度下落到另一个高度 |
| | | 跌落式 | 瀑布在不同高度的平面上相继落下 |
| | | 滑落式 | 水沿斜坡滑落而下 |
| | 喷泉 | 单射流 | 水由单管喷头喷出 |
| | | 喷雾式 | 利用微孔高压撞击式雾化技术，使水分子在瞬间分裂成亿万个 1~10 微米的雾分子，达到气雾状，呈悬浮状，如同自然雾的一种喷泉形式 |
| | | 音乐式 | 和由弱电控制的音乐，一起形成的喷泉，水姿随音乐节奏的变化而变换 |
| | | 充气式 | 由孔径较大的喷嘴将水体喷射湍流水花效果的喷泉 |

## 3. 设计流程

| 确定用途 | ← | 确定水景的观赏、戏水、养鱼等其他功能要求 |
|---|---|---|
| 确定水源 | ← | 确定是否需要循环装置 |
| 确定水质 | ← | 确定是否需要安放过滤装置 |
| 设备空间 | ← | 配备诸如循环设备、过滤设备、照明设备等安装与操作空间 |
| 综合协调 | ← | 协调景观、给水、排水、供电等之间关系 |
| 细部设计 | ← | 对达成景观效果的细部及防水措施等进行设计 |

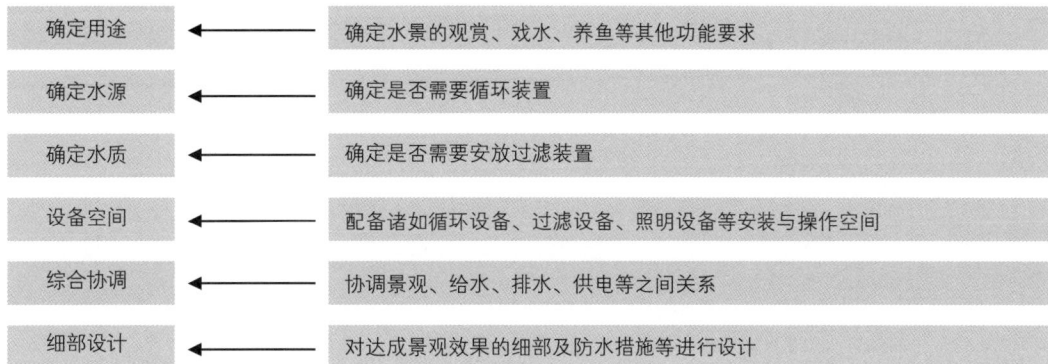

图 1-1 设计流程

## 4. 水循环及构成

### （1）水泵

水泵是输送液体或使液体增压的机械。它将原动机械的机械能或其他外部能量传送给液体，使液体能量增加的设备。衡量水泵性能的技术参数有：流量、吸程、扬程、轴功率、水功率、效率等；根据不同的工作原理可分为：容积水泵、叶片泵等类型。容积泵是根据工作室容积变化来传递能量；叶片泵是利用回转叶片与水相互作用来传递能量，有离心泵、轴流泵和混流泵等。

### （2）进水口

进水口是控制进水量大小的通道。根据水流条件分为无压进水口和有压进水口两大类。无压进水口的水流具有自由水面，水流为无压流，如涌泉、跌水。有压进水口是指进水口一般位于水位线以下，水流为有压流的进水口，如喷泉、瀑布（图 1-2）。

### （3）溢水口（图 1-3）

溢水口一般在水景景观的高位处，为避免液体液面过高而设置的溢流口，当液位达到溢流口时，如果继续向内注入液体，则注入的液体将通过溢流口排出。

### （4）循环水管

循环水管是连通循环水泵保证液体循环功能的管道。

### （5）回水管

回水管是负责将循环后的液体给回循环泵的管道。

### （6）上水管

上水管即给水管是给景观水供应液体的管道。

### （7）泄水管

泄水管是安装在景观水池内用于排空水池或控制水面高度的管道。

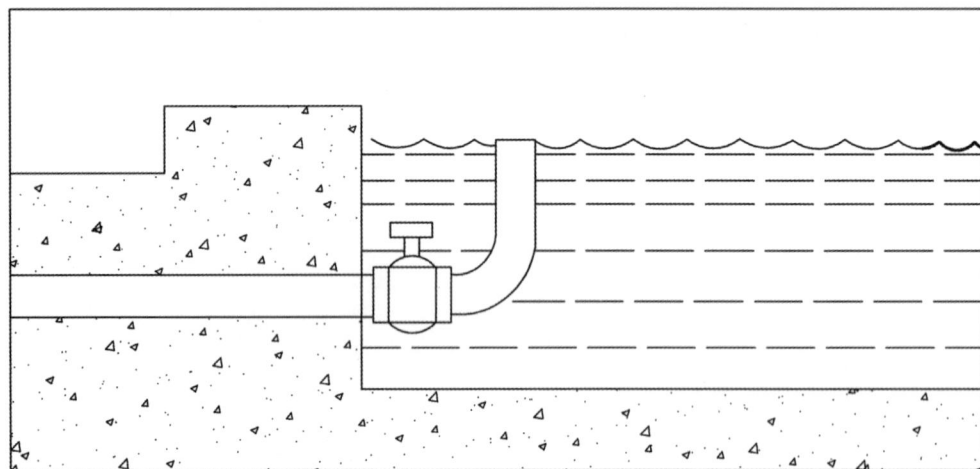

图 1-2 进水口

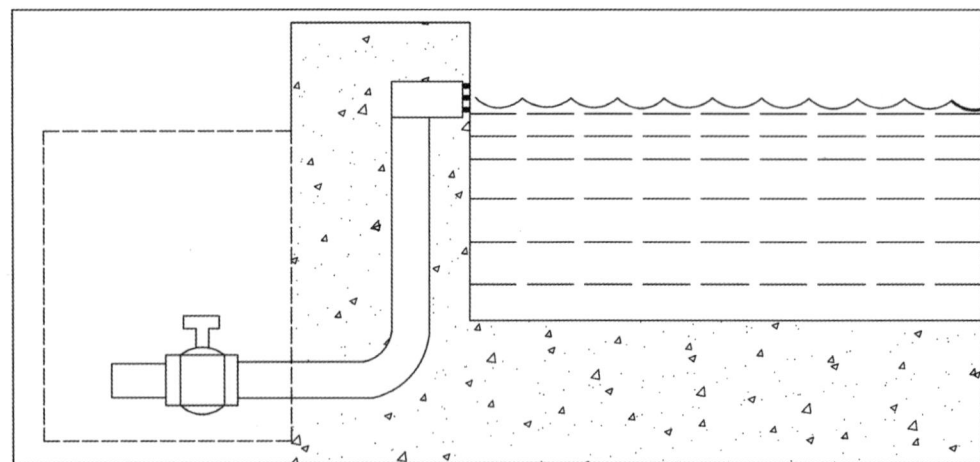

图 1-3 溢水口

### 5. 水景安全设计要点

**（1）水景**

一般常见的景观水池深度均为 0.6~0.8m。可保证出水口的淹没深度，并且池底为一个整体平面，也便于池内管路设备的安装和维护。儿童戏水池中一般深度为 0.3~0.6m。幼儿的专业水池深度以 0.2~0.4m 为宜。这样做有另一个优点，当水质浊度略高时，给人的感觉仍然清澈见底。从亲水的角度出发，较为合适的尺度是水面距离池壁顶面为 0.2m。潜水泵坑或水泵吸水口则只需局部加深以满足吸水条件。泵坑表面可设置箅子，即可遮避设备暴露又可作为格栅以阻止大颗粒杂质进入。从美观的角度出发，水池表面宜尽量减少外露的管道设备，尤其是垂直的溢流口，它会在水面上升时产生很大的排水吸气声。

**（2）水景管网的安全性**

热镀锌钢管在使用一段时间后，表面锈蚀，其使用寿命较混凝土结构短一倍以上，给水景景观带来了安全上的隐忧。较好的管材是铜管和不锈钢管，但造价较高（图 1-4）。UPVC 管材可避免锈蚀，但存在耐候性差，并且见光直接照射加速变色老化等问题。若将其暗埋在池底板下（北方使用时注意布设坡度并在低端设放空阀，冬季需要排水防冻），而在裸露部分采用铜或不锈钢管材，应是较合理经济的解决办法。

**（3）水景照明的安全性**

水景设计及电气设计水下照明灯具是水景中常用设备，在无隔离易于接近或参与性较强的水景中，必须按照泳池用电设计规范使用 12 伏安全电压。灯体应完全屏蔽在强度较高的灯具壳体内，防护等级应大于 IP68，其灯具壳应与水池可靠接触（图 1-5）。灯具设置位置亦应考虑利用管路喷头等物体对其进行保护。如输电距离较远时，应采取提高输出电压的方法补偿电缆压降损失。无论任何情况下，必须使用漏电保护开关，以确保人身安全。

**（4）水源与水质的安全性**

目前水景景观中所用水源大多数为自来水，少数为较清洁的天然水或地下水为水源。我国是一个缺水国，多数城市用水紧张，如何节约用水，保持景观水质，成为越来越重要的课题。景观水质首先要求清澈无色无异味，水景观如果没有良好的水质做保证就谈不上美感。所以在夏季日照正常的地区，一般 7~15 天需换水清理一次。研究表明，当水中总磷浓度超过 0.015mg/L，氮浓度超过 0.3mg/L，藻类将会大量产生。有关水质处理的内容详见本书景观水处理部分。

图 1-4 水下连接件

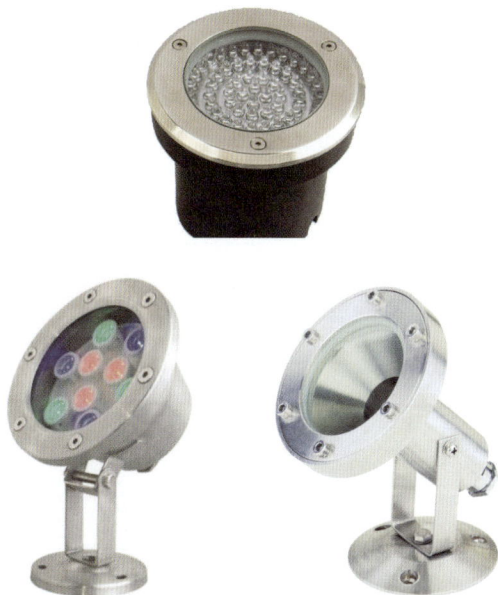

图 1-5 水下照明灯具

13

## 1. 驳岸定义

水景驳岸是在园林水体边缘与陆地交界处，为稳定岸壁，保护湖岸不被冲刷或水淹所设置的构筑物。水景驳岸也是园景的重要组成部分。是亲水景观中应重点处理的部位。驳岸与水线形成的连续景观线是否能与环境相协调，不但取决于驳岸与水面间的高差关系，还取决于驳岸的类型及用材的选择。

## 2. 驳岸类型及特征

驳岸按断面形状可分为整形式和自然式两类。

### （1）整形式

对于大型水体，风浪大、水位变化大的水体基本上是规则式布置的水体，常采用整体式直驳岸，用石料、砖或混凝土等砌筑整形岸壁（图1-6）。

### （2）自然式

对于小水体和大水体的小局部，以及自然式布置的园林中水位稳定的水体，常采用自然式山石驳岸（图1-7），或有植被的自然缓坡驳岸（图1-8）。

①自然原型驳岸：主要采用植物保护堤岸，以保持自然堤岸的特性，如临水种植垂柳、水杉、白杨以及芦苇、菖蒲等具有喜水特性的植物，由它们生长舒展的发达根系来稳固堤岸，加之柳枝柔韧，顺应水流，增加抗洪、保护河堤的能力。

②自然型驳岸：不仅种植植被，还采用天然石材、木材护底，以增强堤岸抗洪能力，如在坡脚采用石笼、木桩或浆砌石块等护底，其上筑有一定坡度的土堤，斜坡种植植被，实行乔灌草相结合，固堤护岸。

③人工自然型驳岸：在自然型护堤的基础上，再用钢筋混凝土等材料，确保大的抗洪能力，如将钢筋混凝土柱或耐水圆木制成梯形箱状框架，并向其中投入大的石块或插入不同直径的混凝土管，形成很深的鱼巢，再在箱状框架内埋入大柳枝、水杨枝等。邻水侧种植芦苇、菖蒲等水生植物，使其在缝中生长出繁茂、葱绿的草木。

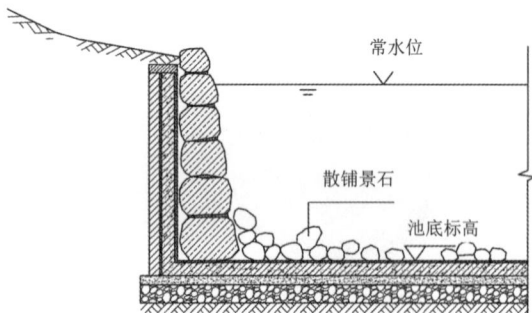

图1-6 整形式直驳岸结构

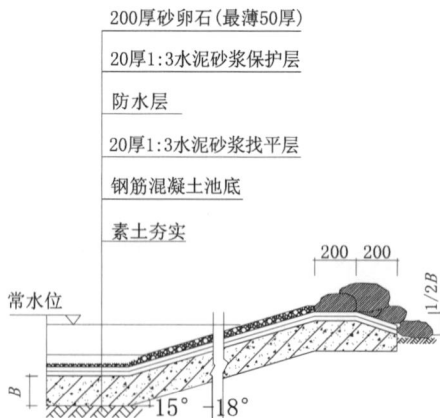

图1-7 自然式山石驳岸

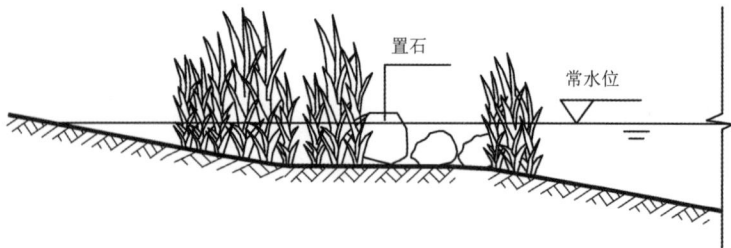

图1-8 自然缓坡驳岸结构

## 3. 常见驳岸类型构造

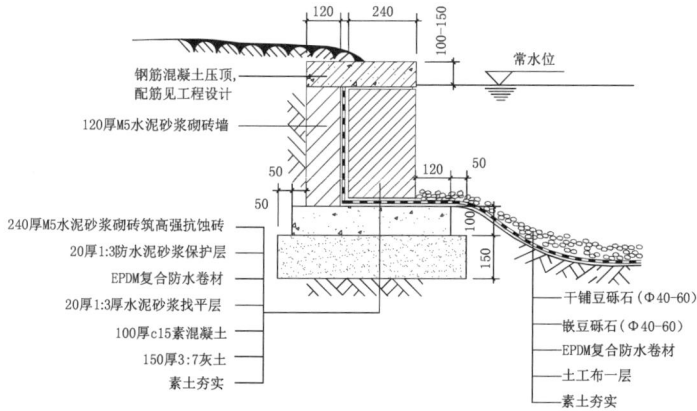

钢筋混凝土压顶,
配筋见工程设计

120厚M5水泥砂浆砌砖墙

240厚M5水泥砂浆砌筑砖砌高强抗蚀砖
20厚1:3防水砂浆保护层
EPDM复合防水卷材
20厚1:3厚水泥砂浆找平层
100厚c15素混凝土
150厚3:7灰土
素土夯实

常水位

干铺豆砾石(Φ40-60)
嵌豆砾石(Φ40-60)
EPDM复合防水卷材
土工布一层
素土夯实

图 1-9 砖砌驳岸结构图

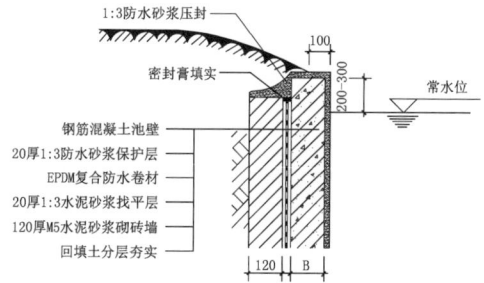

1:3防水砂浆压封
密封膏填实

钢筋混凝土池壁
20厚1:3水泥砂浆保护层
EPDM复合防水卷材
20厚1:3水泥砂浆找平层
120厚M5水泥砂浆砌砖墙
回填土分层夯实

常水位

图 1-10 钢筋混凝土驳岸结构图

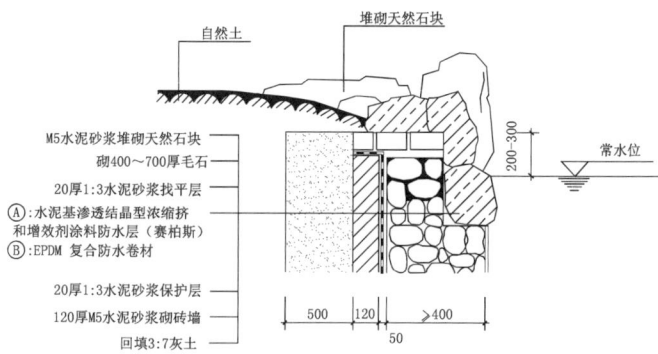

自然土
堆砌天然石块

M5水泥砂浆堆砌天然石块
砌400～700厚毛石
20厚1:3水泥砂浆找平层
Ⓐ:水泥基渗透结晶型浓缩挤
和增效剂涂料防水层(赛柏斯)
Ⓑ:EPDM复合防水卷材
20厚1:3水泥砂浆保护层
120厚M5水泥砂浆砌砖墙
回填3:7灰土

常水位

图 1-11 石矶式驳岸结构图

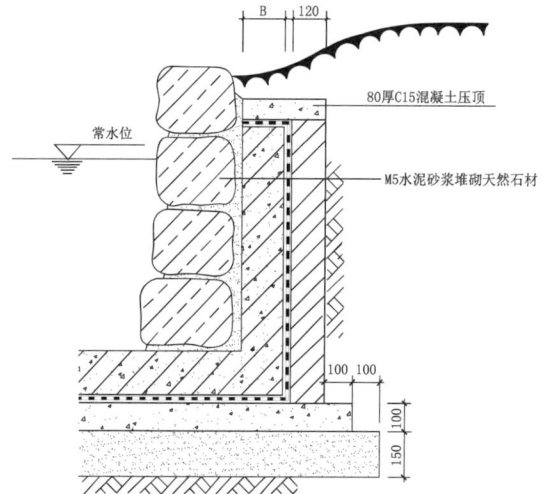

80厚C15混凝土压顶
M5水泥砂浆堆砌天然石材

常水位

图 1-12 毛石砌筑驳岸结构图

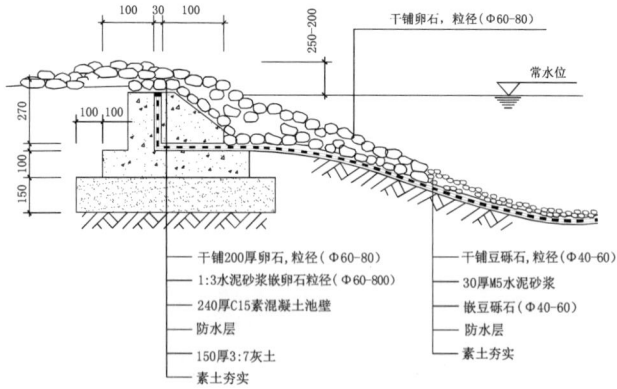

图 1-13 自然式驳岸结构图一

100  30  100

250-200

干铺卵石,粒径(Φ60-80)

常水位

270

100  100

150  100

干铺200厚卵石,粒径(Φ60-80)

1:3水泥砂浆嵌卵石粒径(Φ60-800)

240厚C15素混凝土池壁

防水层

150厚3:7灰土

素土夯实

干铺豆砾石,粒径(Φ40-60)

30厚M5水泥砂浆

嵌豆砾石(Φ40-60)

防水层

素土夯实

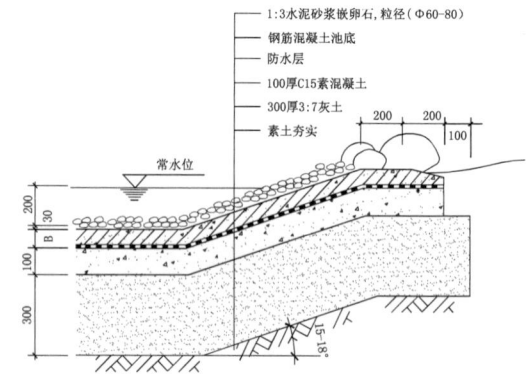

图 1-14 自然式驳岸结构图二

1:3水泥砂浆嵌卵石,粒径(Φ60-80)

钢筋混凝土池底

防水层

100厚C15素混凝土

300厚3:7灰土

素土夯实

常水位

200  200

100

200

B  30

100

300

15-18°

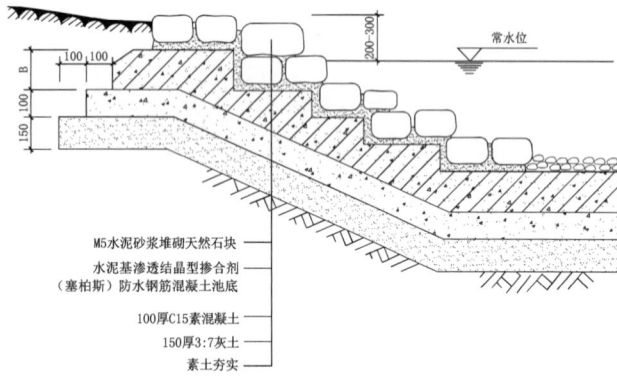

图 1-15 自然式驳岸结构图三

100  100

B

150  100

200-300

常水位

M5水泥砂浆堆砌天然石块

水泥基渗透结晶型掺合剂
(塞柏斯)防水钢筋混凝土池底

100厚C15素混凝土

150厚3:7灰土

素土夯实

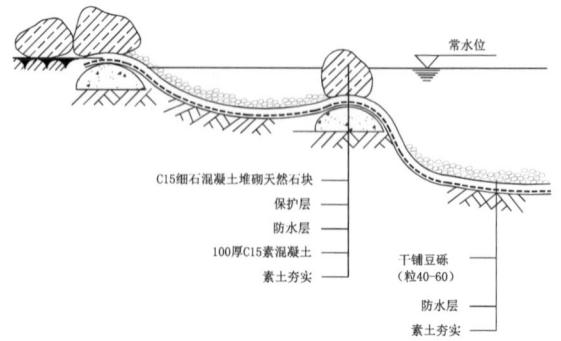

图 1-16 自然式驳岸结构图四

常水位

C15细石混凝土堆砌天然石块

保护层

防水层

100厚C15素混凝土

素土夯实

干铺豆砾
(粒40-60)

防水层

素土夯实

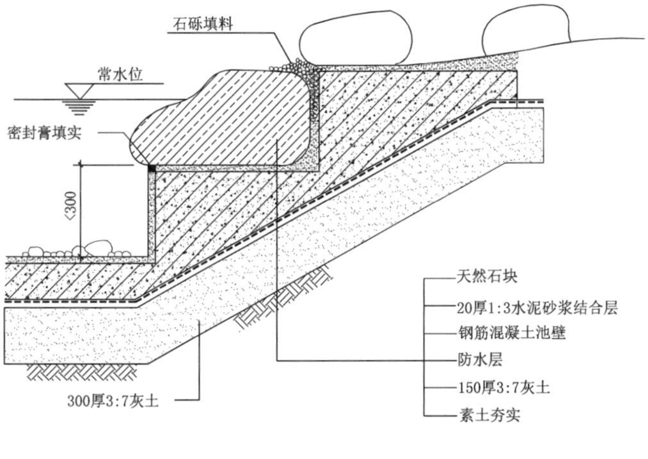

石砾填料

常水位

密封膏填实

<300

天然石块
20厚1:3水泥砂浆结合层
钢筋混凝土池壁
防水层
150厚3:7灰土
素土夯实

300厚3:7灰土

图1-17 台阶式驳岸结构图一

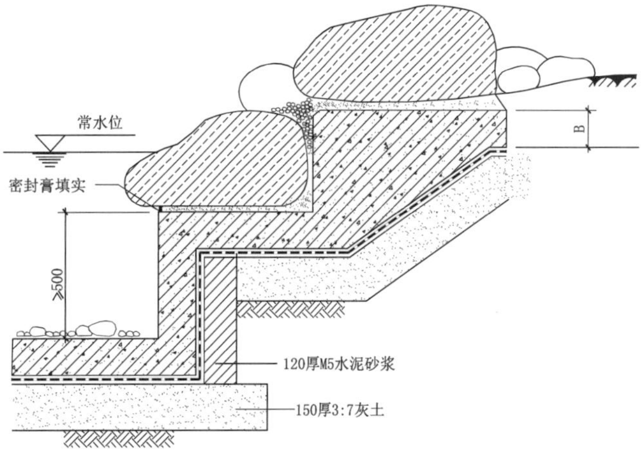

常水位

密封膏填实

≥500

B

120厚M5水泥砂浆

150厚3:7灰土

图1-18 台阶式驳岸结构图二

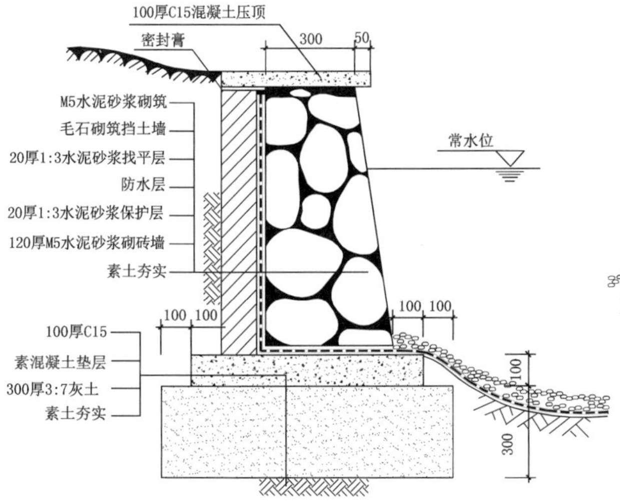

100厚C15混凝土压顶
密封膏

300 50

M5水泥砂浆砌筑
毛石砌筑挡土墙
20厚1:3水泥砂浆找平层
防水层
20厚1:3水泥砂浆保护层
120厚M5水泥砂浆砌砖墙
素土夯实

常水位

100 100

100厚C15
素混凝土垫层
300厚3:7灰土
素土夯实

100 100

100

300

图1-19 干砌块石驳岸结构图

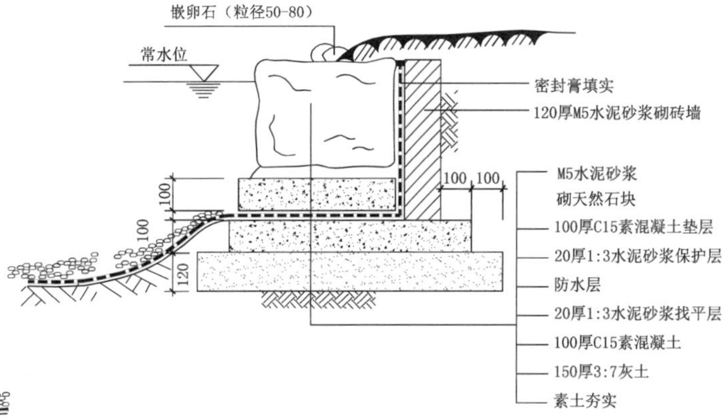

嵌卵石（粒径50-80）

常水位

密封膏填实
120厚M5水泥砂浆砌砖墙

100 100

100

120

M5水泥砂浆
砌天然石块
100厚C15素混凝土垫层
20厚1:3水泥砂浆保护层
防水层
20厚1:3水泥砂浆找平层
100厚C15素混凝土
150厚3:7灰土
素土夯实

图1-20 天然块石驳岸结构图

## 1.池底定义

池底是水景景观的重要组成部分,根据池底的结构形式可分为:刚性池底和柔性池底。其中柔性池底又可分为黏土池底和土池底两种。下面我们就对不同结构形式池底分别介绍:

### (1)刚性池底

刚性池底主要是指池底的结构垫层采用钢筋混凝土,防止防水层在受到拉伸外力大于防水材料的抗拉强度时发生脆性开裂,而造成渗漏水的池底。

### (2)柔性池底

柔性池底主要是指池底通过防水层在受到外力作用时,防水材料自身有一定的伸缩延展性(如橡胶一样的弹性),能抵抗在防水材料弹性范围内的基层开裂,呈现一定的柔性的池底。其中包含粘土池底和砂土池底两种。

## 2.常见刚性池底类型构造

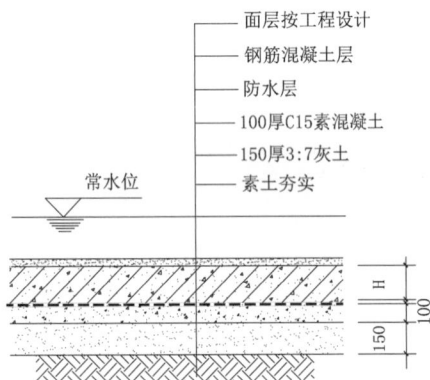

面层按工程设计
钢筋混凝土层
防水层
100厚C15素混凝土
150厚3:7灰土
素土夯实

常水位

图1-21 大中型水池池底结构图

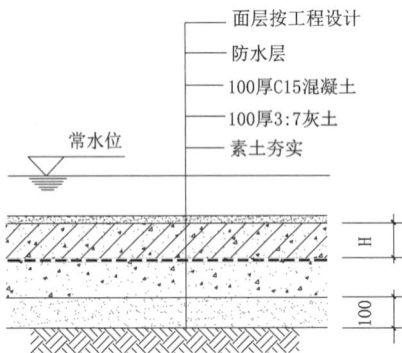

面层按工程设计
防水层
100厚C15素混凝土
100厚3:7灰土
素土夯实

常水位

图1-22 小型水池池底结构图

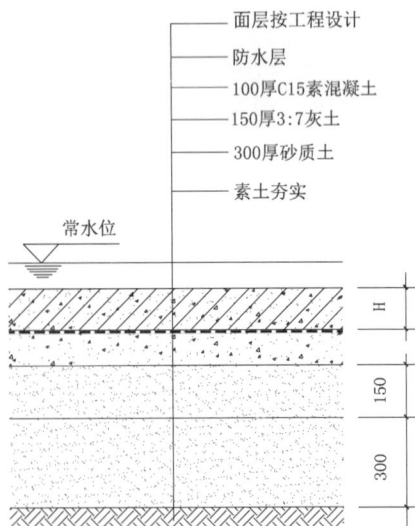

面层按工程设计
防水层
100厚C15素混凝土
150厚3:7灰土
300厚砂质土
素土夯实

常水位

图1-23 防止地基下沉水池结构图

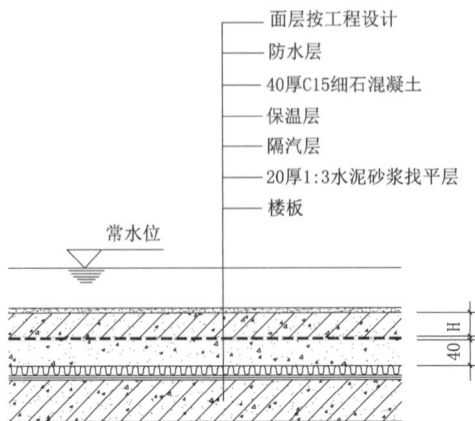

面层按工程设计
防水层
40厚C15细石混凝土
保温层
隔汽层
20厚1:3水泥砂浆找平层
楼板

常水位

图1-24 屋顶上水池结构图

## 3. 常见柔性池底类型构造

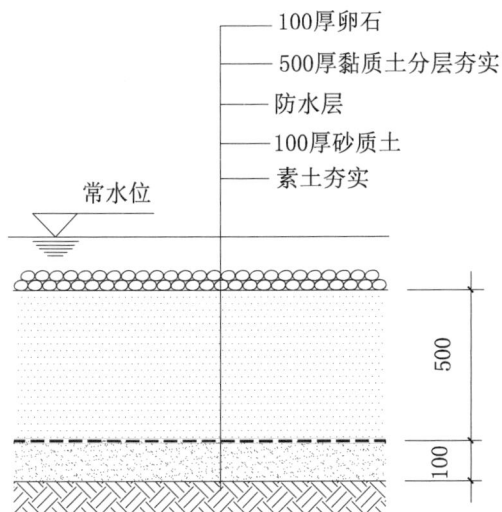

100厚卵石
500厚黏质土分层夯实
防水层
100厚砂质土
素土夯实

常水位

500

100

图 1-25 黏土底水池结构图

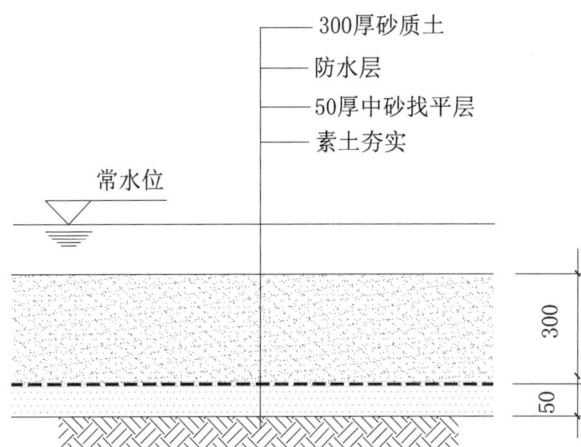

300厚砂质土
防水层
50厚中砂找平层
素土夯实

常水位

300

50

图 1-26 砂土底水池结构图

## 4. 池底防水做法

① 20 厚 1:3 水泥砂浆找平层；

防水材料层（按防水等级要求选择材料。见工程设计）；

20 厚 1:3 水泥砂浆保护层；

防水钢筋混凝土池底（壁）。

② 水泥基渗透结晶型掺和剂防水钢筋混凝土池底。

③ 钢筋混凝土池底；

水泥基渗透结晶浓缩剂和增效剂涂料防水层。

④ 土工布一层；

EPDM 复合防水卷材。

⑤ 膨润土防水毯。

注意：①②③为刚性池底防水做法，④⑤为柔性池底防水做法；

钢筋混凝土池底厚度、配筋见具体工程设计；

如有特殊需要，垫层厚度可根据实际要求定；

3:7 灰土可根据地区情况改用 1:2:4 砾石三合土；

保温层厚度根据不同地区按当地设计标准定；

防水材料防水性能见厂家相关技术资料。

## 1. 跌水定义

### （1）流量设计

跌水或瀑布是指由于地形凸出的高差变化而产生的水流现象。

## 2. 跌水类型及特征

跌水水景实际上是水力学中的堰流和跌水在实际生活中的应用，跌水水景设计中常用的堰流形式为溢流堰（图1-27）（图1-28）。

## 3. 常见跌水类型构造

### （1）水帘

水帘是由较大的落差和较宽水流面形成的跌水，控制水流量与出水口的形状将得到不同的水帘形态（图1-29）。

### （2）洒落

流量较小的跌水，在较低水压下呈点状或线状跌落。

### （3）涌流

涌流是有多层蓄水池不断被注满涌溢而出形成，水流量较大，跌水面呈面状跌落（图1-30）。

### （4）管流

由外露式出水管以多种陈列方式形成叠水，水流呈线状。

### （5）壁流

流水顺池壁流下，水面可随池壁呈多角度流落。

### （6）阶梯式

由多层阶梯造型构成叠水景观（图1-31）。

### （7）塔式

多层蓄水池由上至下，由小到大，呈环状倾流而下。

### （8）错落式（图1-32）

蓄水池错落排列，水流从多个方位流出，呈现丰富的视觉效果。

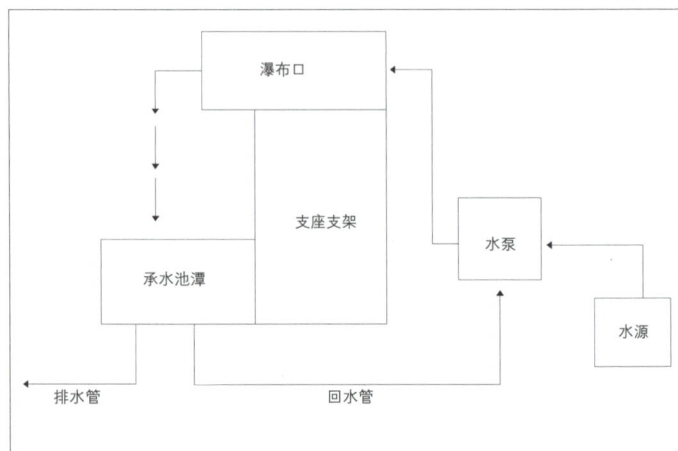

图1-27 跌水景观流程图

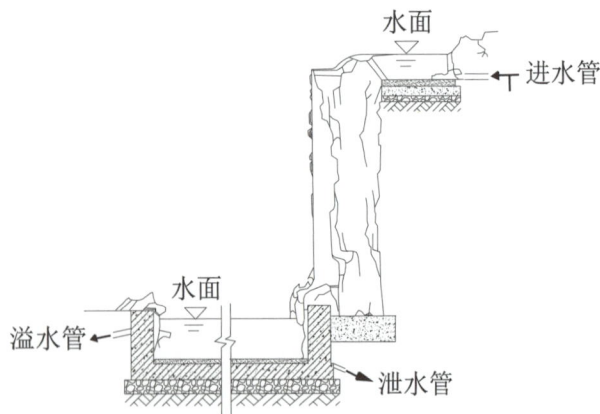

图1-28 跌水景观结构示意图

图1-29 帘状跌水景观

#### 4.跌水设计要点

（1）流量设计

蓄容水流的流量在 $1m^3/s$ 左右的瀑布可行成帘状，片状和散落状；当仅有 $0.1m^3/s$ 的水流时，则呈现线状、点状。蓄容分上下两个部位——底池蓄水和堰顶蓄水。

跌水景观中，蓄水与流水是形成跌水的主要因素。蓄水以平面化的形象表现，流水以立面化形态呈现。

在设计跌水的立面与平面效果时，应根据景观环境的总体关系思考相互间的比例尺度，分清主次（图1-33）。如以平面水体为主，立面水景的尺度设置应相对较小；若以立面为主，平面水景尺度应相对较小。蓄水分底池蓄水和堰顶蓄水：堰顶往往在跌水景观的顶部，水平面往往高于视线；底池通常设置在水景的底部，水平面低

于视线，可视面大。因而跌水景观立面与平面的比例关系，主要体现在视线以下的蓄容水面与立面流水的尺度关系上。池面过小，跌流过大，容易产生空间局促、水花飞溅、地面湿滑的不良影响；反之，则造成水面占地过大、跌水效果隐弱、水景形式呆板等现象。

（2）出水口

a 隐蔽式：将出水口隐藏在景观环境之中，让水流呈现自然瀑布的形状。

b 外露式：将出水口突显于景观之外，形成明显的人工瀑布造型。

c 单点式：水流从单一出口跌落，形成单体瀑布。

d 多点式：出水口以多点或阵列的方式布局，形成规模较大的瀑布景观。

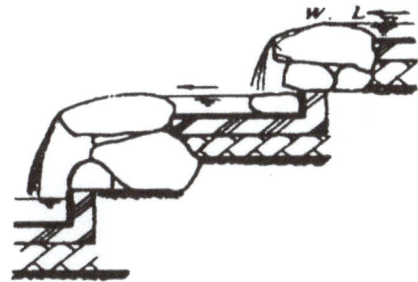

图1-30 涌流

图1-31 阶梯式

图1-32 错落式

图1-33 空间比例关系协调的跌水

## 1. 喷泉定义

喷泉是一种将水或其他液体经过一定压力通过喷头喷洒出来具有特定形状的组合体，提供水压的一般为水泵。

## 2. 喷泉类型及特征

（1）模仿花束、水盘、蜡烛、莲蓬、气瀑、牵牛花等的"自然仿生基本型"；

（2）瀑布、水幕、连续跌落、水跃式等的"人工水能造景型"；

（3）具有雕塑、纪念小品的"雕塑装饰型"；

（4）与音乐一起协调同步喷泉的"音乐喷泉型"。

## 3. 喷泉设计流程

喷泉的设计流程如图1-34。

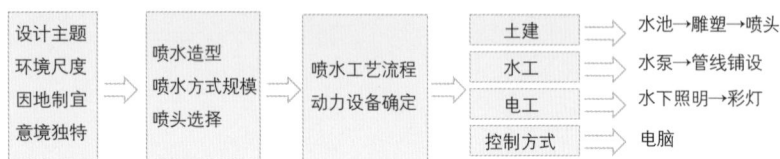

图1-34 喷泉设计流程图

## 4. 喷泉工艺流程

喷泉工艺基本流程：水源(河滨、自来水)→泵房(水压若符合要求，则可省去，也可用潜水泵直接放入水池内而不用泵房)→进水管→将水引入分水槽(以便喷水设备等在水压下同时工作)→分水器、控制阀门(如变速电机、电磁阀门等时控或音控)→喷嘴→喷出各种花色图案，再辅以音乐和水下彩灯。

一旦水池水位上升溢出，可由设于顶部的溢水口，通过溢水管道流入污水井，直接排入城市下水道中。如若回收循环使用，则通过溢流管回流到泵房，作为补给水回收。日久有泥沙沉淀，可经格栅沉淀室(井)进行清理，淤泥由清污管而阴井而排出，保证池水的清洁。溢水口标高保持在距池顶200~300mm为宜(图1-35)(图1-36)。

人工喷泉的水源必须保持清洁、无腐蚀性、无臭味。同时应及时清除树叶、废渣，否则影响喷泉正常的工作，造成喷头水泵堵塞，以致报废。

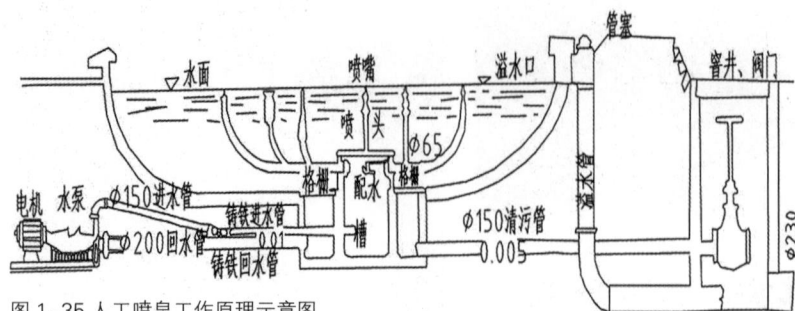

图1-35 人工喷泉工作原理示意图

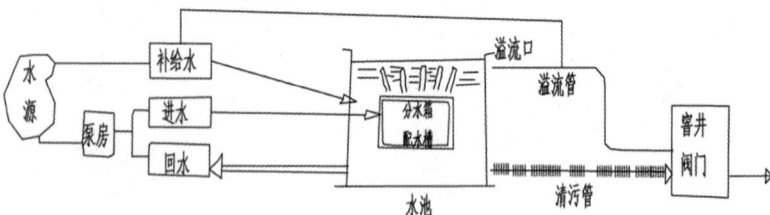

图1-36 人工喷泉流程示意图

## 5. 景观喷泉设计要点

水池的尺寸与规模主要取决于园林总体与详细规划中的观赏与功能要求，但是这与水池所处的地理位置的风向、风力、气候湿度等关系极大，它直接影响了水池的面积和形状。同时喷出的水柱中的水量要基本回收在池内，这样对这部分水还要考虑到水池容积的预留，即一旦水泵停止工作，水柱落下会造成水池水位的急剧上升外溢，这部分水不能让它溢流浪费掉，而应在设计水池容积时考虑到这部分水的储放。综合考虑水池设计的深度 500~1000mm 为宜。

### （1）水池的平面尺寸

水池的平面尺寸除应满足喷头、管道、水泵、进水口、泄水口、溢水口、吸水坑等布置要求外，还应防止水的飞溅。在设计风速下应保证水滴不大量被吹失池外，回落到水面的水流应避免大量溅到池外，所以水池的平面尺寸一般应比计算要求每边再加大 0.5~1m（图 1-37）。

### （2）水池的深度

水深一般应按管道、设备的布置要求去确定。在设有潜水泵时，还应保证吸水口的淹没深度不小于 0.5m；在设有水泵的吸水口时，应保证吸水喇叭口的淹没深度不小于 0.5m（图 1-38）。

为减小水池水深可采取以下措施：

将潜水泵设在集水坑内，这样的缺点是增加了结构和施工的麻烦，坑内还易积污，给后期维护带来麻烦。小型潜水泵也可直接横卧于池底，但应注意美观（图 1-39）。

在吸水口的上方设挡水板，以降低挡水板边缘的流速，防止产生漩涡。最好是降低吸水口的高度，如采用卧式潜水泵、下吸水潜水泵等（图 1-40）。

水池的干铉高度一般采用 0.2~0.3m，也有减小干铉高度的做法（图 1-41）。

在水池兼作其他用途时，水深还应满足其他用途的要求。浅碟式集水坑，最小深度不宜小于 0.1m。不论任何形式池底都应满足不小于 0.01 的坡度，坡向泄水口或集水坑。

### （3）溢水口

水池设置的溢水口目的在于维持一定的水位和进行表面排污、保持水面清洁。常用溢水口形式有堰口式、漏斗式、管口式、联通管式等，根据情况选择。

大型水池仅设一个溢水口不能满足要求时，可设若干个，但应均匀布置在水池内。溢水口位置应不影响美观，且应便于清除积污和疏通管道。溢流口应设格栅或格网，以防止较大漂浮物堵塞管道，格栅间隙或格网网格直径大于管道直径的 1/4。

### （4）泄水口

为便于清扫、检修和防止停用时水质腐败或结冰，水池应设泄水口，并尽量采用重力泄水，也可利用水泵吸水口兼作吸水口，利用水泵泄水。泄水口的入口应设有格栅或格网，栅条间隙或网格直径应不大于管道直径的 1/4 或根据水泵叶轮间隙决定。

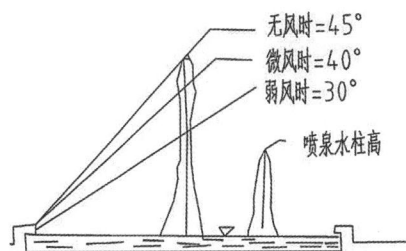

图 1-37 喷泉水池尺寸与喷水高度关系示意图

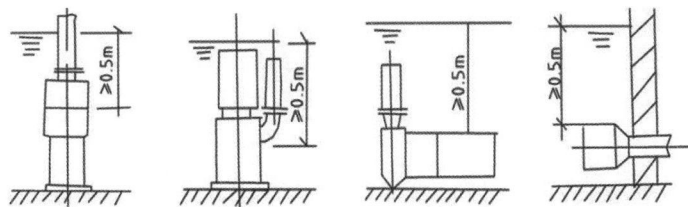

图 1-38 吸水口的安装要求

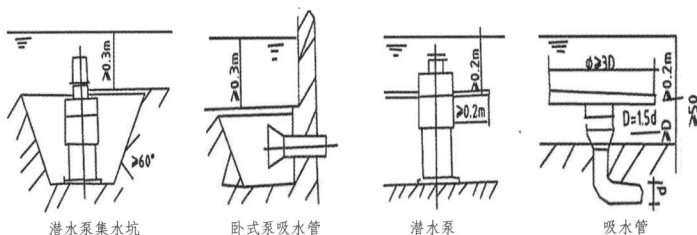

图 1-39 在水池内设集水坑　　　图 1-40 在吸水口上设挡板

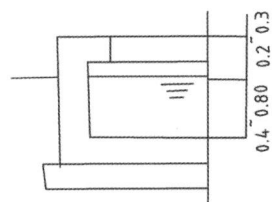

图 1-41 水的干铉高度

（5）水池内的配管

大型水景工程的管道可布置在专用的管沟或共同沟内。一般水景工程的管道可直接铺设在水池内。为保持水池内各喷头水压一致，宜采用环状配管或对称配管，并尽量减小水头损失。每个喷头或每组喷嘴前需设有调节水压的阀门。对于高射程喷头，喷头前应尽量保持较长的直线管段或设整流器。

（6）水池的结构与构造

对于大中型水池，最常用的是现浇钢筋混凝土结构。大型水池宜适当考虑伸缩缝和沉降缝，这些缝应设止水带，用柔性防漏材料填塞。

水池与管沟、水泵房等连接处，也宜设沉降缝，并同样设防漏处理。

管道穿池底和外壁时，应采用防水处理，一般采用防水套管。可产生振动的地方应设柔性防水套管或柔性减震接头，只有在无震动且不准备拆装检修时才采用管道上设止水环之间浇筑在混凝土内（图1-42）。

（7）水泵房

水泵房多采用地下或半地下式，应考虑地面排水，地面应设有不小于0.005的坡度，坡向集水坑。集水坑应设水位信号设计和自动排水泵。

水泵房宜设机械通风装置，尤其是在电气和自控设备设在水泵房内时，更应加强通风。

水泵房的建筑艺术处理是个重要问题，为解决半地下室水泵房造型与环境不协调问题，常采用以下措施：

a. 将水泵设在附近建筑物的地下室内；

b. 将水泵或其进出口装饰成花坛、壁画的基座或雕塑的基础、观赏或演出的平台等；

c. 将水泵房设计成造景构筑物，如设成亭台水榭、跌水陡坎，隐蔽在山崖瀑布的下边等。

### 6. 喷泉照明

（1）光源与灯具

光源使用最多者当属"白炽灯泡"，其优点是调光开关控制方便，但当喷泉高度超高并预先开关时，可使用汞灯或金属卤化物灯。灯具应隐蔽并且发光正常，宜安装在水下300~100mm处为佳，

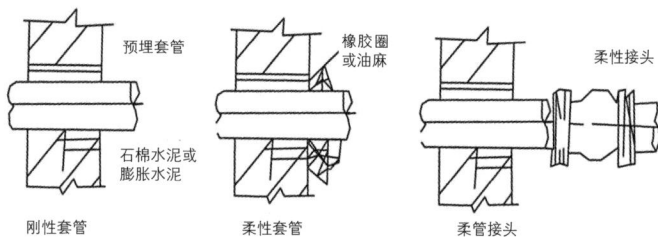

图1-42 管道穿池壁

灯具既有在水中照明的小型简易灯具，也有与喷嘴配合使用的配套灯具。

彩色喷泉的照明，目前主要是红、黄、蓝这三种水下照明彩灯。

（2）照度

一般来说，当周围亮时，喷泉端部的照度为100~200lx；周围暗时喷泉的端部为50~100lx。

（3）喷泉照明和高度的关系

喷泉高度和相应所需灯泡的功率见（图1-43）。

（4）喷泉端部的照度

喷泉多为水花，随着观看位置和距离的不同，以及喷泉周围环境的明亮度而使得喷泉的明亮度有所变化。

| 灯泡功率(W) / 喷水高度(m) | 反射型投光灯 | | | | | 汞灯 | | 金属卤素射灯 |
|---|---|---|---|---|---|---|---|---|
| | 100 | 150 | 200 | 300 | 500 | 300 | 400 | 400 |
| 1.5 | | | | | | | | |
| 2.0 | | | | | | | | |
| 3.0 | | | | | | | | |
| 4.0 | | | | | | | | |
| 5.0 | | | | | | | | |
| 6.0 | | | | | | | | |
| 7.0 | | | | | | | | |
| 8.0 | | | | | | | | |
| 9.0 | | | | | | | | |
| 10.0 | | | | | | | | |
| >10.0 | | | | | | | | |

图1-43 灯泡功率（W）与喷水高度关系表

图 1-44 喷泉的基本水姿

## 7. 喷头的类型和喷泉的基本水姿（图 1-44）

### ①直流喷头（喷嘴）

最简单的是垂直式射流，一般射程在 15m 以下，而后散成水珠落下，有时承托底部装有球接头，可做 15 度方向调节，喷头可以有各种口径和方向组成有规律节奏的多姿射流，交织成绚丽的图案，比单股射流更具有丰富的创造力和吸引力。

### ②加气喷头（含泡沫和鼓泡、树冰形）

喷头系套筒式，两筒之间上面吸气，下面吸水，在内筒压力水的带动下，喷射出水气混合的泡沫状射流，有时另设进气管吸气，形成一股泡沫状水丘，又如结冰的小雪松。

### ③水膜喷头

喷头的喷嘴安装各种可以调节的盖帽，使喷射流沿周边喷射，形成各种不同造型（牵牛花、球形、钟形）的均匀水膜，水声小、富有表现力，常用在室内庭院的水池中。

### ④喷雾喷头

这种喷头采用离心、碰撞、缝隙、孔口等方法，使射流成雾状喷出，在空中形成雾气弥漫的景观，在阳光的照耀下，会有五彩缤纷的虹出现，造型有蒲公英、孔雀开屏等。

### ⑤组合造型喷头

同类型或不同类型的喷嘴组合，多股壮观匹配组合，还有旋转喷头，可出现优美柔和的空中曲线。

### ⑥柔性喷头

又称水帘幕式喷头，以透明尼龙薄带（或塑料细管）编排成帘幕，每条带上的上下端头固定没在水中，使水流沿帘幕缓缓下淌，无溅水的噪声，而是一种奇特的水帘幕景观。每条带的宽约 46mm，长可达 27m，带距一般 30mm，喷头上端水槽水深可取 13~20mm。为防止喷嘴堵塞及帘幕日久老化变色，要用经过滤处理的软化水，帘景可连续悬挂几层楼，既丰富公共空间组景，又是自然界没有的水景图案。

## 8. 喷泉的控制

①人控——用人工控制喷泉的水姿表演。

②时控——用定时器控制喷泉的水姿表演。

③机控——用变速电动机控制喷泉的水姿表演。

④音控——指喷泉喷水的形态、色彩及其变化，计算机控制其随音乐同步协调，配合表演。

## 1. 旱喷泉定义

旱喷泉是指区别于普通喷泉的景观形式，可分为水池型喷泉和水沟型喷泉两种。

## 2. 旱喷泉类型及特征

①水池型旱喷泉：在喷泉区域内的地下做一个大水池，进行整体防水。水池隐蔽在铺装的下面，水池内布置喷泉管线。其优点是水流稳定，可变性大，检修方便，计算简单（图1-45）。

②水沟型旱喷泉：在喷泉区域内布置若干个水沟，在水沟的分布上分为主沟和次沟。主沟除了蓄水，还应考虑水泵的安装、检修，主沟两端池底作集水坑，顶板设人孔。挡水沟以及喷泉的溢流、放空管就近接到城市雨水系统。对于对喷、涌泉等成组水池的旱喷池或旱喷池中央有雕塑隔断的水池，可采用水池连通管把几个水池串联在一起，这样可以减少进水管、放水管的数量。水沟型的优点是比较节水（图1-46）。

## 3. 旱喷泉设计要点

①旱喷泉池池底、池壁的做法应视具体情况，进行力学计算后再专门设计。

②池底、池壁防水层的材料，宜选用防水效果较好的卷材，如三元乙丙防水布、氯化聚乙烯防水卷材等。

③水池的进水口、溢水口、泵坑等要设置在池内较隐蔽的地方，泵坑位置、穿管的位置宜靠近电源、水源。

④在冬季冰冻地区，各种池底、池壁的做法都要求考虑冬季排水出池，因此，水池的排水设施一定要便于人工控制。

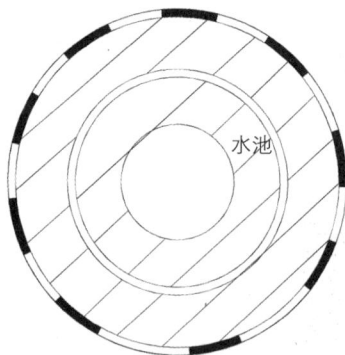

图1-45 水池型

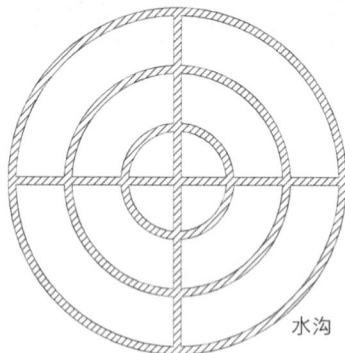

图1-46 水沟型

## 4. 水沟型旱喷泉注图（图 1-47）

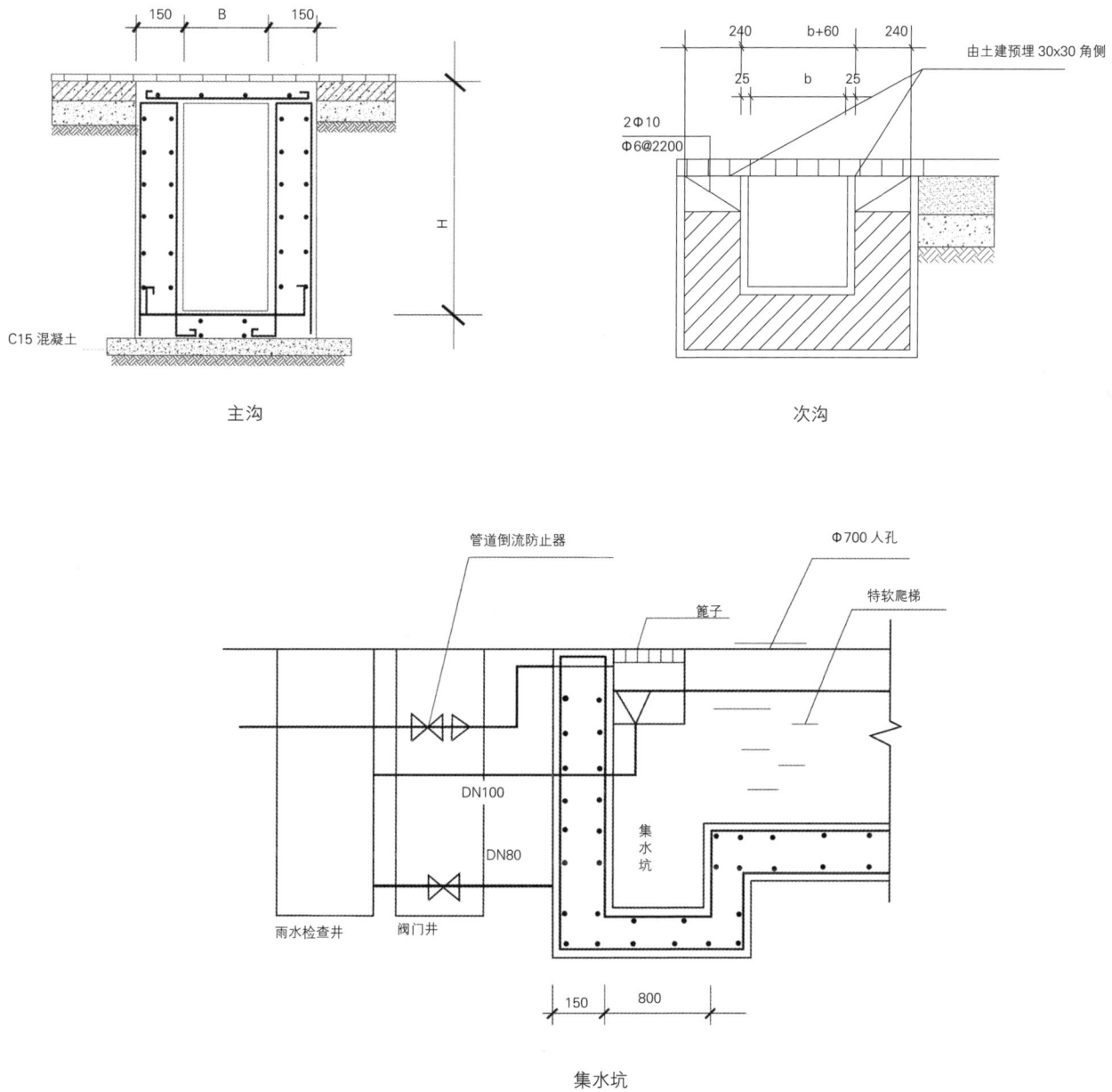

主沟

次沟

集水坑

图 1-47 水沟型旱喷泉的详图

# 人工生态水景

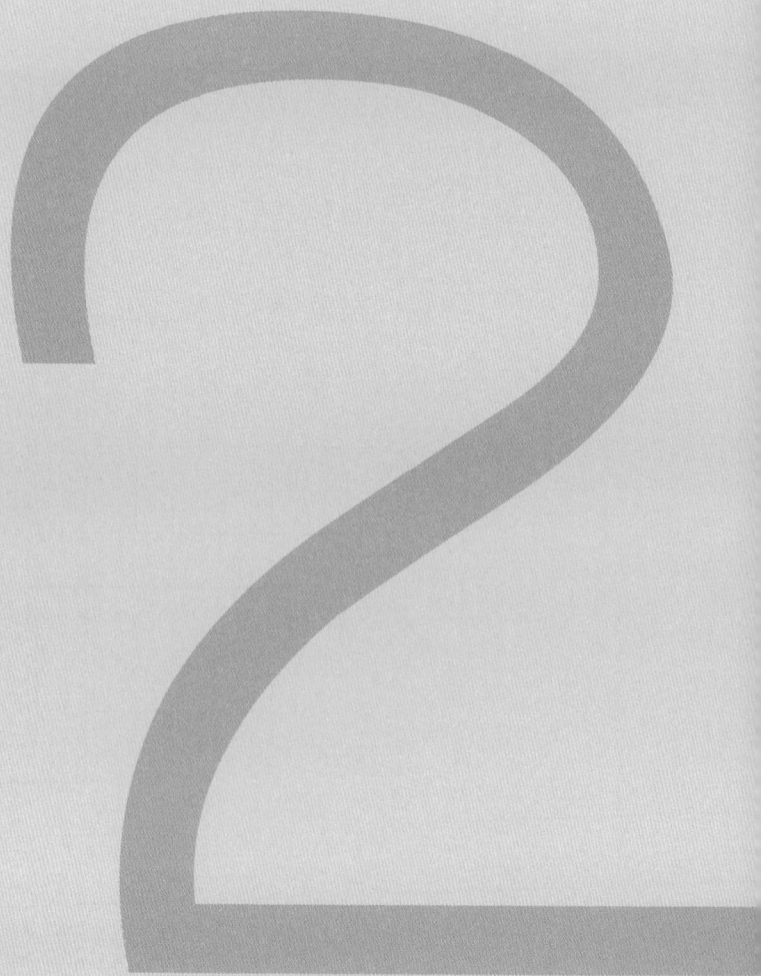

2

人工生态水景是一个综合的生态系统，它是人们应用生态系统中物种共生、物质循环再生原理，结构与功能协调原则，人工建造或改良的水景。根据水景的不同功能可分为人工湿地、小型生态水景、生态水处理等。

## 1. 人工湿地定义

人工湿地是由人工建造和控制运行的与沼泽地类似的地面，将污水、污泥有控制的投配到经人工建造的湿地上，污水与污泥在沿一定方向流动的过程中，主要利用土壤、人工介质、植物、微生物的物理、化学、生物三重协同作用，对污水、污泥进行处理的一种技术。其作用机理包括吸附、滞留、过滤、氧化还原、沉淀、微生物分解、转化、植物遮蔽、残留物积累、蒸腾水分及养分吸收及各类动物的作用。人工湿地是一个综合的生态系统，它应用生态系统中物种共生、物质循环再生原理，结构与功能协调原则，在促进废水中污染物质良性循环的前提下，充分发挥资源的生产潜力，防止环境的再污染，获得污水处理与资源化的最佳效益。

### （1）地表流人工湿地

向湿地表面布水，水流在湿地表面呈推流式前进，在流动过程中，与土壤、植物及植物根部的生物膜接触，通过物理、化学以及生物反应，污水得到净化，并在终端流出（图2-1）。

### （2）潜流式人工合成湿地

人工湿地的核心技术是潜流式湿地。一般由两级湿地串联，处理单元并联组成。湿地中根据处理污染物的不同而填有不同介质，种植不同种类的净化植物。水通过基质、植物和微生物的物理、化学和生物的途径共同完成系统的净化，对BOD、COD、TSS、TP、TN、藻类、石油类等有显著的去除效率；此外该工艺独有的流态和结构形成的良好的硝化与反硝化功能区对TN、TP、石油类的去除明显优于其他处理方式。主要包括内部构造系统、活性酶体介质系统、植物的培植与搭配系统、布水与集水系统、防堵塞技术、冬季运行技术。

潜流式人工合成湿地的形式分为垂直流潜流式人工湿地和水平流潜流式人工湿地。利用湿地中不同流态特点净化进水。经过潜流式湿地净化后的河水可达到地表水Ⅲ类标准，再通过排水系统排放。

### （3）垂直流潜流式人工湿地

在垂直潜流系统中，污水由表面纵向流至床底，在纵向流的过程中污水依次经过不同的专利介质层，达到净化的目的。垂直流潜流式湿地具有完整的布水系统和集水系统，其优点是占地面积较其它形式湿地小，处理效率高，整个系统可以完全建在地下，地上可以建成绿地和配合景观规划使用（图2-2）。

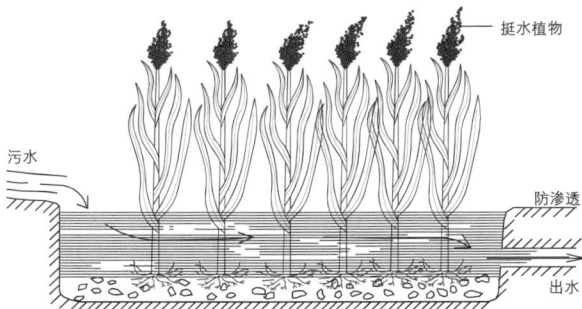

图2-1 地表流人工湿地示意图

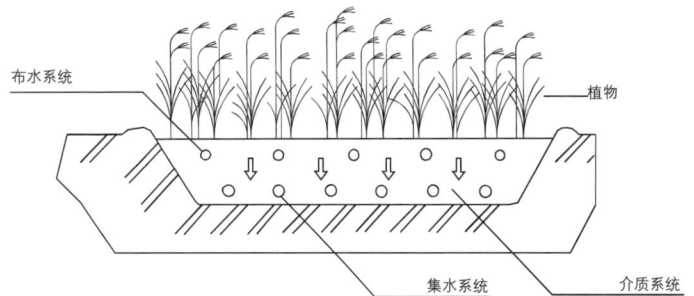

图2-2 垂直流潜流式人工湿地示意图

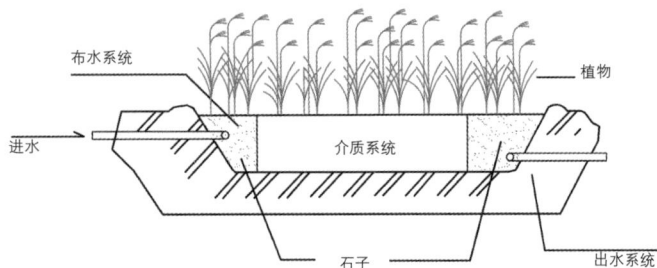

图 2-3 水平流潜流式人工湿地示意图

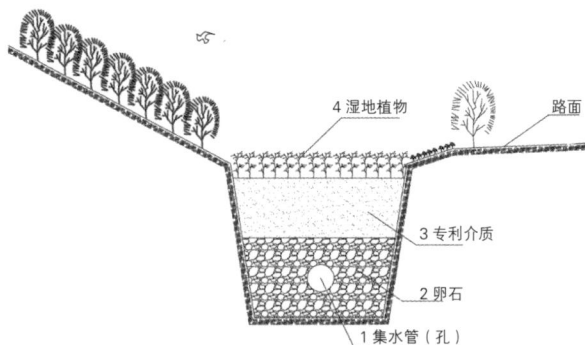

图 2-4 沟渠型人工湿地示意图

（4）水平流是潜流式湿地的另一种形式，污水由进水口一端沿水平方向流动的过程中依次通过砂石、介质、植物根系，流向出水口一端，以达到净化目的（图2-3）。

（5）沟渠型人工湿地

沟渠型湿地床包括植物系统、介质系统、收集系统。主要对雨水等面源污染进行收集处理，通过过滤、吸附、生化达到净化雨水及污水的目的（图2-4）。

### 3. 人工湿地局限性

（1）占地面积大，在用地紧张的城市发展前景有限。

（2）易受病虫害影响

（3）生物和水力复杂性加大了对其处理机制、工艺动力学和影响因素的认识理解，设计运行参数不精确，因此常由于设计不当使出水达不到设计要求或不能达标排放，有的人工湿地反而成了污染源。另外，据已有数据，当上下表面植物密度增大时，人工湿地系统处理效率提高，在达到其最优效率时，需2~3个生长周期，所以需建成几年后才达到完全稳定的运行。因此，目前人工湿地技术最大问题在于缺乏长期运行系统的详细资料。

（4）植物的年生长期长，最好是冬季半枯萎或常绿植物；人工湿地处理系统中常会出现因冬季植物枯萎死亡或生长休眠而导致功能下降的现象，因此，应着重选用常绿冬季生长旺盛的水生植物类型。

（5）所选择的植物将不能对当地的生态环境构成隐患或威胁，具有生态安全性。

### 4. 湿地植物

植物是人工湿地的重要组成部分。人工湿地根据主要植物优势种的不同，被分为浮水植物人工湿地，浮叶植物人工湿地，挺水植物人工湿地，沉水植物人工湿地等不同类型。湿地中的植物对于湿地净化污水的作用能起到极重要的影响。

（1）漂浮植物

浮水植物中常用作人工湿地系统处理的有水葫芦、大藻、水芹菜、李氏禾、浮萍、水蕹菜、豆瓣菜等。根据对这些植物的植物学特性进行分析，发现它们具有以下几个特点：a. 生命力强，对环境适应性好，根系发达；b. 生物量大，生长迅速；c. 具有季节性休眠现象，如冬季休眠或死亡的水葫芦、大藻、水蕹菜，夏季休眠的水芹菜、豆瓣菜等。生长的旺盛季节主要集中在每年的3~10月或9月~翌年5月；d. 生育周期短，主要以营养生长为主，对N的需求量最高。由于浮水植物具有上述的植物学特性，因此，在进行人工湿地植物配置的时候我们必须充分考虑它们各自的优点：a. 由于这类植物的环境适应能力强，因此在进行植物配置时应当作地方优势品种予以优先考虑；b. 人工湿地系统中，水体中养分的去除主要依靠植物的吸收利用，因此，生物量大、根系发达、年生育周期短和吸收能力好的植物成为我们选择的目标；c. 利用植物季节性休眠特性，我们可以给予正确的植物搭配，如冬季低温时配置水芹菜而夏季高温时则配置水葫芦、大藻等适宜高温生长的植物，以避免因植物品种选择搭配单一而出现季节性的功能失调现象；d. 由于这类植物以营养生长为主，对N的吸收利用率要高，因此，在进行植物配置时应重视其对N的吸收利用效果，可作为N去除的优势植物而加以利用，从而提高系统对 N 的去除效果。

### （2）根茎、球茎及种子植物

这类植物主要包括睡莲、荷花、马蹄莲、慈姑、荸荠、芋、泽泻、菱角、薏米、芡实等。它们或具有发达的地下根茎或块根，或能产生大量的种子果实，多为季节性休眠植物类型，一般是冬季枯萎春季萌发，生长季节主要集中在 4~9 月。

根茎、球茎、种子类植物具有以下特点：a. 耐淤能力较好，适宜生长在淤土层深厚肥沃的地方，生长离不开土壤；b. 适宜生长环境的水深一般为 40~100cm 左右；c. 具有发达的地下块根或块茎，其根茎的形成对 P 元素的需求较多，因此，对 P 的吸收量较大；d. 种子果实类植物，其种子和果实的形成需要大量的 P 和 K 元素。

由于这类植物具有以下特点，因此在进行人工湿地植物应用配置时应予以充分考虑：a. 基于这些植物的特性，其应用一般为表面流人工湿地系统和湿地的稳定系统；b. 利用这些植物的生长（主要是块根、球茎和果实的生长）需要大量的 P、K 元素的特性，将其作为 P 去除的优势植物应用，以提高系统对 P 的去除效果。

### （3）挺水植物

这类植物包括芦苇、茭草、香蒲、旱伞草、皇竹草、蘸草、水葱、水莎草、纸莎草等，为人工湿地系统主要的植物选配品种。这些植物的共同特性在于：a. 适应能力强，或为本土优势品种；b. 根系发达，生长量大，营养生长与生殖生长并存，对 N 和 P、K 的吸收都比较丰富；c. 能于无土环境生长。

根据这类植物的生长特性，它们可以搭配种植于潜流式人工湿地，也可以种植于表流式人工湿地系统中。

根据植物的根系分布深浅及分布范围，可以将这类植物分成四种生长类型，即深根丛生型、深根散生型、浅根丛生型和浅根散生型。

a 深根丛生型的植物，其根系的分布深度一般在 30cm 以上，分布较深而分布面积不广。植株的地上部分丛生，如皇竹草、芦竹、旱伞草、野茭草、薏米、纸莎草等。由于这类植物的根系入土深度较大，根系接触面广，配置栽种于潜流式人工湿地中更能显示出它们的处理净化性能。

b 深根散生型植物根系一般分布于 20~30cm 之间，植株分散，这类植物有香蒲、菖蒲、水葱、蘸草、水莎草、野山姜等，这类植物的根系入土深度也较深，因此适宜配置栽种于潜流式人工湿地。

c 浅根散生型的一些植物如美人蕉、芦苇、荸荠、慈姑、莲藕等，其根系分布一般都在 5~20cm 之间。由于这些植物的根系分布浅，而且一般原生于土壤环境，因此适宜配置于表流式人工湿地中。

d 浅根丛生型的植物如灯心草、芋头等丛生型植物，由于根系分布

浅，且一般原生于土壤环境，因此仅适宜配置于表面流人工湿地系统中。

### （4）沉水植物类型

沉水植物一般原生于水质清洁的环境，其生长对水质要求比较高，因此，沉水植物只能用作人工湿地系统中最后的强化稳定植物加以应用，以提高出水水质。

## 5. 植物配植分析

（1）根据植物的原生环境分析，原生于实土环境的一些植物如美人蕉、芦苇、灯心草、旱伞草、皇竹草、芦竹、薏米等，其根系生长有一定的向土性，配置于表面流湿地系统中，生长会更旺盛。但由于它们的根系大都垂直向下生长，因此，净化处理的效果不及应用于潜流式湿地中；对于一些原生于沼泽、腐殖层、草炭湿地、湖泊水面的植物如水葱、野茭、山姜、蘸草、香蒲、菖蒲等，由于其生长已经适应了无土环境，因此更适宜配置于潜流式人工湿地；而对于一些块根块茎类的水生植物如荷花、睡莲、慈姑、芋头等则只能配置于表面流湿地中。

（2）根据植物对养分的需求情况分析，由于潜流式人工湿地系统填料之间的空隙大，植物根系与水体养分接触的面积要较表流式人工湿地湿地广，因此对于营养生长旺盛、植株生长迅速、植株生物量大、一年有数个萌发高峰的植物如香蒲、水葱、苔草、水莎草等植物适宜栽种于潜流湿地；而对于营养生长与生殖生长并存，生长相对缓慢，一年只有一个萌发高峰期的一些植物如芦苇、茭草、薏米等则配置于表面流湿地系统。

（3）不同植物对污水的适应能力不同。一般高浓度污水主要集中在湿地工艺的前端部分。因此，在人工湿地建设时，前端工艺部分如强氧化塘、潜流湿地等工艺一般选择耐污染能力强的植物品种。末端工艺如稳定塘、景观塘等处理段中，由于污水浓度降低，因此可以更多考虑植物的景观效果。

（4）为达到全面的处理和利用效果，应进行有机的搭配，如深根系植物与浅根系植物搭配，丛生型植物与散生型植物搭配，吸收 N 多的植物与吸收 P 多的植物搭配，以及常绿植物与季节性植物的季相搭配等。在进行综合处理的一些工艺或工艺段中，切忌配置单一品种，以避免出现季节性的功能下降或功能单一。作为湿地公园规划建设的人工湿地还要考虑景观搭配。

## 1. 生态水景系统定义

生态水景是城市中小规模的人造生态水下景观体系,同绿化一样,都是一种景观生态水景利用湿地的设计原理,营造贴近人们生活的,观赏性较强的水下生态景观。"景"之所以受到人们的青睐,源于人们的亲水本性。生态水景不仅具有自然特性、生态效应,而且尤具鲜明的美学特性。它与一般景观用水包括池水、流水、跌水、喷水和涌水等有机结合,既有一般水景的感官体验,又提高了池水内部的观感水平,水景碧波荡漾,清澈可见里面丰富的水生植被,观赏性极强。

## 2. 生态水景特征

生态水景是一个运动着而非静止的生态系统,这个系统中包括了水文、生物地球化学、生态系统动态及物种适应等一系列复杂的物理、化学、生物过程。要建立一个具有自我组织、自我维持以及自我设计能力的人工湿地生态系统,就必须要尊重湿地的生态过程。因此对湿地的景观设计必须是以生态为前提的。而景观设计是一个人为的过程,生态主义的设计不能被理解为完全顺应自然过程不加任何干涉,而是将人看做自然系统中的一个因子,使人为的过程与生态过程相协调,对环境的破坏达到最小。

具体来说,生态化的景观设计就是在景观设计中遵循生态的原则,遵循生命的规律。如反映生物的区域性;顺应基址的自然条件;合理利用土壤、植被和其它自然资源;依靠可再生能源,充分利用日光、自然通风和降水;选用当地的材料,特别是注重乡土植物的运用;注重材料的循环使用并利用废弃的材料以减少对能源的消耗,减少维护的成本;注重生态系统的保护、生物多样性的保护与建立;发挥自然的自身能动性,建立和发展良性循环的生态系统;体现自然元素和自然过程,减少人工的痕迹等等。

## 3. 生态水景系统原理

生态水景的原理同湿地相同,应用生态系统中物种共生、物质循环再生原理,结构与功能协调原则,实现水下生态系统中生产者、消费者、分解者三者的有机统一,营造出清澈秀美的水下生态景观,同时实现园林中各种体量水体良好的观赏效果。生态水景维护成本低廉,是城市园林水体未来重要的建设方向。

生态水景系统构建是基于水域生态系统构建的综合技术,通过对水体生态链的调控,实现水下生态系统中生产者(水生植被)、消费者(水生动物)、分解者(有益微生物菌群)三者的有机统一,实现水域的自净(图2-5)。生态水景系统主要由沉水植被系统、挺水系统、浮叶植被植被系统、水生动物系统、微生物系统组成(图2-6)。

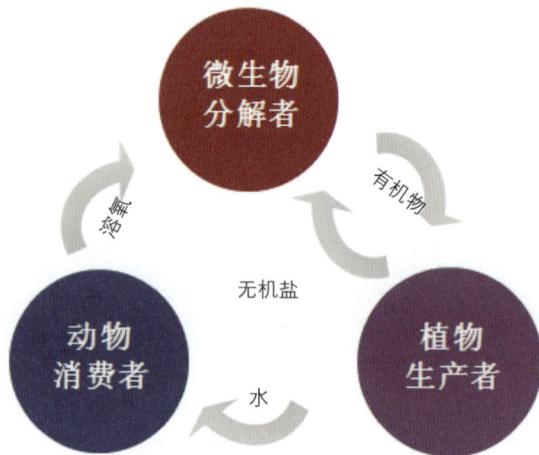

图2-5 生态水景构建技术系统关系图

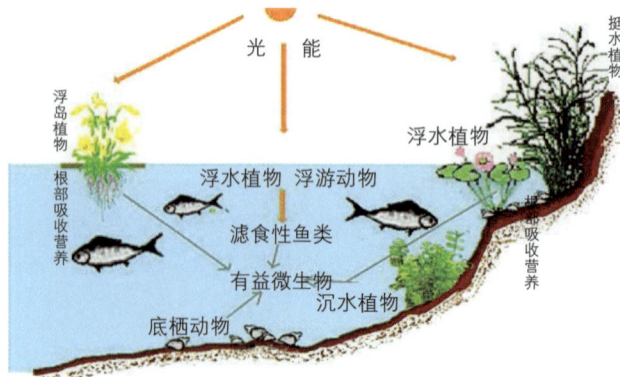

水域生态构建技术系统断面图

图2-6 技术原理

## 4. 沉水植被系统

沉水植被是"水下森林"的生产者，是水体生态系统中重要的组成部分，根系和整个叶面直接吸收水体和淤泥中营养物质，所需碳源直接从水体中吸收，对从下而上整个水体产生巨大的净化作用。构建沉水植被系统时，既要考虑沉水植被覆盖面积，达到生态平衡自净要求，也要考虑本系统对外来污水量的净化效力及景点的分布。

根据沉水植被的生态特性，沉水植被系统分为冷季型沉水植被和暖季型沉水植被。

### （1）冷季型沉水植被

冷季型沉水植被群落是维持冬天水体自净的主体，也是促进来年春天和夏天沉水植被自行修复的必要条件。主要种植在水体的深水域，种植面积占55%。组成物种：伊乐藻、狐尾藻、龙须眼子菜等（图2-7）。

### （2）暖季型沉水植被

暖季型沉水植被群落是在夏季水温较高，水体水质不稳定，水质容易变坏时，保证生态系统的稳定性。主要种植在较浅区，种植面积占45%。组成物种：轮叶黑藻、苦草、竹叶眼子菜等（图2-8）。

图 2-7 冷季型沉水植被

表 2-1 水植被种植密度表

| 名称 | 规格 | 种植密度 |
|---|---|---|
| 伊乐藻 | 0.1kg/ 丛 | 9 丛 /m² |
| 狐尾藻 | 3~5 芽 / 丛 | 16 丛 /m² |
| 龙须眼子菜 | 3~5 芽 / 丛 | 16 丛 /m² |
| 轮叶黑藻 | 3~5 芽 / 丛 | 16 丛 /m² |
| 苦草 | 3~5 芽 / 丛 | 16 丛 /m² |
| 竹叶眼子菜 | 3~5 芽 / 丛 | 16 丛 /m² |

图 2-8 暖季型沉水植被

### 5. 挺水和浮叶植被系统

挺水和浮叶植被具有遮阴的作用，不仅能抑制藻类的生长，还能增强水体的景观效果。挺水和浮叶植被主要种植在靠近水岸线的浅水地带、水深要求不超过50公分，总覆盖率不超过水面10%~15%为宜（表2-2）（图2-9）。

①挺水植被

挺水植物主要靠根系吸收部分淤泥中的营养物质，有利于水体底质的改善，对水体有一定的净化作用，同时提高水体边坡景观的观赏效果，覆盖率不超过10%。

主要种植的种类：荷花、千屈菜、芦苇、水葱、香蒲等。

②浮叶植被

浮叶植物不仅具有遮阴作用抑制藻类的生长繁殖，还能增强观赏性，覆盖率约占总水面5%左右为宜。原则上种植年生长较为缓慢、凋落物不多、有较强观赏价值的物种。

主要种植的种类：睡莲。

表2-2 挺水和浮叶植被种植密度表

| 名称 | 规格 | 种植密度 |
| --- | --- | --- |
| 香蒲 | 5~6芽/丛 | 6丛/m² |
| 菖蒲 | 5~6芽/丛 | 6丛/m² |
| 黄花鸢尾 | 5~6芽/丛 | 6丛/m² |
| 芦苇 | 5~6芽/丛 | 6丛/m² |
| 千屈菜 | 5~6芽/丛 | 6丛/m² |
| 荷花 | 2~3节藕/营养钵 3~5叶/盆 | 2营养钵/m² 2盆/m² |
| 睡莲 | 3~5叶/盆 | 2盆/m² |

水葱

香蒲

千屈菜

芦苇

荷花

睡莲

图2-9 挺水植物和浮叶植物

2

## 6. 水生动物系统

水生动物是指往水体中投加滤食性鱼类及螺贝等，完善水体生态系统中"消费者"链条。因为水系中光有水下森林（"生产者"），微生物群（"分解者"），还不能达到生态平衡，还需要有一定的鱼、蟹、贝（螺蚌）类等"消费者"和"捕食者"。因此根据水体景观要求与鱼类生态学的特点，将选择具有可操纵性的滤食性鱼、蟹、螺、贝类投放到水体中，不仅帮助清扫水草表面的悬浮物，又可以通过食物链把水体中的氮、磷营养物质从水体中转移出去。鱼、虾、蟹、螺、贝的放养，首先是为了实现水体生态系统的平衡，其次也可表现水体中观赏动物与观赏植物在视觉和美学角度上的协调统一，达到景观效果。

主要投放种类有：乌鳢（凶猛经济鱼类）；萝卜螺（螺类，水草及附着藻清洁工）；环棱螺（螺类，杂食偏草食性）；河蚌等（表2-3，图2-10）。

## 7. 微生物系统

水生态中作为分解者的微生物，能将水中的污染物加以分解、吸收，变成能够为其他生物所利用的物质，还可以将受污染水体中的有机物降解为无机物，对部分无机污染物如氨、氮进行还原从而去除。同时创造有利于水生动植物生长的水体环境，更有利于水生态系统的健康稳定。微生物还能改良土壤，改善土壤的团粒结构和物理性状，提高水体的环境容量，增强水体的自净能力，同时也减少了水土流失，抑制了植物病原菌的生长。

一般选择投递微生物复合菌剂，通过适当比例和工艺调制而成，包括光合菌、硝化菌、反硝化菌、乳酸菌、酵母菌、芽孢菌、硅酸盐细菌、生防菌、异养菌等。

复合菌如硝化菌和反硝化菌之间的相互作用能去除氨氮等含氮物质，去富营养化。异养生物菌群能分解可溶性有机废物，除腥臭味。异养菌利用有机氮（固体颗粒废物）进行新陈代谢，转换生成二氧化碳，降解悬浮颗粒（SS）和底泥，保持水的良好透明度。磷作为微生物自身生长和新陈代谢营养，转化为细胞有机体物质而得以降解。

表2-3 投放种类

| 名称 | 规格 | 种植密度 |
|------|------|----------|
| 乌鳢 | 0.25kg/尾 | 1条/亩 |
| 河蚌 | 5cm以上/只 | 1只/4m² |
| 萝卜螺 | 1000只/kg | 10只/m² |
| 环棱螺 | 500只/kg | 5只/m² |
| 花白鲢 | 0.5kg/尾 | 2条/亩 |

乌鳢　　　　　　　　　环棱螺

河虾　　　　　　　　　河蚌

图2-10 水生动物的主要投放种类

## 8. 设计实例

在达到水系生态平衡后，水质清澈，水景与自然环境浑然一体（图2-11，2-12）。

图2-11 北京星河湾别墅生态水景

图2-12 北京鸟巢龙形水系生态水景

## 1. 景观用水来源

一般以自来水作为景观水体的初期注入和后期补充水时可将其直接用于景观水体，若利用的是天然河水则需根据河水的水质情况决定是否需要对其进行特别处理，同时也要考虑水资源费用的付出，因城市给水系统建设与人民生活需水量难以实现同步增长，减少城市景观用自来水的量是必然趋势。以后景观用水的趋势将会是再生水或净化后的雨水，再生水及净雨水的水质需满足景观水体的水质标准《J/T95-2000》中的有关规定。

## 2. 景观水污染的机理

景观水污染的原因大致有下列几个：

①一个是景观水本身是一潭死水，没有流动性，复氧能力差，生物氧化有机物的能力较弱，故水体自净能力较差。

②外来污染，如垃圾、碎屑、扬尘、树叶，雨水带入的污染物，其它废水的排入等，这些物质在水中腐烂、扩散、溶解、沉淀，产生或直接带入大量有机无机物，使水质进一步恶化。

③景观水体内净化水质的生物单一，没有形成相应的生物链，导致有净化能力的生物生长困难。

④景观水的内源污染，许多原本无害物质进入水体沉入底泥当中，经过一段时间后，这些无害物质之间发生化学反应生成有害的污染物质，使水体更加恶化。

## 3. 传统水质控制措施

景观水一旦污染，则需要进行水质维护，水质维护主要是控制水体中COD、BOD5、TN、TP等污染物的含量及藻类等的生长，保持水体的清澈、洁净。城市景观水质量控制包括微污染期的低成本控制技术和重污染时的高效快速治理。

（1）污染源控制

杜绝生活污水、垃圾进入水体，严禁在河堤、湖岸倾倒堆放垃圾，及时清除水面漂浮物。

（2）物理化学处理法

如为了削减营养负荷，在杭州西湖采用的污水截流技术、引水冲洗技术、底泥疏浚技术；在云南滇池也曾采用疏浚底泥法。部分住宅小区根据需要设置景观水循环净化装置，采用机械过滤、定期补水、投药杀菌、投加杀藻剂等方法保证水质。

（3）水生生物处理法

以生态学原理为指导，人工养殖抗污染和强净化功能的水生动、植物。如利用大型水生植物吸收营养盐来控制富营养化，投加吃藻鱼，河面种植美人蕉、菖莆、睡莲等，利用生物浮床净化和控制水体污染。

（4）曝气充氧处理法

曝气主要是向水中补充氧气，以保证水生生物生命活动及微生物氧化分解有机物所需的氧量，同时搅拌水体达到水体循环的目的，减少水华的发生。曝气的方式主要有自然跌水曝气和机械曝气，前者充氧效率低，但无能耗，维护管理简单，多用于园林水景；后者效率较高，选择灵活，被广泛应用于养鱼的充氧。但曝气的方法只能延缓水体富营养化的发生，不能从根本上解决水体富营养化问题。

## 4. 新型水体净化系统

用园林环境功能材料及组件开发具有水污染控制效果和中国园林特色景观的微污染水生物处理系统。园林环境功能材料是一种可以附着大面积生物膜的多孔高强材料，在进行水景设计时，以园林环境功能材料为载体，按生物接触氧化法机理，构筑假山、生态浮岛并置入景观水体，使细菌和真菌类的微生物和原生动物、后生动物一类的微型动物附着在园林环境功能材料上生长繁育，形成膜状生物污泥，微污染水与生物膜接触时，水中的有机污染物、植物营养物如氮、磷等，被生物膜上的微生物所摄取，使微污染水得到净化，其上部可种植花草，一方面吸收和降解水中的污染物，另一方面还有美化湖面景观的作用，表现出立体景观效果。

根据生物滤池原理，用园林环境功能材料构筑跌水瀑布或跌水台阶，兼顾景观效果和净化效果。

对水质要求较高、水源紧张和水质腐蚀或结垢倾向明显的水景工程，设置水循环净化和水质稳定处理系统。处理的主要目的是减少水的排污损失和换水次数，去除水中的漂浮物、悬浮物、浑浊度、色度、藻类和异臭，有些地区还要求进行防垢或防腐处理，其中常用的水循环处理方法有：格栅、滤网和滤料过滤、投加水质稳定剂、物理法水质稳定处理等。

## 5. 微生物处理方法

微生物处理方法是目前国内外快速发展的一种高效先进的景观水处理技术。微污染生物处理一般采用投加菌种或生物接触氧化法（图2-13）。

（1）投加光合细菌

微污染生物处理法中投加菌种方法国内外研究较多，如日本、韩国、澳大利亚等国采用定期向水中投放光合菌，由于光合细菌能利用光能和氧将微污染水或废水中的无机和有机碳源及其它营养物质转化为菌体，从而能起到净化水质的作用（图2-13）。此法具有工艺简单、无需建构筑物、基建省等特点；但菌种所需费用较高，而且解决不了水体富营养化的问题（图2-14）。

（2）投加生物菌群

投加生物菌群可促进生物链的形成，而且其复合体具有较强的净化作用。有效微生物群对污染水体的透明度、高锰酸盐指数（CODMn）、溶解氧（DO）、总氮（TN）、总磷（TP）、叶绿素a均有明显的改善。所谓有效微生物群EM(Effective Microorganisms)是从自然界筛选出各种有益微生物，用特定的方法混合培养所形成的微生物复合体

系，其微生物组合以光合细菌、放线菌、酵母菌和乳酸菌为主。但有效微生物群对富营养化水体中藻类的过度繁殖的抑制效果和机理尚不清楚。

投加生物菌种的方法因其生物安全性问题使得公众接受度较差，且致病机理不清楚，需要慎重使用（图2-15）。

（3）光催化降解法

在水中加入一定的光敏半导体材料，利用太阳能净化污水，提高污染物的降解效率。

（4）生物接触氧化法

生物接触氧化广泛地应用于污染水及微污染水源水的处理。根据国内外报道，生物接触氧化对微污染水体的COD、NH4+-N的去除率可分别达到20%～30%和80%～90%，因此用于景观水处理也是一种行之有效的方法（图2-16）。

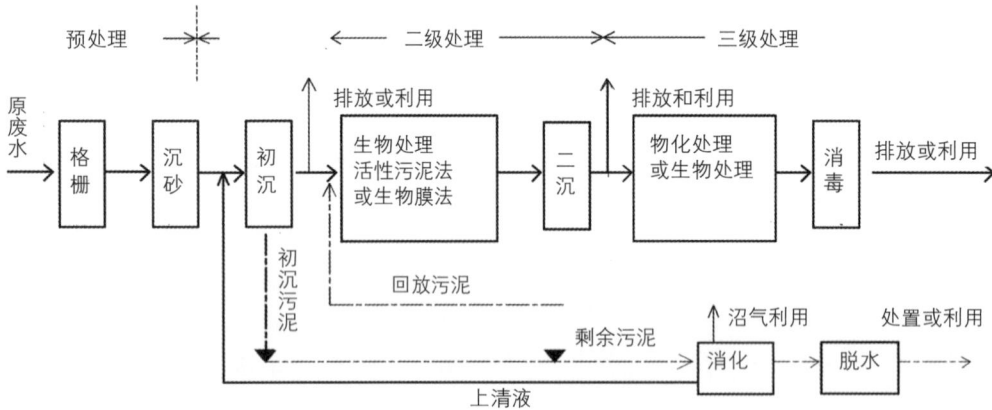

图2-13 微生物处理流程示意图

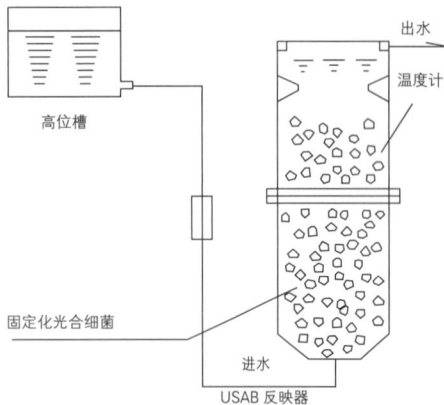

图2-14 光合细菌投加法示意图

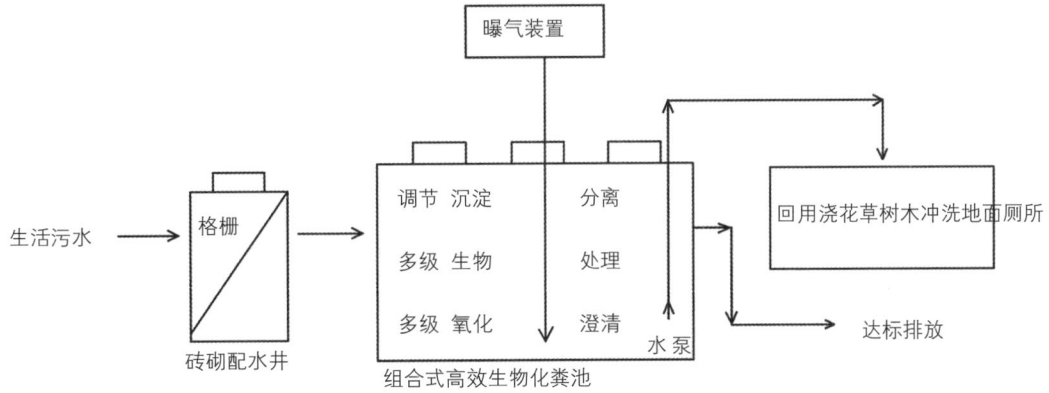

图 2-15 投加生物菌群水处理流程图

曝气装置

生活污水 → 格栅
砖砌配水井

组合式高效生物化粪池
调节 沉淀 分离
多级 生物 处理
多级 氧化 澄清
水 泵

回用浇花草树木冲洗地面厕所
达标排放

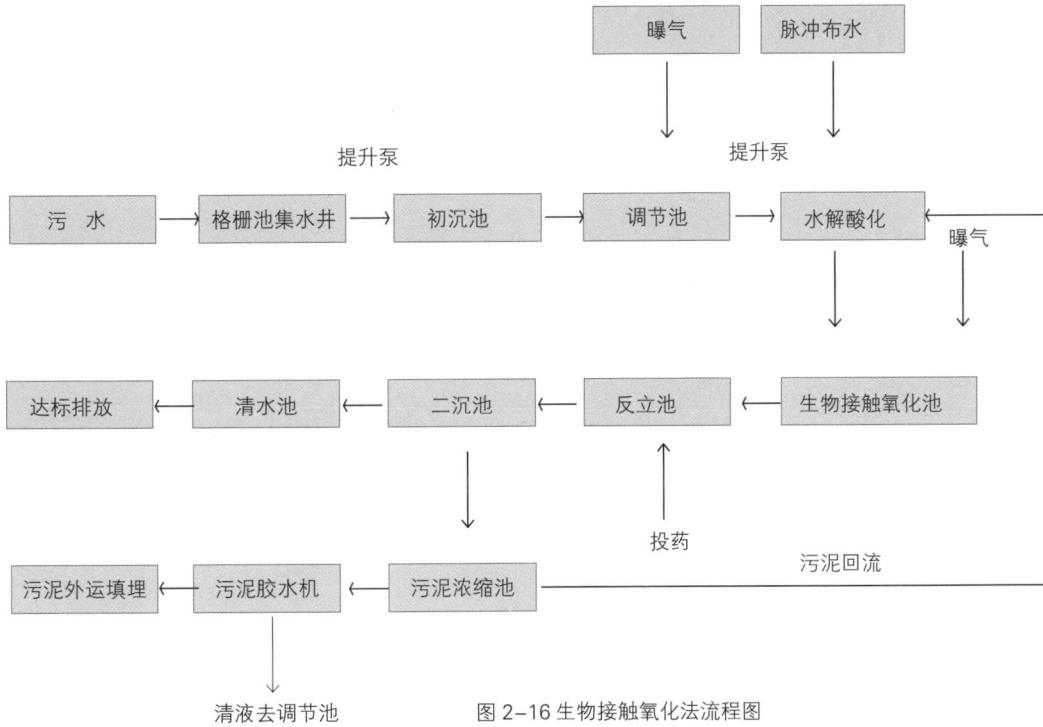

图 2-16 生物接触氧化法流程图

曝气　脉冲布水

提升泵　　　提升泵

污　水 → 格栅池集水井 → 初沉池 → 调节池 → 水解酸化　曝气

达标排放 ← 清水池 ← 二沉池 ← 反立池 ← 生物接触氧化池

投药　　　污泥回流

污泥外运填埋 ← 污泥胶水机 ← 污泥浓缩池

清液去调节池

# 室外游泳池

## 1. 标准游泳池

（1）池长一般为50m，允许误差+0.03m。在池端可安装触电板调时器（触电板规格2.4m×0.9m×0.01m，在两端池壁水面上30cm处安放。浸入水中60cm。板表面色彩鲜明并划有与池壁标志线相同的标志线）。池总长为50m，短池长度为25m，短池总长25m，允许误差+0.02m。

（2）池宽21m，奥运会世界锦标赛要求25m。

（3）水深要求≥1.8m。可在距水面不超过1.2cm深以内池壁上设休息平台，台面宽10~15cm。

（4）比赛泳道每道2.5m宽，边道另加0.5m，两泳道间有分道线，分道线用浮标线分挂在池壁两端，池壁内设挂线勾，池底和池端壁应设泳道中心线，为深色标志线。

（5）出发台应居中设在每泳道中心线上，台面50cm×50cm。台面临水面前缘应高出水面50~70cm。台面倾向水面不应超过10度，并保证运动员出发时能在前方和两侧抓住台面，出发台上应设不突出池壁外的仰泳握手器，高出水面30~60cm，并有水平和垂直两种。出发台四周应有标明泳道数的号码，号码从出发方向由右至左排列。

（6）游泳池需在两侧壁安装溢水槽，以保持池水的要求高度排走表面浮游污物。游泳池的攀梯应嵌入池内，数量一般4~6个，其位置应不影响裁判工作。

（7）水池池壁必须垂直平整，池底防滑，池面层平整光洁易于清洗。一般池壁贴白色马赛克，池底贴白色釉面砖，泳道标志线为黑色釉面砖。

（8）游泳池的池岸宽一般出发台端池岸宽≥5m，其余池岸≥3m。正式比赛池，出发台池岸宽≥10m，其他岸宽≥5m。

## 2. 非标准泳池

（1）泳池面积：北方地区由于气候原因限制，泳池面积宜控制在600~800m²。其他地区泳池面积宜控制在1000~1200m²（图3-1）。

（2）非标准泳池总体形状不应出现云状或过于曲绕的弧形泳池。

（3）非标准泳池中种植池不应采用出现直角或锐角形状，而宜采用圆形或弧形种植池。

（4）池岸的形状不宜出现小于90度的角（图3-2）。

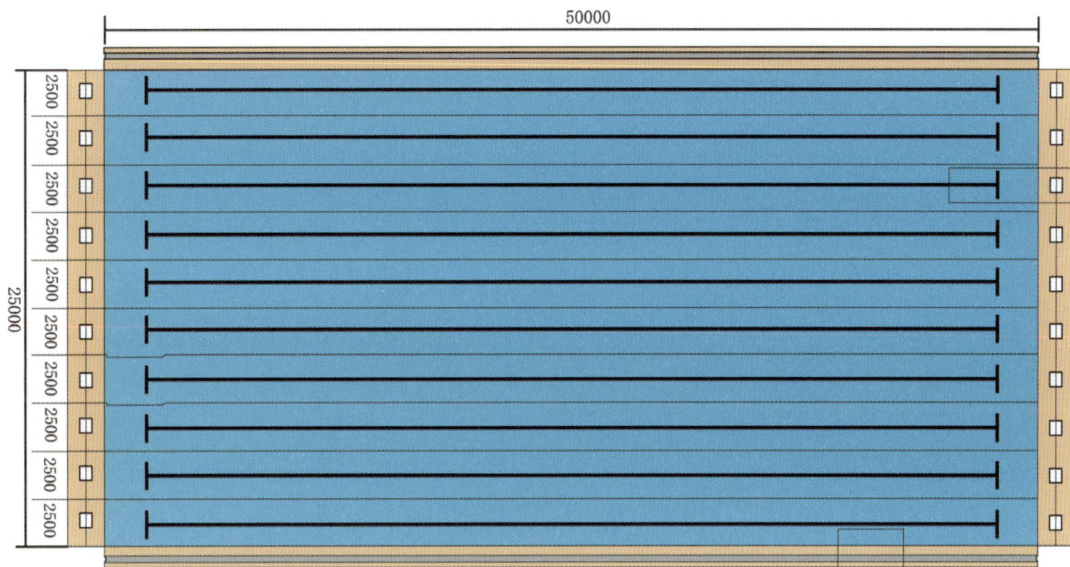

图3-1 标准泳池总体形状案例

图3-2 非标准泳池总体形状错误案例

（1）池壁（从外到内）（图3-3）

面层（陶瓷马赛克或瓷片）

20厚1:2聚合物水泥砂浆

10厚聚合物水泥基防水涂抹

结构面板一律先清除干净（包括油污，浮浆），

蜂窝麻面，用1:2.5水泥砂浆嵌平补实

（2）池底做法（从上到下）（图3-4）

陶瓷马赛克（瓷片）

20厚1:2聚合物水泥砂浆

10厚聚合物水泥基防水涂抹

结构面板一律先清除干净（包括油污，浮浆），

蜂窝麻面，用1:2.5水泥砂浆嵌平补实

100厚C10素混凝土垫层

素土夯实>92%

3

面层（陶瓷马赛克或瓷片）

20厚1:2聚合物水泥砂浆

10厚聚合物水泥基防水涂抹

结构面板一律先清除干净（包括油污，浮浆），蜂窝麻面，

用1:2.5水泥砂浆嵌平补实

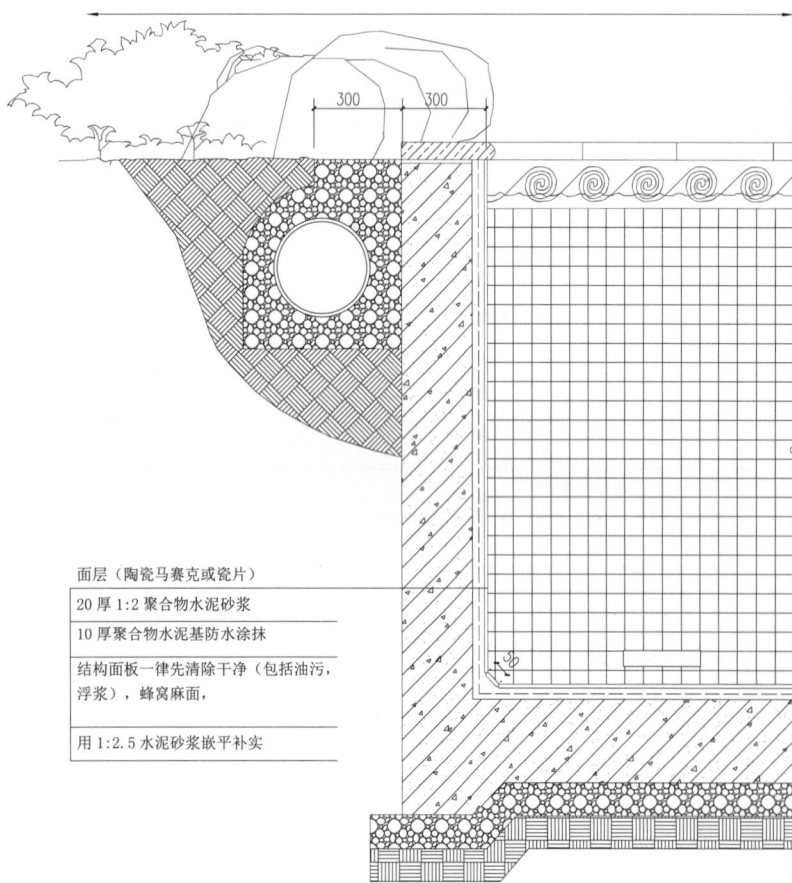

图3-3 池壁做法图

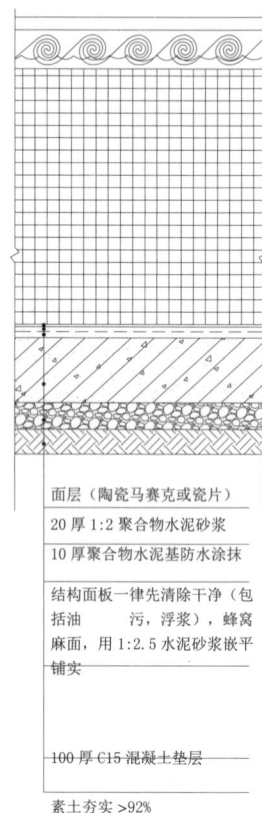

面层（陶瓷马赛克或瓷片）

20厚1:2聚合物水泥砂浆

10厚聚合物水泥基防水涂抹

结构面板一律先清除干净（包括油污，浮浆），蜂窝麻面，用1:2.5水泥砂浆嵌平铺实

100厚C15混凝土垫层

素土夯实>92%

图3-4 池底做法详图

（3）游泳池平台做法（从上到下）（图3-5）

面层

30厚1：3干硬性水泥砂浆

100厚C10素混凝土

150厚6%水泥石粉渣

素土夯实>92%

（4）泳池扶手做法（图3-6）

材料：拉丝面304不锈钢

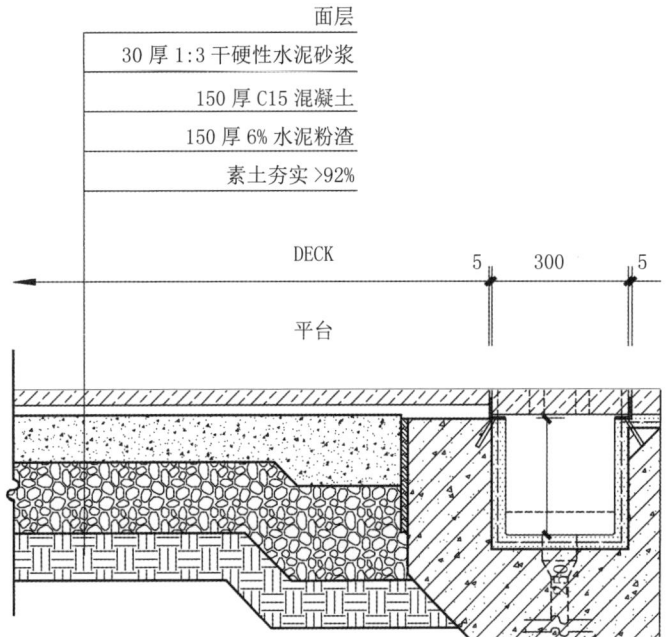

面层

| 30厚1：3干硬性水泥砂浆 |
| 150厚C15混凝土 |
| 150厚6%水泥粉渣 |
| 素土夯实>92% |

DECK

平台

5 | 300 | 5

图3-5 泳池平台做法详图

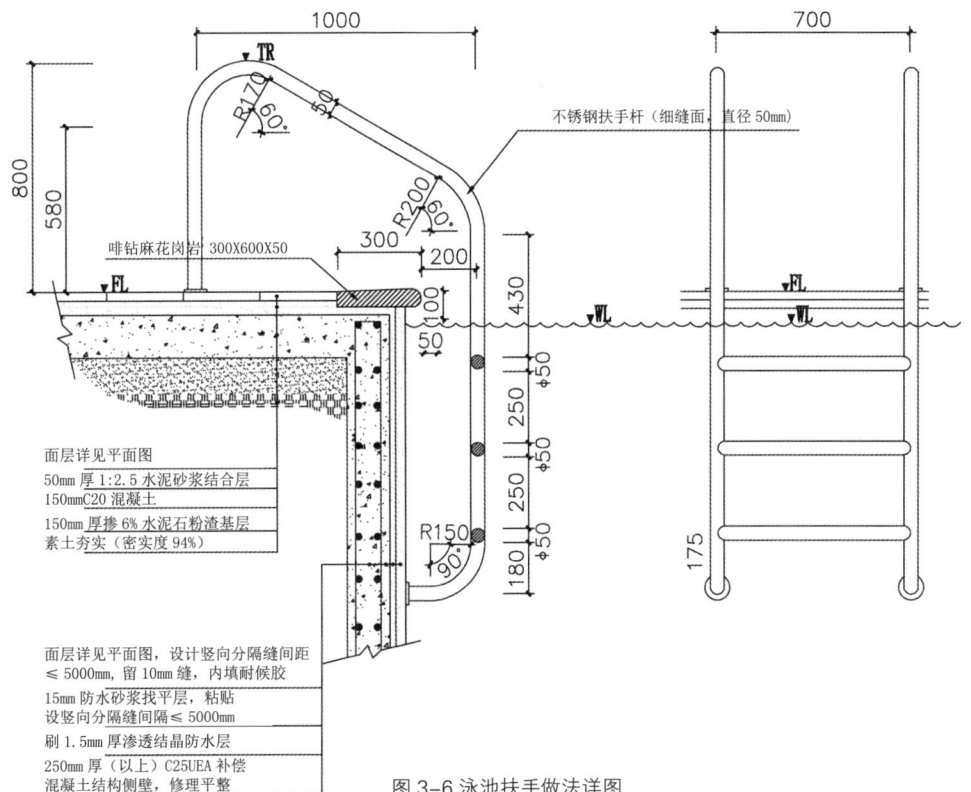

不锈钢扶手杆（细缝面，直径50mm）

啡钻麻花岗岩300X600X50

面层详见平面图
50mm厚1:2.5水泥砂浆结合层
150mmC20混凝土
150mm厚掺6%水泥石粉渣基层
素土夯实（密实度94%）

面层详见平面图，设计竖向分隔缝间距
≤5000mm，留10mm缝，内填耐候胶

15mm防水砂浆找平层，粘贴
设竖向分隔缝间隔≤5000mm

刷1.5mm厚渗透结晶防水层

250mm厚（以上）C25UEA补偿
混凝土结构侧壁，修理平整

图3-6 泳池扶手做法详图

（5）水下台阶、墙体做法（图3-7）

面层（陶瓷马赛克或面砖）

20厚1:3聚合物水泥砂浆

砖砌体

钢筋混凝土池底

（6）消毒浸脚池池底构造做法（图3-8）

面层（陶瓷马赛克或面砖）

20厚1:3聚合物水泥砂浆

C20钢筋混凝土结构

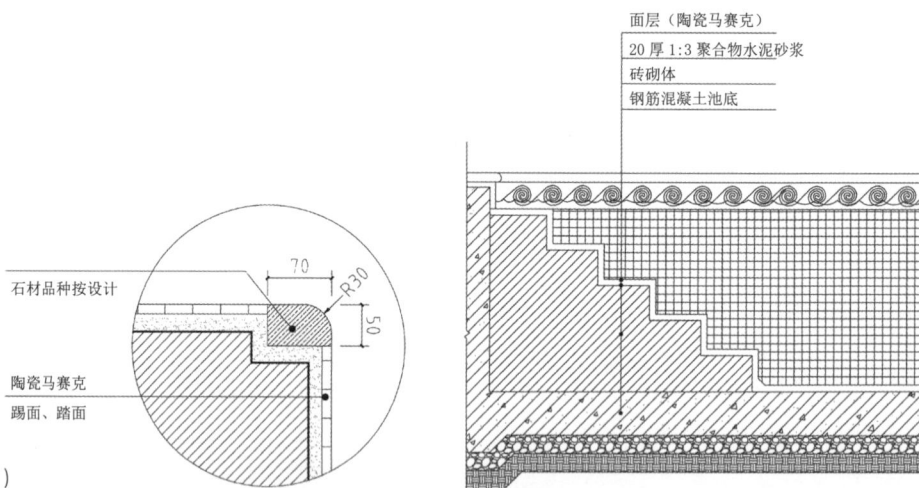

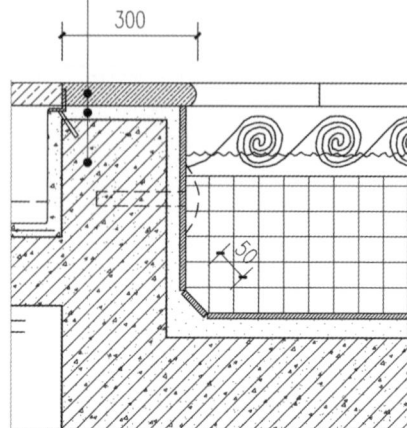

100厚C15素混凝土

150厚6%水泥石粉渣

素土夯实>92%

（7）池壁压顶做法（从上到下）（图3-9）

300x300x50磨面黄锈石

20厚1:3聚合物水泥砂浆

钢筋混凝土结构

图 3-7 水下台阶、墙体做法详图

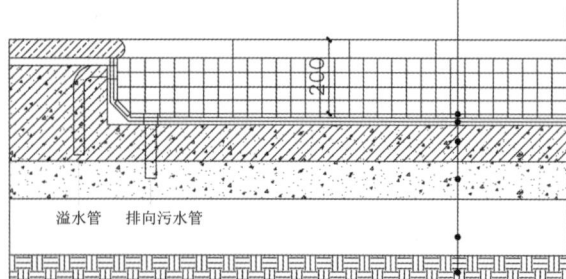

图 3-8 消毒浸脚池池底构造图

图 3-9 池壁压顶做法详图

（8）室外淋浴构造做法（图 3–10）

强制性要求：需设置洗脚池、淋浴及泳池排水边沟。

（9）泳池池底、池壁转角做法（图 3–11）

泳池台阶、池底、池壁转角处不宜使用切割马赛克的做法。宜采取转角马赛克铺贴。

（10）泳池排空管（图 3–12）

泳池排空管安装于泳池侧壁，增加泳池美观度，结构设计时需考虑预留。

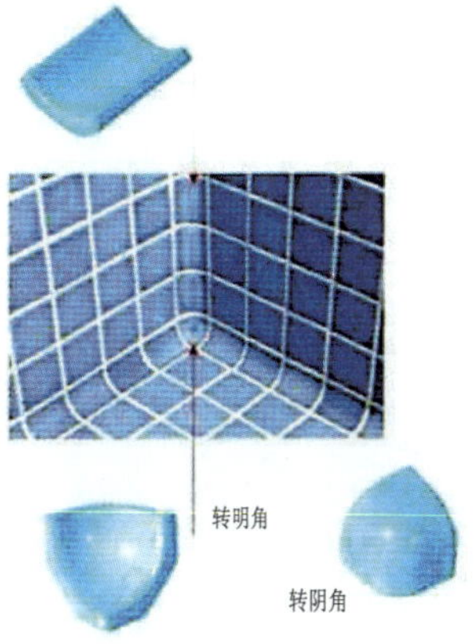

转明角
转阴角


图 3–10 泳池池底、池壁转角做法详图

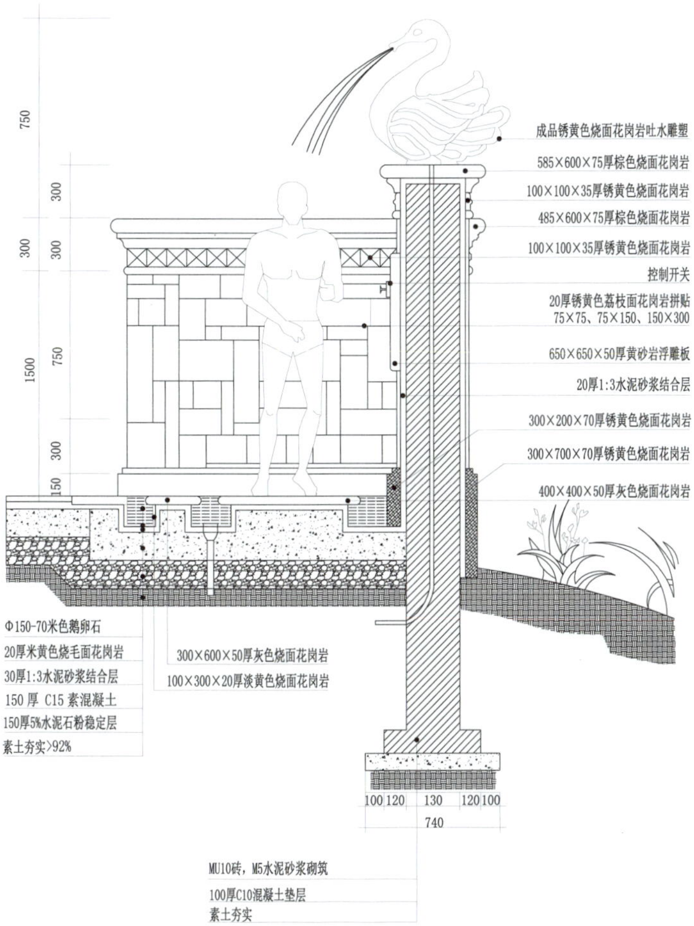

750
300
300
300
1500
750
300
150
成品锈黄色烧面花岗岩吐水雕塑
585×600×75厚棕色烧面花岗岩
100×100×35厚锈黄色烧面花岗岩
485×600×75厚棕色烧面花岗岩
100×100×35厚锈黄色烧面花岗岩
控制开关
20厚锈黄色荔枝面花岗岩拼贴
75×75、75×150、150×300
650×650×50厚黄砂岩浮雕板
20厚1:3水泥砂浆结合层
300×200×70厚锈黄色烧面花岗岩
300×700×70厚锈黄色烧面花岗岩
400×400×50厚灰色烧面花岗岩
Φ150-70米色鹅卵石
20厚米黄色烧毛面花岗岩
30厚1:3水泥砂浆结合层
150 厚 C15 素混凝土
150厚5%水泥石粉稳定层
素土夯实>92%
300×600×50厚灰色烧面花岗岩
100×300×20厚淡黄色烧面花岗岩
100 120 130 120 100
740
MU10砖，M5水泥砂浆砌筑
100厚C10混凝土垫层
素土夯实


图 3–11 室外淋浴做法详图

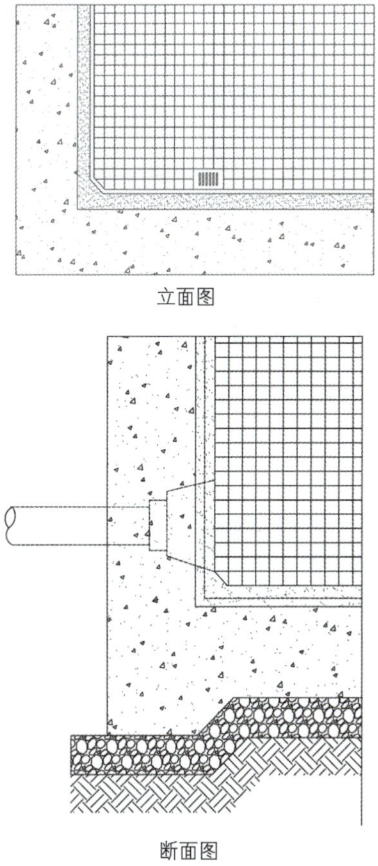

立面图
断面图


图 3–12 排空管

（11）泳池种植池/树池（图3-13）

（12）截水沟盖板（图3-14）

宜采用成品高分子合成篦子或石材篦子。

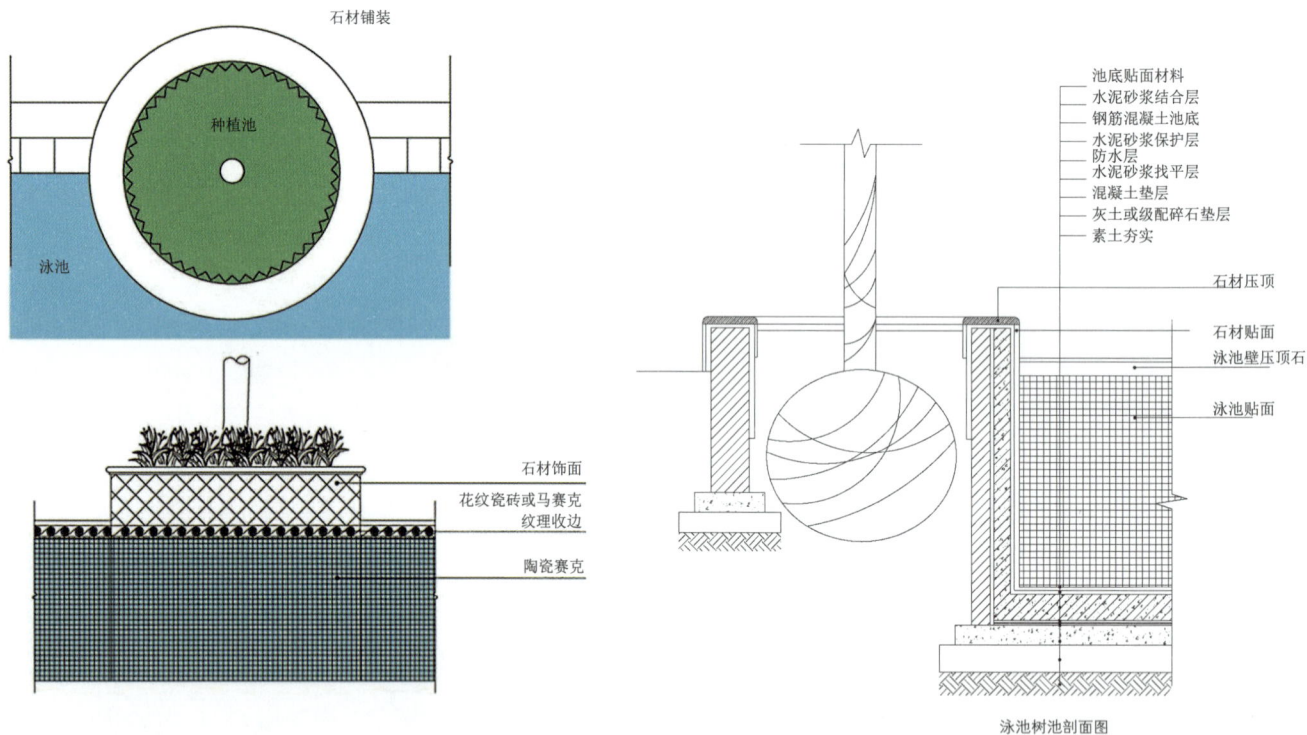

石材铺装

种植池

泳池

石材饰面

花纹瓷砖或马赛克
纹理收边

陶瓷赛克

池底贴面材料
水泥砂浆结合层
钢筋混凝土池底
水泥砂浆保护层
防水层
水泥砂浆找平层
混凝土垫层
灰土或级配碎石垫层
素土夯实

石材压顶

石材贴面

泳池壁压顶石

泳池贴面

泳池树池剖面图

图3-13 泳池种植池/树池做法详图

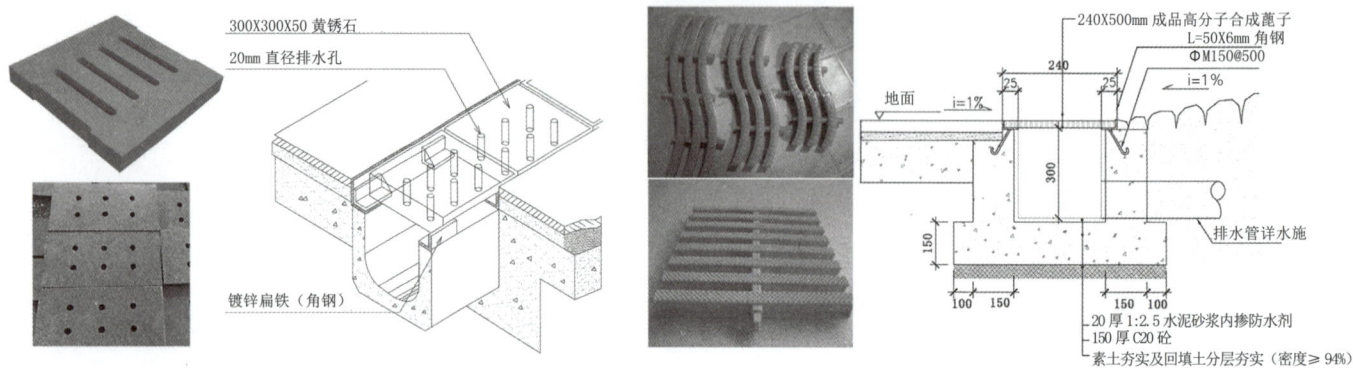

300X300X50 黄锈石
20mm 直径排水孔

镀锌扁铁（角钢）

240X500mm 成品高分子合成篦子
L=50X6mm 角钢
ΦM150@500

地面

i=1%

i=1%

25  25

240

300

150

排水管详水施

150   100

100  150

150

100

20厚1:2.5 水泥砂浆内掺防水剂
150厚C20砼
素土夯实及回填土分层夯实（密度≥94%）

图3-14 截水沟盖板做法详图

## 1. 泳池四周排水系统

（1）泳池沿边四周设溢水沟，以保证池水满溢不外流。溢流水槽的截面尺寸，宜按池水循环水量 10%~15% 计算确定，但槽的最小宽度宜为 200mm。

槽内应设排水口，排水口均匀布置，排水口数量计算确定。

槽底应有 1% 的坡度坡向排水口。

（2）泳池区外边沿设排水沟，以保证平台走道上雨污水收集。

（3）平台向排水沟方向设坡 1%。

## 2. 游泳池水处理设计

（1）池水在进行过滤净化前，应先将水中的杂物经过毛发聚集器进行预净化。

（2）过滤砂缸应选用强度高，耐腐蚀、滤速高、过滤效果好的产品，并宜安装，操作简便，外型美观，过滤介质一般采用石英砂。

（3）为保证泳池的水质质量，应向循环水中投加混凝剂、pH 值调整剂和除藻剂等。

（4）泳池水必须进行消毒杀菌处理。

## 3. 泳池水循环系统（表 3-1）

表 3-1 泳池水循环系统

| 循环方式 | 示意图 | 原理特点 | 优缺点 |
|---|---|---|---|
| 逆流式循环 | | 游泳池的全部循环水量，由设在池底的给水口（沟）送入池内，再由设在与游泳池水表面相平的池岸式或池壁式溢流回水槽将循环水量全部取回进行净化后再送回池内的水流方式。 | 优点：该方式布水均匀，池底无污染物沉淀，池水表面污物可及时排除。穿越池壁管道少。<br>缺点：建设费用高、施工维修困难。池底需增加 300 左右的管道垫层，增大了机房面积。相应结构荷载提高，成本较大。 |
| 顺流式循环 | | 游泳池的全部循环水量，由设在游泳池端或侧壁水面以下的给水口送入池内，而由设在池底的回水口（沟）取回进行净化后再送回游泳池的水流方式。 | 优点：回水口可与泄水口合用建造成本相对低，循环水管道设计较简单，埋设较浅，系统运行耗能较低，后期维护相对方便；水质能够满足使用要求。<br>缺点：池底易沉积污物，穿越池壁管道多。泳者经常把溢流槽当做痰盂，清理困难，造成二次污染。需另外安装除积污装置。 |
| 混合式循环 | | 将游泳池全部循环水量中的一部分（不小于 50%），从与池水表面相平的溢流回水口（沟）取回，另一部分（不大于 50%）循环水量从池底回水口（沟）取回，一并进行净化后，全部由池底或低部送回游泳池的水流方式。 | 优点：保证泳池水质，池底无污染物沉淀。<br>缺点：系统构造复杂，建造费用高。 |

## 1.绿化设计

（1）泳池区不宜种植落叶乔木或大量落果类植物。

（2）禁止种植带刺及尖锐叶片的植物，以防止意外伤害。

（3）泳池区域四周灌木种植要浓密，形成私密空间，方便后期管理。

（4）不宜种植花期短、花粉易引起过敏的开花植物。

## 2.泳池附属用房

分类有：游泳池更衣、淋浴辅助用房（图3-15）（表3-2）。

（1）更衣间应设置排水措施。

（2）淋浴间应设置冷、热水管道和排水措施。

（3）地面必须进行防滑处理。

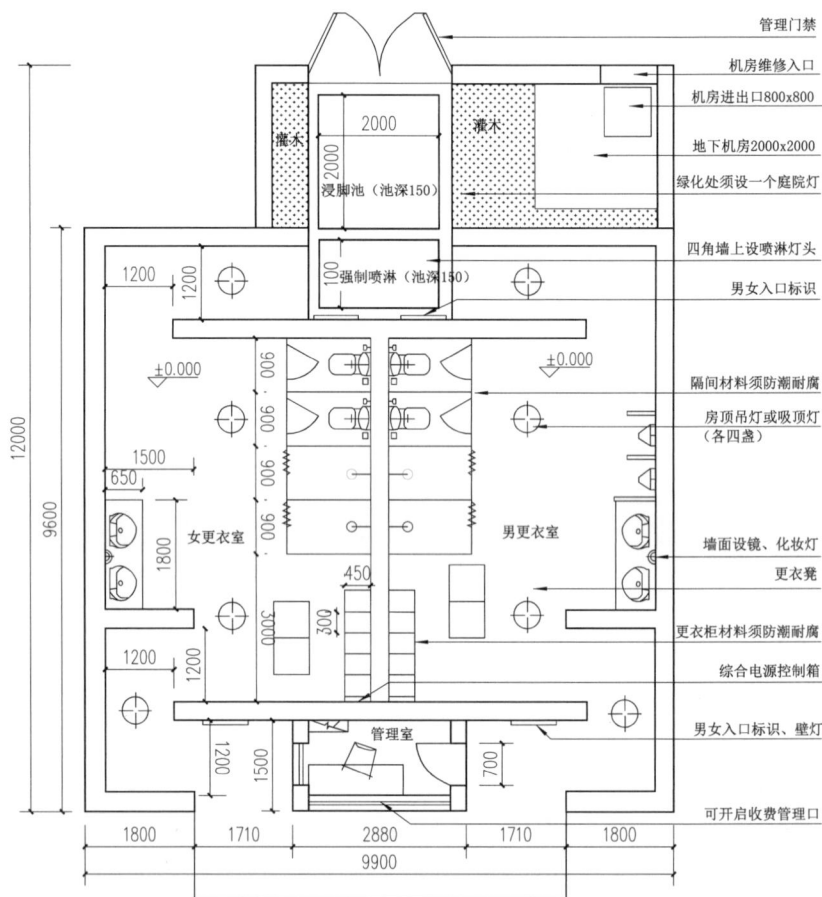

图3-15 泳池附属用房平面图

表3-2 游泳池更衣室设施布置表

| 泳池面积 | 单项名称 | 布置数量 | 可选项目 |
|---|---|---|---|
| 1000-1200 m² | 蹲位 | 男女更衣室各2个，男更衣室设置2个小便池。 | 1. 增加管理室前厅，提供等候区<br>2. 增加化妆台空间<br>3. 更衣区与淋浴区分隔<br>4. 增加清扫设备储藏室<br>5. 男女共用洗手台<br>6. 室外喷淋 |
| | 淋浴间 | 男女更衣室各4个 | |
| | 更衣柜 | 男女更衣室各30个 | |
| 600-800 m² | 蹲位 | 男女更衣室各2个，男更衣室设置2个小便池。 | |
| | 淋浴间 | 男女更衣室各2个 | |
| | 更衣柜 | 男女更衣室各25个 | |

### 3. 水净化设备用房

（1）尽量靠近游泳池。

（2）靠近热源供应方向的一侧。

（3）靠近室外排水干管一侧。

（4）应有设备安装运输出入口，房间位于室外地面以下时，应留有吊装孔。

（5）应有通向游泳池管廊的通道和管沟的出入口。

（6）房间高度应满足设备操作和安装的要求。

（7）应有良好的通风和照明。

（8）地面应有排水措施。

（9）根据环境要求采取降噪措施。

（10）符合现行《建筑设计防火规范》的要求。

（11）设备用房面积要求：泳池 600~800m²，面积为 40m²；泳池 1000~1200 m²，面积为 50m²。

### 4. 安全防护

（1）泳池周边活动区域地面材料必须采取防滑措施，地面、台阶边角打磨，无突出边角和锋利的切面，地面材料应便于冲刷。

（2）池岸式溢流水槽盖板格栅条的净间距，如为成人池，不得超过 20mm；如为儿童池，不应超过 15mm；格栅盖板应采用耐腐蚀和不变形的材料制造，禁止使用不锈钢，不但容易打滑也容易变形。

（3）游泳池下池台阶宽度不小于 350mm，高度不大于 150mm（儿童游泳池台阶高度以 100mm 为宜）。台阶应设扶手，扶手可采用 50×3 不锈钢管，扶手高度 900mm。扶手安装采用预埋件安装。

（4）泳池入水台阶必须设置安全提示线。

（5）泳池区构筑物以不遮挡安全员视线为宜。

（6）泳池四周铺装范围内不得有裸露电线穿越或电源设置。

（7）强弱电井、污水井位置不能设于泳池休息平台区域内。

# 景观照明基础知识

4

### 1. 常用照明术语

①色温：在黑体辐射时，随温度的不同而发出的光颜色不同，不同温度黑体发出不同颜色的光。光色所对应的黑体的温度称之为该光色的色温。色温以绝对温度 K 为单位表示（图 4-1）。

②发光效率：光源所发出的总光通量与该光源所消耗的电功率的比值，称为该光源的光效。单位为流明每瓦（Lm/W）。

③灯具效率：在相同的使用条件下，灯具发出的总光通量与灯具内所有光源发出的总光通量之比，也称灯具光输出比。

④光色：光色是指"光源的颜色"，或者多种光源综合形成的被照环境的"光色成分"。

⑤眩光：由于视野中的亮度分布或亮度范围的不适宜，或存在极端的对比，以致引起不舒适感觉导致降低观察细部或目标能力的视觉现象。

⑥夜景照明（景观照明）：泛指除体育场场地、建筑工地和道路照明等功能性照明以外，所有室外公共活动空间或景物的夜间景观照明。

⑦泛光照明：是一种使室外的目标或场地比周围环境明亮的照明。

⑧轮廓照明：轮廓照明在景观照明的应用有多种方式。一种方式是以点光源（白炽灯、节能灯、LED 点光源等）沿建筑物外沿布灯，以点连成线，勾出建筑物轮廓，我们称之为点状轮廓；另外一种方式是以连续性线型光源勾勒建筑物轮廓，我们称之为线型轮廓；还有一种方式，以发光面（投光、内透、背光板等）构成建筑物轮廓，也可认为是一种轮廓照明，我们称之为面型轮廓。

⑨局部照明：特定视觉工作用的、为照亮某个局部而设置的照明。

⑩一般照明：也称为"背景照明"或者"环境照明"，是照明规划的基础。

⑪分区一般照明：根据需要，提高特定区域照度的一般照明。

⑫混合照明：由一般照明与局部照明搭配应用的照明方式。

⑬漫射照明：指入射光线并非主要来自单一特别方向的照明方式。

⑭定向照明：光线主要从优选方向投射到工作面或物体上的照明。

⑮光强分布：用曲线或表格表示光源或灯具在空间各方向的发光强度值。

⑯光污染：指人工光对人体健康和人类生存环境造成的不利影响的总称。

⑰绿色照明：指节约资源、保护环境、有益于提高人们的学习、工作效率和生活质量以及保障身心健康的照明。

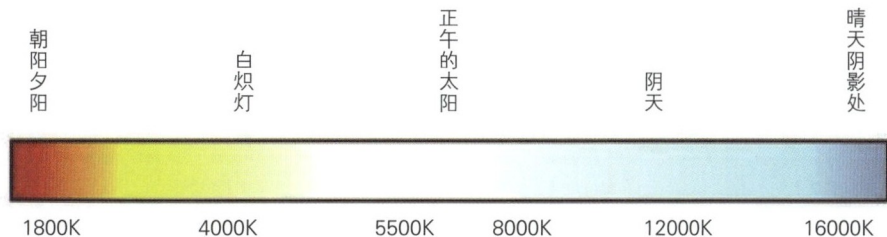

朝阳夕阳　　　　白炽灯　　　　正午的太阳　　　　阴天　　　　晴天阴影处

1800K　　　4000K　　　5500K　　8000K　　12000K　　16000K

图 4-1 不同环境下的色温值

## 2. 常用数值及单位

①光通量：光源在单位时间内向周围空间辐射出去的并使人眼产生光感的能量称为光通量。用符号 Φ 表示，单位为流明 (lm)。

②发光强度：光源在空间某一方向上的光通量的空间密度称之为光源在这一方向上的发光强度。以符号 I 表示，单位为坎德拉（cd）。用极坐标表示光源在各方向上发光强度的曲线称为配光曲线。

③照度：表面上一点的照度等于入射到包含该点的面元上的光通量与面元的面积之商。照度的符号以 E 表示，其公式为 $E=\dfrac{d\phi}{dA}$

式中 E– 照度，lx；

Φ– 光通量，lm；

A– 面积，m²。

④亮度：发光体在视线方向单位投影面积上的发光强度，称为该发光体表面的亮度。用符号 L 表示，单位为坎德拉每平方米 (cd/m²)。

⑤烛光：在一定方向光源强度的单位。1 烛光相当于 1 英尺远与光线垂直处产生的 1 尺烛光之光源。

⑥流明：光通量的单位。发光强度为 1 坎德拉 (cd) 的点光源，在单位立体角（1 球面度）内发出的光通量为"流明"，英文缩写 (lm)。

⑦尺烛光：尺烛光是光通量或是灯光照射表面的单位。它代表一个标准烛光照射一尺表面的灯光效果。一尺烛光等于一流明每平方英尺。

⑧坎德拉：发光强度的单位。简称"坎"，符号 cd。

⑨勒克斯：勒克斯 (lux，法定符号 lx) 是照度的单位。等于 1 流明的光通量均匀照在 1m² 表面上所产生的照度。

⑩照明功率密度（LPD）：指单位面积上的照明安装功率（包括光源、镇流器或变压器等），单位为瓦特每平方米（W/ m²）

⑪维护系数：照明装置在使用一定时间后，在规定表面上的平均照度或平均亮度与该装置在相同条件下新装时在规定表面上所得到的平均照度和平均亮度之比。

⑫维持平均照度（亮度）：照明装置必须进行维护时，在规定表面上的平均照度（亮度）值。

⑬照明均匀度：通常指规定表面上的最小照度与平均照度之比。

⑭一般显色指数：光源对 CIE（国际照明委员会）规定的 8 种颜色样品特殊显色指数的平均值，通称显色指数，该量符号为 Ra。

表 4-1 光的基本性质（概念）、符号以及相应的度量单位

| 概念 | 符号 | 英制单位 | 米制单位 |
|---|---|---|---|
| 发光强度（或烛光度） | I | 烛光（cd） | 坎德拉（cd） |
| 光通量 | Φ | 流明（lm） | 流明（lm） |
| 照度（或照明水平） | E | 流明每平方英尺 [ 英尺烛光（fc）] | 流明每平方米 [ 勒克斯（lx）] |
| 亮度（或标准亮度） | L | 烛光每平方英尺 （cd/ft²） | 坎德拉每平方米 （cd/m²） |
| 光出射度 | M | 流明每平方英尺 （lm/ft²） | 流明每平方米 （lm/ m²） |

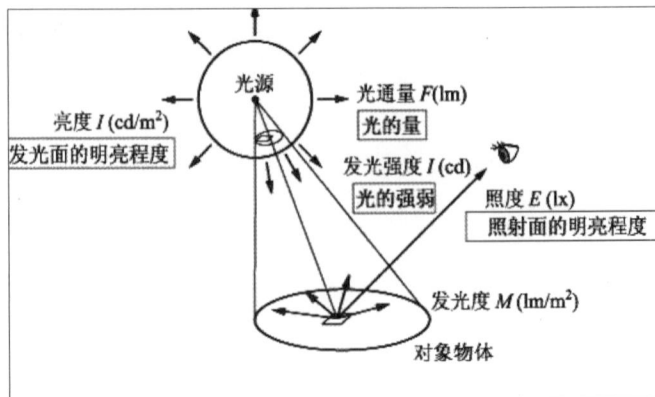

图 4-2 光通量、照度、亮度、发光强度的关系

## 1. 概述

随着经济的发展与生活水平的提高，人们在夜间活动的时间逐渐增加。景观照明设计丰富了城市夜晚的多样性与美感。通过对人们行为与心理状态的分析，结合景观载体的风格与特点，用灯光营造科学、舒适的夜间景观环境，是设计工作者者的任务与使命。

业内将照明设计工作按场所分为室内照明、室外照明、特殊场所照明三种类型。本章所论述的景观照明设计内容，是室外照明类型中城市夜景照明的重点组成部分。笔者将从广场、绿地、水系、道路景观、雕塑等方面的照明方式与表现手法进行介绍（图4-3）。

## 2. 基本设计要求

照明设计是运用"光"所形成的环境进行综合布局的一项工作，其中既包括景观性照明的效果表现，也包括功能性照明的技术实现。我国针对夜间光环境已出台一系列法规与设计准则，在设计工作初期就应了解相关规范，控制设计深度。基本设计要求包括以下几点：

①尊重与配合景观载体的设计特点，考虑白天与夜间风貌的统一性；

②光环境应满足夜间活动的基本功能性要求；

③展示景观载体高雅的艺术效果；

④避免不舒适眩光和光污染；

⑤提倡节约能源、绿色环保的照明方式。

## 3. 景观照明意义

景观照明的发展，在一定程度上能反映出城市的历史文化底蕴、社会经济发展状况、居民的生活水平及政府的城市建设能力。其运用灯光对景观进行艺术再创作的意味，侧重于社会、文化、心理的精神因素和审美情趣。具体体现在以下几点：

①为人们提供消除危险和忧虑的安全照明；

②为行人、非机动车、机动车创造交通安全的光环境；

③为人们在夜晚使用公园、开放区域、运动场所提供便利性；

④强调标志物和重点，加深城市印象；

⑤视觉的整体规划，倡导元素协调统一。

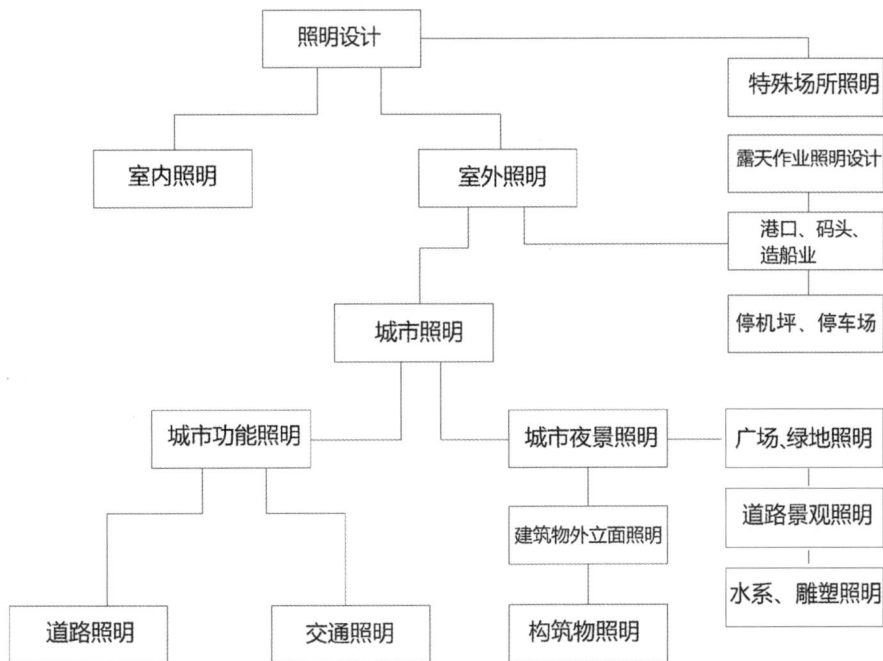

图 4-3 照明设计工作场所分类

## 1. 光源分类

自从 1879 年爱迪生发明了电灯后，人们对人工光源的探索就从未停止过。随着科学技术的发展，相继出现了不同种类的新型光源。电光源按照其发光物质分类，可分为固体发光光源和气体放电发光光源两大类，详细分类见表 4-2。

**注释：**

①固体发光光源：固体发光是指电磁波、带电粒子、电能、机械能及化学能等作用到固体上而被转化为光能的现象。

②白炽灯：见表 4-3 所示

表 4-3 白炽灯的种类

| A | 普通照明白炽灯 |
|---|---|
| B | 内壁静电喷涂硅粉的柔白灯 |
| C | 反射型白炽灯，如 R 型与 PAR 型 |
| D | 聚光灯泡（跟灯具配合形成准确的焦点，常用于舞台灯光） |

③卤钨灯：是填充气体内含有部分卤族元素或卤化物的充气白炽灯。

④半导体发光二极管（LED）：是一种固态的半导体器件，它可以直接把电转化为光能。

⑤气体放电发光光源：气体放电光源是利用气体放电发光原理制成的，是紫外辐射源的主要形式。

⑥霓虹灯：是一种冷阴极辉光放电管，其幅射光谱具有极强的穿透大气的能力，色彩鲜艳绚丽、多姿，发光效率明显优于普通的白炽灯，它的线条结构表现力丰富，可以加工成任何几何形状，满足多种设计要求。通过电子程序控制，可呈现变幻色彩的图案和文字。

⑦高气压灯：是气体放电灯的一类，英文缩写 HID。它通过灯管中的弧光放电，再结合灯管中填充的惰性气体或金属蒸气产生很强的光线。

表 4-2 光源分类表

| 电光源 | 固体发光光源① | 热辐射光源 | 白炽灯② | |
|---|---|---|---|---|
| | | | 卤钨灯③ | |
| | | 电致发光光源 | 场致发光灯（EL） | |
| | | | 半导体发光二极管（LED）④ | |
| | 气体放电发光光源⑤ | 辉光放电灯 | 氖灯 | |
| | | | 霓虹灯⑥ | |
| | | 弧光放电灯 | 低气压灯 | 低压汞灯（荧光灯） |
| | | | | 低压钠灯 |
| | | | 高气压灯⑦ | 高压汞灯 |
| | | | | 高压钠灯 |
| | | | | 金属卤化物灯 |
| | | | | 氙灯 |

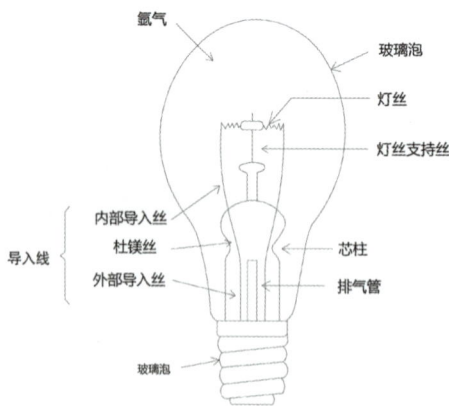

图 4-4 白炽灯结构

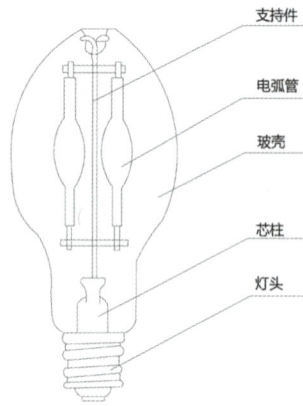

图 4-5 金属卤化物灯结构

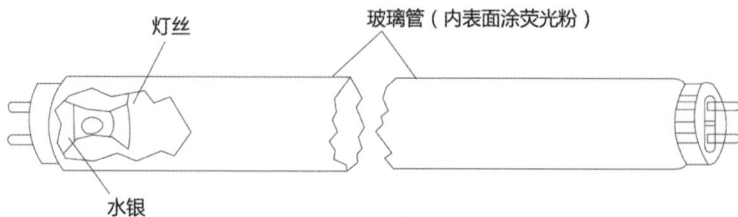

图 4-6 荧光灯结构

#### 2. 主要光源技术指标

①白炽灯（普通照明灯泡）：其光源接近于太阳，体积较小，可搭配丰富的灯罩形式；通用性大，彩色品种多；具有可调光、支持频繁启动的特点，但耗电量大，寿命短。

A 彩色灯泡：可用于建筑物、商店橱窗、展览馆、园林构筑物、孤立树、树丛、喷泉、瀑布等装饰照明；

B 水下灯泡：可用于喷泉、瀑布等处装饰照明。

②卤钨灯：又称为卤素灯，是白炽灯泡内注入卤素元素气体后的产物，由于使用温度较高，常采用石英玻璃材质。宜用在照度要求较高、显色性较好的场所，如体育馆、大会堂、宴会厅等。由于工作温度较高，不适于多尘、易燃、有振动的场所。

③荧光灯：适用于庭院照明，不适用于范围较广的照明，在温度低的地方效率会降低。

④荧光高压汞灯：广泛适用于广场、道路、庭院等场所，可用于大面积室外照明。使树木、草坪的绿色鲜明夺目、视觉愉悦自然，是表现绿叶植物最合适的光源，但不适用于黄绿色植物的照明。

⑤高压钠灯：广泛适用于道路、园林绿地、广场、车站等处功能照明。其发光效率较高，但黄色光使绿叶植物看起来灰黄，视觉效果相对紧张，园林景观照明中应用较少。

⑥金属卤化物灯：主要适用于广场、大型游乐场、体育场照明及高速摄影等场所。

A 白光金属卤化物灯：光效高、显色性好、表现层次丰富，可反映花卉植物色彩鲜艳的特点。但用于其他植物照明时则较高压汞灯显得平淡单调，也可用于照射人行活动的场所和园路；

B 绿光金属卤化物灯或带绿色色片的光源：绿色光改善和加强了黄绿叶植物中绿色成分的表现效果，可满足人们的欣赏习惯，但用于其他颜色植物照明时，则由于其色彩感过于强烈，易产生过于夸张和失真的感觉。

⑦管形氙灯：有"小太阳"之称，特别适合于作大面积场所的照明，工作稳定，点燃方便。

表 4-4 常见光源技术指标明细表

| | 白炽灯 | 卤钨灯 | 荧光灯 | 荧光高压汞灯 | 高压钠灯 | 金属卤化物灯 | 管形氙灯 | LED |
|---|---|---|---|---|---|---|---|---|
| 额定功率范围 | 10~1000 | 500~2000 | 6~125 | 50~1000 | 250~400 | 400~1000 | 1500~100000 | 1~50 |
| 光效（lm/W） | 6.5~19 | 19.5~21 | 25~67 | 30~50 | 90~100 | 60~80 | 20~37 | 50~200 |
| 平均寿命（h） | 1000 | 1500 | 2000~3000 | 2500~5000 | 3000 | 2000 | 500~1000 | 30000~50000 |
| 显色指数（Ra） | 95~99 | 95~99 | 70~80 | 30~40 | 20~25 | 65~85 | 90~94 | 70~90 |
| 色温（K） | 2700~2900 | 2900~3200 | 2500~6500 | 5500 | 2000~2400 | 5000~6500 | 5500~6000 | 2300~6800 |
| 表面亮度 | 大 | 大 | 小 | 较大 | 较大 | 大 | 大 | 大 |
| 频闪效应 | 不明显 | 不明显 | 明显 | 明显 | 明显 | 明显 | 明显 | 略明显 |
| 耐震性能 | 较差 | 差 | 较好 | 好 | 较好 | 好 | 好 | 好 |
| 所需附件 | 无 | 无 | 镇流器起辉器 | 镇流器 | 镇流器 | 镇流器触发器 | 镇流器 | 无 |

## 3. 光源的颜色

由于人眼可识别 380nm~780nm 电磁波范围内的可见光，所以不同数值的光带给人眼的感受不同（图4-7）。

将现有的人工光源与可见光的颜色相对比，总结出以下特征（表4-5）。

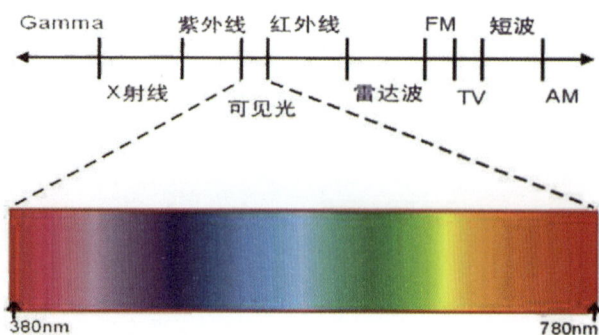

图4-7 可见光的色彩范围

表4-5 常见照明光源与光源色调

| 照明光源 | 光源与色调 |
|---|---|
| 白炽灯、卤钨灯 | 偏红色光 |
| 日光色荧光灯 | 与日光相似的白色光 |
| 高压钠灯 | 金黄色、红色成分偏多，蓝色成分不足 |
| 荧光高压汞灯 | 淡蓝至绿色光，缺乏红色成分 |
| 金属卤化物灯 | 接近于日光的白色光 |
| 氙灯 | 非常接近日光的白色光 |

## 4. 色温及色彩效果

### （1）色温

色温是表示光源光谱质量的通用标准（定义见常用术语）。当能量分布中的红辐射相遇较多时，我们称之为"低"色温——暖光源；当能量分布中的蓝辐射比例增加占多数时，称之为"高"色温——冷光源；当蓝、红辐射比例相当时，称之为中间色温（表4-6）。

表4-6 不同色温的特性

| 色温（K） | 光色 | 表现效果 | 感觉 | 光源 |
|---|---|---|---|---|
| > 5000（高） | 带蓝色白光 | 冷 | 清凉、幽静 | 汞灯，荧光高压汞灯 |
| 3300~5000（中） | 白色 | 中间 | 爽快、明亮 | 金属卤化物灯，荧光灯 |
| < 3300（低） | 带黄色白光 | 暖 | 温暖、祥和 | 白炽灯，石英卤素灯，高压钠灯，低压钠灯 |

### （2）色彩效果

可见光与人工光源的不同色温，通常被人们用形容颜色的词语所指代。不同色温的光也被赋予不同的色彩特征。色彩通过视觉器官为人们感知后，可引发微妙的心理和生理变化，越来越多的研究表明，颜色会引起人们情绪的不同反应和联想。在设计中可适当应用这些色彩特征进行艺术效果表达。

红——热情、爱情、主动、积极
橙——爽朗、精神、无忧、兴奋
黄——快活、开朗、光明、智慧
绿——和平、安宁、健康、新鲜
蓝——冷静、诚实、广泛、和谐

## 5. 光源的显色性

显色性是指不同光谱的光源照射在统一颜色的物体上时，所呈现还原真实度的数值（图 4-8）。光源的显色指数（Ra）越高，其显色性越佳。它是照明光源的重要特性之一，其与光源的色度、色温相结合，能全面反映出光源的颜色特性。

针对适用场所不同，CIE（国际照明委员会）把显色指数分为以下五类（表 4-7）：

表 4-7 光源显色指数分类表

| 类别 | 指数 Ra | 使用范围 | 应用场所 |
|------|---------|----------|----------|
| 1A | >90 | 需要色彩精确对比的场所 | 美术馆、博物馆及印刷等行业及场所 |
| 1B | 80~90 | 需要色彩正确判断的场所 | 高级技术（纺织、印刷等行业及场所、饭店、会所） |
| 2 | 60~80 | 需要中等显色性的场所 | 办公室、学校、室外街道照明场所 |
| 3 | 40~60 | 对显色性要求较低，色差较小的场所 | 重工业工厂、室外街道照明 |
| 4 | 20~40 | 对显色性无具体要求的场所 | 室外道路照明及对显色性要求不高的场所 |

图 4-8 不同显色指数下的效果

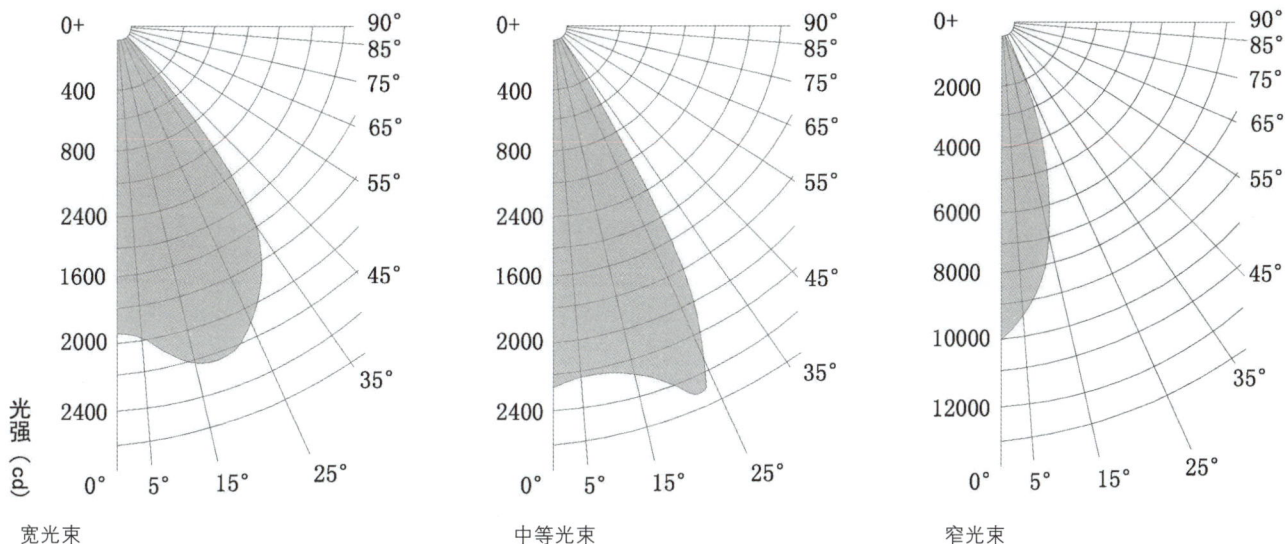

高显色性　　　　中显色性　　　　低显色性

## 6. 配光曲线

配光曲线指光源（或灯具）在空间各个方向的光强分布，一般采用极坐标配光曲线来表示。设计师根据曲线分布可分为对称式配光与非对称式配光（图 4-9），可根据需要选用窄、中、宽、翼型等光束（图 4-10）。

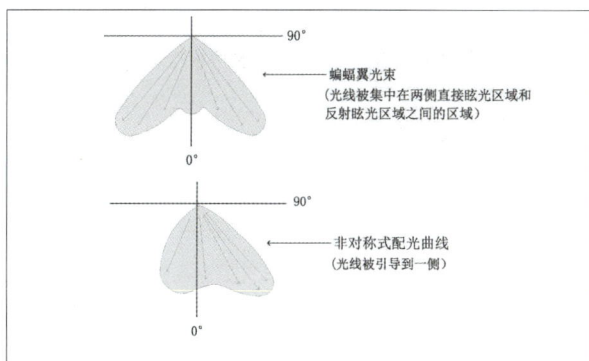

图 4-9 对称与非对称式配光曲线

宽光束　　　　　中等光束　　　　　窄光束

图 4-10 窄、中、宽三种配光曲线

# 景观照明设计

## 1.照明设计基础

照明设计的实质是对光环境的规划与控制。影响光环境的要素包括光形态、光色彩、光亮度、光方向、光动态、显色性等。组织和运用这些要素，是设计者运用光塑造景观艺术感的重要方式。同时，点、线、面的空间构成同样是光环境设计的重要途径（表5-1）。

表5-1 点、线、面光源的分类

| 类型 | 特点 | 特征 | 图示 |
|---|---|---|---|
| 点状光 | 点本质上是最简洁的形状，是造型的基本元素，点分为虚、实两种表现形态。是设计常用手法之一。 | 单独的点状光具备集中的性格；结合的点状光可以形成线状光或面状光的效果，如均匀排列可产生秩序感，适当大小或紧密组织还可能呈现凹凸的效果，或通过搭配可以形成图案效果。 |  |
| 线状光 | 线状光具有直线静、曲线动以及两端有延伸感的视觉感。如由于线状光的方向、位置、角度的不同，可以产生上升、下降、倾斜等各异的视觉效果。 | 线的组合分为规则交叉和非规则交叉、均匀排列等形式。规则交叉效果工整，但有时效果表现冲击力较差；非规则交叉用于创造丰富的空间效果，若交叉无规则易造成视觉混乱。 |  |
| 面状光 | 面是形体的外表，也是平面构成中最复杂、多变的形成元素，面状光多数时候会涉及图形的创造。 | 面适合表现载体较庄严雄厚的性格，是照明设计中最常见和最重要的手法，创作中可从功能、美观和构图的角度考虑，通常用于表现载体的功能性和整体效果。 |  |

在中学的物理课上，我们通过棱镜实验得知：白光通过光棱镜后可分解成多种颜色。相反，光谱中的颜色经过叠加和混合也能达到白光效果。

人眼感觉最为敏感的红、绿、蓝，可以组合成其他任何一种光色，所以称它们为光的三基色（图5-1），如：红 + 绿 = 黄色；绿 + 蓝 = 青；红 + 蓝 = 品红；红 + 绿 + 蓝 = 白

（设计者需要最大程度区别于印刷三原色，青、品红、黄。）

在景观照明设计中，需分析固有色与环境色的叠加关系，如：绿色的植物为固有色，射灯光源为红色，则光环境呈现出青色，易使人产生不舒服或者诡异的联想。设计者应全面认识光色的叠加效果，以便于更好地应用于设计。

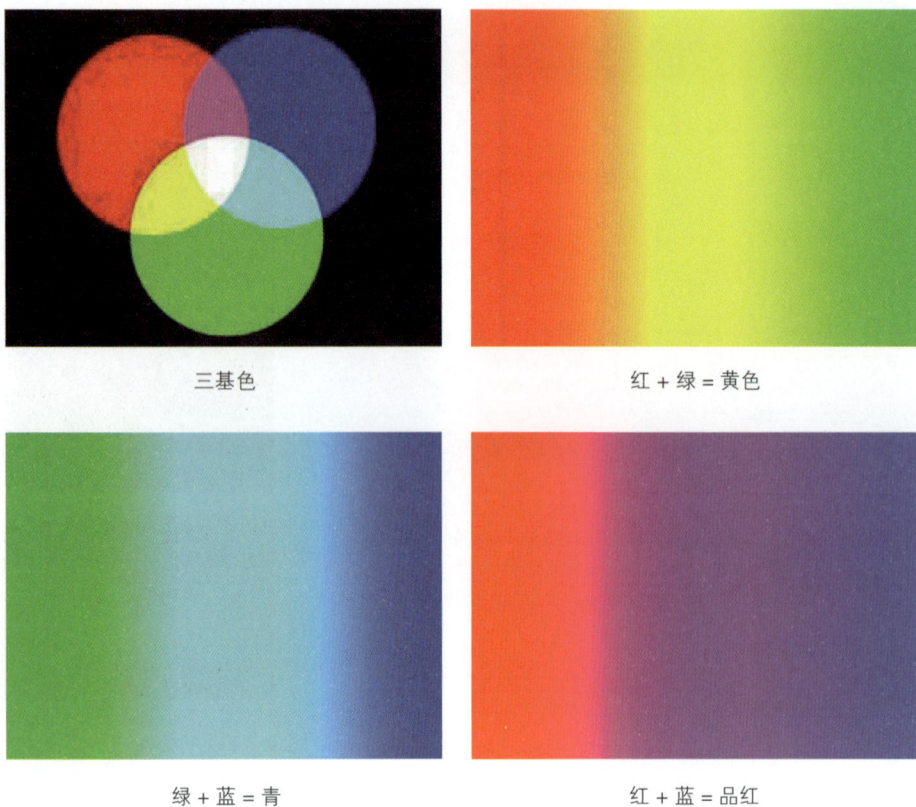

三基色

红 + 绿 = 黄色

绿 + 蓝 = 青

红 + 蓝 = 品红

图5-1 光色的混合与三基色

## 2. 设计程序介绍

景观照明设计过程一般分为方案设计、施工图设计、审核审定出图、施工现场指导四部分（图5-2）。

①构思照明方案：在这一过程中需全面了解载体在建筑设计或景观设计中需要表达的含义，在照明设计中进一步完善或提出创意亮点。

②调查收集资料：包括周边现状（白天与夜晚）、地理位置分析、使用人群、流线布局（车与人）、载体结构与材料等内容。

③掌握相关规范：根据载体性质，了解设计规范对应的相关要求。例如行业标准《城市夜景照明设计规范》JGJ/163-2008等。

④与相关专业配合：主要与建筑专业、景观专业，给排水电气专业的配合。

⑤选择光源灯具：根据已确认的设计方案，与专业照明厂家合作配置可达到效果的光源与灯具，包括制作灯具参数建议书等内容。

⑥安装位置与方案：需全面考虑灯具的防护性与隐蔽性，了解载体施工结构。

⑦现场指导：设计人员在这一阶段需要与施工人员进行灯具安装角度、出光角度、动态控制等方面的配合。

## 3. 设计配合过程

由于设计工作是一个循序渐进的过程，需要各个专业间的密切配合。项目的从无到有，需要经历诸多设计过程，如：规划设计、建筑设计、结构设计、室内设计、景观设计、机电设计等。景观照明设计参与的时间不同，设计人员考虑与面临的任务也各有侧重。

图 5-2 夜景照明设计程序

表 5-2 设计专业交接内容表

| | 景观专业 | 照明专业 | 灯具供应商 | 电气专业 |
|---|---|---|---|---|
| 工作内容 | 全面介绍项目基本概况，准确阐述景观设计重点 | 参考景观设计方案，分析夜间节点，准确表达夜景设计效果 | 深入理解方案效果图与设计师意向。搭配合适光源与配件，达到视觉效果 | 针对施工图与灯具参数表，设计合理、安全的供电方式 |
| 交接内容 | 提供施工图纸，包括地面铺装、植物配比、竖向设计等详图或图片。提供建筑、土木等专业相关文件，如入口建筑造型、雕塑小品等资料。说明材质、安装方式、尺度等内容 | 全面参考景观专业图纸，提供内容清晰的夜景效果图、配光意向图等，提供严谨的施工图纸数据，包括节点施工大样、详图等。根据灯具供应商的建议，完成灯具参数表与预算 | 根据照明专业的设计方案，提供光源、灯具相关配件的尺寸，配光曲线、功率、安装详图等 | 根据施工图与灯具功率计算，提供强电与弱电的系统图、电路分布图等 |

## 1. 照明方式介绍

（1）按照明范围分为以下四类（图 5-3）：

a. 一般照明：为整个被照场所而设置的照明。也称为"背景照明"或"环境照明"，常用来满足基本使用功能需求。

b. 局部照明：为照亮某个局部空间而设置的照明。应用在照度与光出射方向有特定要求的空间。

c. 分区一般照明：是指对某一特定区域提高照度的一般照明。是面积较大的景观照明设计中的常用手法。

d. 混合照明：由一般照明和局部照明共同组成的照明方式。宜用于需要较高照度并对光出射方向有特殊要求的场合，一般照明的照度值按不低于混合照明总照度的 5~10 % 选取。

（2）按照明手法分类：

基本照明手法分为泛光照明、轮廓照明、内透光照明、建筑化景观照明、多元空间立体法、剪影照明法、层叠照明法、月光照明和特种照明等 9 种。

a. 泛光照明：用投光灯直接照射被照表面，在夜间重塑景观元素形象，常用金卤灯、高压钠灯。

b. 轮廓照明：主要表现载体的轮廓和主要线条。可用点光源连续安装形成光带，或用串灯、霓虹灯、美耐灯、导光管、通体发光光纤等线性灯饰器材直接勾画轮廓。

c. 内透光照明：利用内部光线向外透射形成照明效果。常配合透明或半透明材质营造雕塑小品内透效果。

d. 建筑化景观照明：将照明光源或灯具和建筑立面的墙、柱、檐、窗或墙角等部分的建筑结构融合为一体。

e. 多元空间立体法：从景观或景物的空间立体环境出发，综合使用多种照明方式来表现其艺术特征和历史文化内涵。

f. 剪影照明法：将被照景物与后面的背景用灯光分开，使景物本身保持黑暗状态，即形成剪影效果。

g. 层叠照明法：对一组景物，使用若干种特殊构造和用途的光源灯具，只照亮有情趣的区域或表面，让其他部分或表面置于黑暗之中，营造层次感和深度感。

h. 月光照明：将下射灯安装在高大树枝上或高大建筑物上，好比月光照射，并使景物形成地面落影。

i. 特种照明：利用导光管、硫灯、激光、发光二级管、电子发光带、太空灯球、投影灯和火焰光等特殊照明器材和技术来营造夜景夸张效果。

图 5-3 照明范围的分类示意

## 2. 设计表现基本方法

光环境效果的实现是多种艺术表现方式共同作用的结果，以下几种方式侧重点不同，可按载体情况和设计效果进行组合。

### （1）色彩（图5-4）

夜间人眼的彩色光环境辨识度较高。针对这一特点，从心理学和审美学的角度，利用色彩能带给人不同的联想，来丰富夜景照明的设计内涵，特别应用于营造节日气氛与休闲氛围。

### （2）强度与层次（图5-5）

在景观照明中，均匀而缺乏层次感的功能性照明不适宜大面积应用。设计者需要通过光的虚实、明暗、受光面积大小等强度控制对载体进行规划。将不同载体形式通过照度的强弱进行处理，可达到突出重点、主次分明的艺术效果。

图5-4 色彩

图5-5 强度与层次

（3）图案（图 5-6）

图案是照明效果表现的有力工具之一。对于某些景观或构筑物来说，用光塑造或勾画某些与载体气质相搭配的符号，能够起到很好的心理暗示作用。这种表现方法直观而有效，可处理成微观具象图案或宏观的点、线、面的构成，激发观赏者共鸣。

（4）阴影（图 5-7）

阴影显示了被照物体的外轮廓，与轮廓光照明显示的光影效果是相反的。光和影的存在使得夜间被照物呈现出生动的层次感，包括剪影的艺术效果，需要运用多种照明方式从多个角度进行表现。

（5）动态（图 5-8）

动态照明的最大优势就是能够产生变化流动的照明效果，局部动态照明能够强调主次关系。动态照明包括色彩的变化和灯光位置的变化，需要灯具与控制器的协调配合。

图 5-6 图案

图 5-7 阴影

夜间照明是以城市或地区的建设与发展规划作为设计依据，结合其自然景观和人文景观的历史文化、发展现状和艺术特征进行合理的光环境部署。景观照明的设计范围按类型可以分为以下几种：

夜景照明应与周围环境相协调，CIE(国际照明委员会)对不同环境照明区域与光环境的划分如表5-3所示。设计人员可以在方案定位阶段，结合项目性质进行参考。

广场景观照明

绿地景观照明　　　　　　　　水系景观照明

道路景观照明　　　　雕塑小品景观照明

表5-3 环境照明区域分类表

| 区域 | 周围观景 | 光环境 | 举例 |
| --- | --- | --- | --- |
| E1 | 自然 | 天然黑夜 | 自然公园、保护区 |
| E2 | 乡下、乡村 | 低区域亮度 | 工业或居住性的乡村 |
| E3 | 郊区、城市化村落 | 中区域亮度 | 工业或居住性的郊区 |
| E4 | 城市 | 高区域亮度 | 城市中心、商业区 |

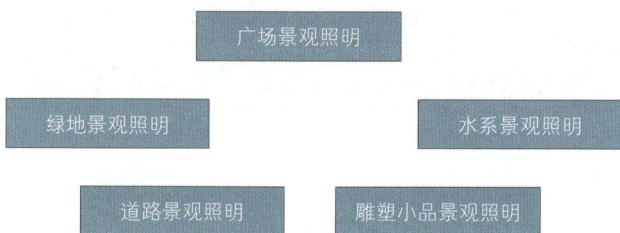

由于城市发展的差异性，可分为大型城市（中心城区非农业人口大于50万），中型城市（中心城区非农人口大于20万小于50万），小型城市（中心城区非农业人口小于20万）三种类型，不同规模的城市区域（E1–E4)光环境要求也各不相同，城市规模越小，环境亮度值越低，城市规模越大，环境亮度值越高（图5-9）。

图5-8 景观照明示意图

图 5-9 夜景照明水平的差异性

## 3. 广场景观照明

（1）概述

广场是城市中反映文化与文明的重要开放空间。按其性质可分为商业广场、休闲娱乐广场、纪念广场、交通广场、市政广场等（图5-10）。在夜间景观照明中，设计者需要着重考虑功能性照度水平、层次性亮度分布、艺术性环境氛围三方面内容。

图 5-10 不同性质的广场示意

（2）基本要求

提供足够的照度水平，是保证广场夜间照明可见性和安全性的前提，具有典型的功能性照明意义。特别是在出入口、坡道、台阶等交通空间，需要满足国家及地方的规范要求（表5-4）。

（3）设计要点与技术要求

本小节采用列表形式，分别说明不同性质广场的景观照明设计要点与技术要求（表5-5）。

表5-4 广场绿地、人行道、公共活动区和主要出入口的照度标准值

| 照明场所 | 绿地 | 人行道 | 公共活动区 | | | | 主要入口 |
|---|---|---|---|---|---|---|---|
| | | | 市政广场 | 交通广场 | 商业广场 | 其他广场 | |
| 水平照度（lx） | ≤ 3 | 5~10 | 15~25 | 10~20 | 10~20 | 5~10 | 20~30 |

表5-5 不同性质广场的照明设计要点与技术要求

| | 空间特点 | 设计要点 | 技术要求 |
|---|---|---|---|
| 商业广场 | ①人流量较密集；②广告标识较多；③辅助商业活动的进行。 | ①选择重要载体进行局部照明，如总名称LOGO、出入口、雕塑、广场中心构筑物等。被照物体亮度与背景亮度的对比值宜为3~5倍；②在人流密集地区提供较高照度与均匀度；③局部可选用动态彩光，合理规划彩光与动态彩光的使用范围；④预留节日期间光雕位置。 | ①控制广告灯箱、霓虹灯、大屏幕的使用面积与亮度（表5-6）。广告与标识采用外投光照明时，应控制投射范围，溢散光不应超过20%。亮度均匀度 U(Lmin/Lmax) 宜在0.6~0.8之间；②对颜色识别要求较高，宜采用金属卤化物灯、三基色直管荧光灯或其他高显色性光源；③自发光的广告、标识宜采用发光二极管（LED）、场致发光膜（EL）等低耗能光源；④合理确定灯具安装位置照射角度和遮光设施，避免眩光和光污染。 |
| 休闲娱乐广场 | ①多为开敞性空间；②分区多元化；③具有娱乐、健身等功能的场所，为人们提供休息、社交和小型文化娱乐活动。 | ①可根据景观设计的功能分区方式将各区域进行功能性照度划分。形成绿地、休闲、娱乐、健身等多层次照明效果；②除入口及道路外，绿地空间可适当降低照度，营造轻松、活泼的光环境氛围。 | ①在较开阔的区域可采用高杆灯照明方式，但应尽量避免灯杆林立，影响白天景观效果；②在静谧的环境中可采用点光源等局部照明方式；③在滨水区域可采用线状光源进行提示和点缀；④由于空间较人性化，所以尽量采用截光型灯具控制眩光；⑤重视灯杆、灯具的防护与防触电工作。 |
| 市政广场纪念广场 | ①格局较开阔，由政府办公建筑、构筑物、绿化设施等载体组成；②具有市民与政府进行交流和组织集会活动的功能；③可代表城市标志性文化形象。 | ①需要形成宏伟、壮观、神圣、辉煌等光照氛围；②适当增加地标性符号或文化特色光雕，可对灯光进行艺术创造；③除重大活动外慎用彩光或动态彩光，可选用暖光源或冷光源；④对广场中标识性构筑物或地标性景观进行重点处理，增强立体感。 | ①广场的照明灯具有数量多、范围分布广的特点。设计者应详细规划线路走向，明确施工顺序；②重视灯具角度调试、防护与遮蔽隐藏工作；③照度应有层次感，主要构筑物照度与周边环境照度值应控制在3~5倍。 |

67

表 5-5 续表

| | 空间特点 | 设计要点 | 技术要求 |
|---|---|---|---|
| 交通广场 | ①一般位于大型城市的交叉口或火车、汽车站等具有交通枢纽作用的位置<br>②周边有较大的机动车与人行流量 | ①夜间照明需要强调引导性和指向性，为人流、车流提供便利，在出入口、人行道路及换乘位置，应设置醒目标识照明；<br>②位于交叉口的交通广场，可使用强调轮廓和增加照度的方式，引起司机的视觉重视程度；<br>③结合与参考广场周边建筑物照明特点，加以利用与改造，使用的动态彩光不得干扰对交通信号灯的识别，对广告照明需统一规划与指导。 | ①交通广场的照明灯具应以功能性为主，可采用圆盘或圆球式高杆灯具。灯具与人的视觉水平线夹角应大于 45°；<br>②主要步行场所的光环境应选用显色性好的光源，以避免形成不良心理感受；对于车辆较多的场所，则应选择高效光源，以保证行车的安全与便捷。 |

图 5-11 商业广场与休闲娱乐广场示例图

图 5-12 交通广场与市政广场示例图

表 5-6 不同环境区域、不同面积的广告与标识照明的平均亮度最大允许值（cd/m²）

| 广告与标识照明面积（m²） | 环境区域 | | | |
|---|---|---|---|---|
| | E1 | E2 | E3 | E4 |
| S ≤ 0.5 | 50 | 400 | 800 | 1000 |
| 0.5 < S ≤ 2 | 40 | 300 | 600 | 800 |
| 2 < S ≤ 10 | 30 | 250 | 450 | 600 |
| S > 10 | — | 150 | 300 | 400 |

注：环境区域（E1~E4 区）的划分可按本章中环境照明区域分类表进行。

## 2、绿地景观照明

### （1）概述

如果建筑与道路构成了城市的基本形态，那么室外绿地景观则构成了城市的血脉。绿地在净化空气的同时美化室外环境，在城市中起着不可或缺的作用。园林绿地的类型虽然多样，但基本上其载体可分为软质景观与硬质景观两类（表5-7）。

本书主要阐述软质景观中的植物植被等构成户外绿地元素的照明内容。

### （2）设计要点

在照明设计中无论是城市绿地还是公园，设计者都需要明确应该重点体现植物哪些特性，可以根据其观赏特性与自然特性进行重点表现（表5-8）。

a. 照明方法必须与植物整体形体及空间姿态相适应，如淡色的、高耸的树木，可以用轮廓效果的手法突出其特点；

b. 用灯光照亮周边树木的顶部，再分层次照亮不同高度的树和灌木丛，造成深度感和层次感；

c. 有色光源的使用不应破坏植物的天然色彩，可用邻近色光源加强某些植物的外观效果；

d. 远处成片树木可做背景效果，考虑其颜色和总体外形；近距离观赏的对象，可做局部照明增加层次感；

e. 许多植物的颜色和外观是随季节而变化的，照明也须适应这种变化；

f. 被照明的目标附近不论从一个位置或几个位置点上观看时，不应出现眩光；

g. 对未成熟的及未伸展开的植物和树木，一般不施以景观照明。

表5-7 绿地景观分类表

| 类别 | 特点 | 类型 |
|---|---|---|
| 软质景观 | 自然元素 | 植物、水体、风、雨、天空等 |
| 硬质景观 | 人造元素 | 铺地、墙体、栏杆、构筑物、亭、假山、文化石等 |

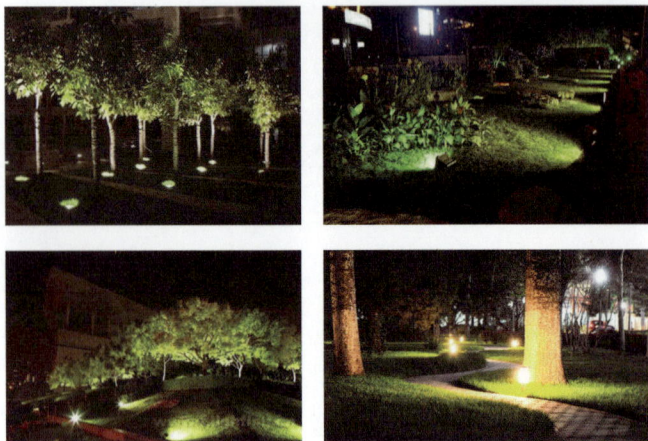

图5-13 植物照明示意图

表5-8 植物照明设计体系

| 种类 | 照明目的 | 具体内容 | 表达重点 | 表达方式和手段 |
|---|---|---|---|---|
| 乔木 | 从造型、艺术性等角度出发，塑造植物景观 | 孤植的树，丛植的树阵，古树，名树，造型独特的树 | 树干、叶片，组合方式 | 正面投光、自下而上投光、斜向上投光、多投光点投射 |
| 灌木 | 突出其引导、方向性 | 修剪齐整的灌木 | 整体造型 | 定向投光灯、正面少许投光 |
| 花丛 | 对花带勾勒其边缘，显示其优美的线形，或对花、叶进行突出，塑造植物景观 | 花带，丛植、密植的花 | 花形，叶形，颜色和花带的线形 | 小型泛光灯具向上照明，较高位置投射、轮廓照明 |
| 草地 | 明确绿地灯光环境底色作用，陪衬景物、活跃气氛 | 草坪 | 颜色 | 大面积泛光照明或结合装饰元素进行点光源照明 |
| 藤本 | 活跃园林环境 | 藤本以及被攀附物的特点 | 形体，被攀附物的性质 | 正面投光、背面投光 |

（3）植物照明方式（表 5-9，图 5-13，5-14，5-15）

表 5-9 植物照明方式分类表

| | 特点 | 效果 | 适宜种类 | 表达方式和手段 |
|---|---|---|---|---|
| 向上照射 | 灯具位于植物底部或中段，光出射角度自下而上投射。 | 植物受照方式与白天完全不同，可以给人留下深刻的印象。 | 适用于树干有观赏性的植物，金字塔状或直立柱状的树，如：松、棕榈等树。 | 正面投光、自下而上投光、斜向上投光、多投光点投射 |
| 向下照射 | 灯具位于植株顶部或邻近载体，光出射角度自上而下。 | 可形成月光的照射效果，叶子质感效果明显。 | 适用于观花植物或枝干较粗壮的植物。 | 定向投光灯、正面少许投光 |
| 侧边照射 | 灯具位于植株旁并留有一定距离。 | 强调树木的结构和形成的影像。 | 当植物枝叶较繁茂，上下投光光束易被遮挡时，可采用侧边照明强调轮廓。 | 小型泛光灯具向上照明，较高位置投射、轮廓照明 |
| 混合照射 | 结合植株特点，混用光出射角度。 | 立体感较强。 | 位于景观重点位置，具有较高观赏价值的饱满型植物。 | 大面积泛光照明或结合装饰元素进行点光源照明 |

侧边照明

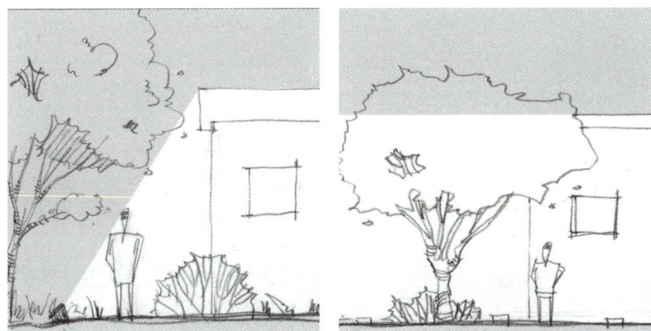

向上照明

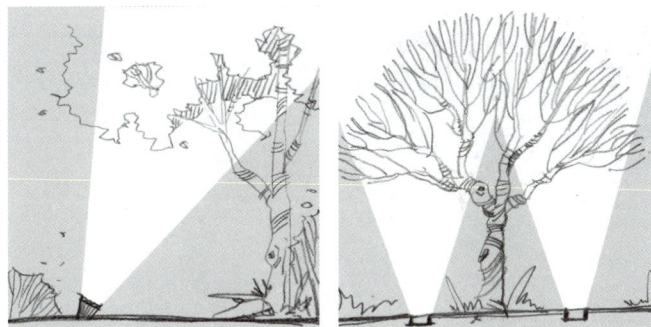

棕榈树　　金字塔状树　　直立柱状树　　伞形树　　球形树

图 5-14 不同形状植株向上照射图例

混合照明　　　　　　向下照明

图 5-15 照明方式手绘示意图

（4）技术要求

在考虑照明灯具的放置部位时，设计师必须要了解植物目前和将来的生长及树形变化，这样才能使植物在快速生长和将来成熟后的树形都能产生良好的照明效果。以下举例了灯具放置与植株的关系：

a. 将灯具固定在植株的主干上，确保植物生长不影响灯具的位置；

b. 将灯具安装在树木成熟后的位置，确保将来灯具位置不再变化；

c. 将灯具和线路预留一定的移动位置，根据植物生长适度调节；

d. 定期合理修剪植物，确保照明灯具的正常使用；

e. 合理运用窄、中、宽三种光束。其中宽光束适合对植物的形态进行强调。枝叶越茂盛，光束角越宽，反之高而稀疏的植物适合窄光束角灯具；

f. 选择带有格栅或遮光罩的埋地灯具和投射灯具（图5-16）；

图5-16 灯具的格栅与遮光罩示意图

## 3. 水体景观照明

（1）概述

水体是城市景观设计中的常见元素，包括自然溪流、池塘、瀑布、喷泉等。水能够使白天的景观灵动，也可增加夜景的趣味。

城市中的水体一般有以下三种形式（表5-10）。

表5-10 城市水体形式分类表

| 人造水景 | 反射水景 | 自然水景 |
|---|---|---|
| 喷泉、瀑布、跌水 | 人工池塘、鱼塘 | 江、河、湖、海 |

（2）基本要求

对于水体的照明设计定位应基于其在环境中所处的地位。位于视觉重点的水体，应充分考虑光的折射、反射作用后，适当提高被照亮度。对于具有多个视觉焦点的环境，视觉焦点之间的亮度比一般应保持在（3:1）～（5:1）之间，一般视觉焦点与环境的亮度比不宜超过10:1。

可适当选用彩色光源，但颜色不宜超过3种，慎用大面积动态彩光，避免经过折射后产生视觉混乱效果。灯具的选择与安装极其重要，设计者需全面考虑安全防护性与后期维护方式（表5-11）。

表5-11 水体照明方式分析表

| 照明方式 | 照明对象 | 优势 | 劣势 | 注意事项 |
|---|---|---|---|---|
| 水上照明 | 是在水上构筑物上安装照明灯具来对水面进行的照明。 | 这种方式的优点是比较经济，灯具的安装和维护都相对简单，如果灯具布置得当，可以使水面有比较均匀的照度。 | 这种方式的水体照明的戏剧化效果往往会比水下照明逊色一些，由于倒影易能看到水面上光源的映像，则容易产生眩光。 | 设计时应注意眩光防护。 |
| 水下照明 | 是将灯具设置在水面以下来对水体进行照明。 | 这种照明方式往往会产生具有魔幻般的戏剧化照明效果，可以使动感的水体显得更加多姿多彩。 | 由于灯具布置在水下，水对灯具有腐蚀性，外部机械会受到波浪冲击，维护费用高。 | 灯具防护等级在IP68及以上，还要具有抵抗波浪等外部机械冲击的强度。 |

（3）水体类型与设计要点

①喷泉景观照明设计 （图 5-17）

喷泉的照明设计应考虑到喷泉的喷口形式、水形、喷高、数量、组合图案等因素的影响，一般情况下，喷泉照明首选自下而上的照明方式。

③人工池塘类反射水景的景观照明设计 （图 5-19）

水池类反射水景的照明可以将灯具布置在水池的底部，也可以布置在水池周边。

图 5-17 喷泉景观照明示意图

图 5-19 人造水景照明示意图

②瀑布景观照明设计（图 5-18）

瀑布照明设计首先应该考虑水流是湍急的还是平缓的，如果是比较陡峭、湍急的水流，则应该选择自下而上的照明方式；如果是比较平缓的水流，则宜采用将照明灯具安装在水体的侧方。

④江河湖海等自然水景的景观照明设计 （图 5-20）

对于江、河、湖、海等自然水景来说，不大可能将整个水体照亮，设计中主要利用反射岸边景物来突出水体的存在和景观效果。

图 5-18 瀑布景观照明示意图

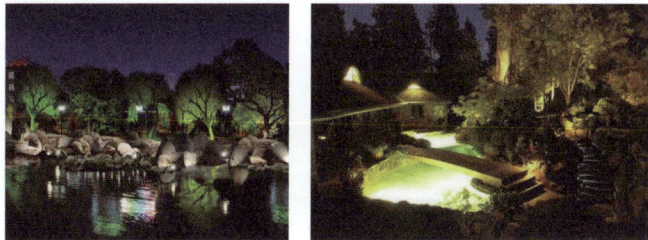

图 5-20 自然水景照明示意图

（4）技术要求（表 5-12）（图 5-21）

（5）动态水体灯具安装位置（表 5-13）

滨水照明：灯具防护等级不低于 IP67，可选用 LED 线形投光灯等灯具。

水下照明：灯具防护等级不低于 IP68，可采用压力水密封设计，要防漏电功能，使用安全电压的 LED 水下灯具（图 5-22）。

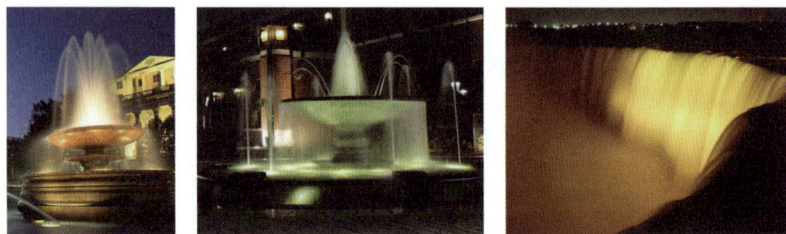

图 5-21 喷泉与瀑布照明示意图

表 5-12 不同水体的照明技术分析表

| 种类 | | 照明目的 | 具体内容 | 表达重点 | 表达方式和手段 |
|---|---|---|---|---|---|
| 水体照明 | 静态水体照明 | 创造倒影，突出岸边的景致 | 静止的水面、缓慢的流水 | 水体、岸边的景致 | 水下不做照明，利用水的镜面效果或倒影效果。 |
| | 动态水体照明 | 通过对水的缓急、跌落的表达，增添趣味性 | 比较急促的流水、跌水 | 水花、波纹 | 泛光照明或水体内部照明 |
| 喷泉照明 | | 表达动态、趣味，形成视觉焦点 | 各种类型喷泉、喷水（池） | 水柱、水滴 | 点光源或窄光束泛光灯具 |
| 水幕照明 | | 通过水柱（滴）反（折）射形成不同的光面，变幻的颜色营造气氛、增加趣味 | 水幕 | 水柱 | 泛光灯具 |

注：对于喷泉照明和水幕照明，常配以音乐来营造气氛

表 5-13 动态水体灯具安装位置表

| 喷泉及瀑布类型 | 灯具设置 |
|---|---|
| 涌泉，直流，直上等喷头 | 将水下灯安装在喷头的两侧 |
| 牵牛花，半球，莲花，花柱，旋转，蒲公英等喷头 | 将水下灯安装于水流落点的下面 |
| 斜喷的水柱 | 在喷头及水流落点处均安装水下灯 |
| 小型瀑布 | 灯具可安装于水流下落处的底部 |
| 大型瀑布 | 在底部安装水下灯，同时在瀑布中段隐蔽的位置安装灯具 |
| 阶梯式的跌水 | 根据下落水层的厚度，在侧壁上或阶梯底部安装水下灯或线形灯带 |
| 下落水层很薄的水池 | 灯具的安装必须与土建配合，预留安装孔，可安装在水池侧壁与底部 |
| 动感很强的跳泉、跑泉 | 水下灯的安装应根据其跳动的节奏、距离来确定安装位置，并随着水柱的起伏控制灯光的开关 |
| 旱泉 | 尽量采用地埋式水下灯具 |

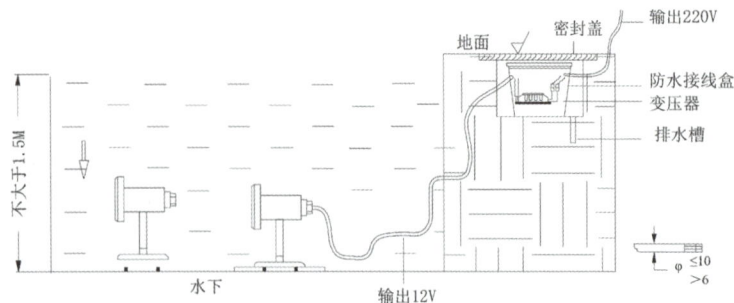

图 5-22 水下灯具安装示意图

### 4.道路景观照明

（1）概述

城市中，道路周边常见的景观包括：分隔绿带、分车绿带、隔离绿化带等。根据道路特点，两侧人行道绿化常见灌木丛、草坪、花卉、花坛等景观。道路绿地面积的增加，不仅对于净化城市空气、调节气候、降低噪声、增加道路观赏性起着积极作用，也为创造优美的道路绿地夜景照明奠定基础。

本小结将重点介绍除交通性功能道路照明以外的生活性景观道路的照明设计。生活性道路景观照明内容可涉及迎宾观赏道路、步行道、桥体、栈道、小径等与绿化设施有密切关系的交通空间。对于这些交通空间，仅有功能照明往往显得枯燥乏味。因此在规划中的特定路段两侧，需要添加一些景观照明效果（图5-23）。

图 5-23 道路照明景观示意图

（2）设计要点

道路景观照明设计既要符合《城市道路照明设计标准》（CJJ45-2006）的要求，又要与当地城市夜景照明总体规划的保持一致。

a. 对于城市中心或有迎宾需求的道路，可以利用兼具功能照明的景观灯进行装饰；在道路两侧有较宽的人行道时，可增加树木、花丛等绿植与景观灯柱配合照明的效果（图5-24）。

b. 景观灯柱可根据相应的文化及地域特点进行个性化设计。造型和外观既需要美观，又要简洁大方。同时需注重出光方式和光源选择，不宜选用较刺激的混合彩色光源，一般使用单色光源进行照明（图5-25）。

c. 对于道路两侧的建筑物、广告牌、雕塑、小品、护栏以及绿化带等载体，应进行统一筹划和设计，注重层次性与引导性，避免平铺直叙的设计手法（图5-26）。

d. 在临近交通干道的地区，应避免强烈的动态彩光，以防干扰周边车辆的安全运行。在重大节日时，可增加道路周边树木上的装饰性彩光，烘托热烈的氛围（图5-27）。

e. 在滨水地区的商业步行街、栈道等交通空间，可采用点、线、面的构图方式，利用点光源与线光源营造活泼、轻松的光环境氛围；在绿地的小径照明中，可采用庭院灯、埋地灯等方式进行局部照明，营造私密、静谧的光环境氛围；在机场迎宾道或城市中心道路两侧，可配合景观设计进行虚实相结合的照明方式。实景可借助光雕、小品等载体；虚境可用轮廓勾勒、由点呈线等艺术手法（图5-28）。虚实法可保持设计的连续性与整体性。

图5-24 迎宾道照明示意图

图5-25 景观灯柱示意图

图5-26 道路绿化带照明示意图

图5-27 装饰性彩光照明示意图

图5-28 滨水道路照明示意图

（3）技术要求

a. 设计者应重视选择道路两侧景观灯柱的高度，一般限制在 3m~5m 之间，重视造型灯具的清洁与维护方式。

b. 对行道树进行照明时，应注意以下几点：地面放置投光灯时，应设有防护装置，避免行人磕碰；地埋灯和地面投光灯应注重采用侧边光源，避免眩光；不应对珍稀树种进行近距离照明；LED 或霓虹灯不应直接缠绕在树干上，不提倡在树上安装投光灯，尤其是 HID（高压气体放电灯）等投光灯具。

c. 人行道绿化带中采用的草坪灯、插泥灯和小型投光灯，应尽量控制眩光和溢散光（表 5-14）。对树木进行投光照明的光源，可采用显色性较高的金属卤化物灯或 LED。

d. 所有灯具外壳都要连接 PE 线，地面以上部分的蓝线则需穿管保护。灯具防护等级不应低于 IP65，可采用分时分段的照明控制方式。照明灯具功率需达到绿色设计的要求。

表 5-14 不舒适眩光评价等级

| GR | 不舒适眩光的感受程度 | 评价 |
|----|----------------------|------|
| 1 | 不能忍受 | 不好 |
| 3 | 感到烦躁 | 不足 |
| 5 | 刚刚可以忍受 | 尚可 |
| 7 | 感到满意 | 好 |
| 9 | 感觉不到眩光 | 很好 |

表 5-15 景观小品分类表

| 建筑小品 | 雕塑、壁画、亭台、楼阁、牌坊等 |
|----------|--------------------------------|
| 生活设施小品 | 座椅、电话亭、邮箱、垃圾桶、讲解牌、健身器材等 |
| 道路设施小品 | 车站牌、街灯、庭院灯、防护栏、指示牌、标示等 |

图 5-29 雕塑照明示意图

### 5. 雕塑与小品景观照明

（1）概述（表 5-15）

雕塑是公共环境空间中的艺术作品，景观小品是集使用功能与艺术性于一体的公共装置。它们都能体现一个城市的文化内涵与精神实质。在夜幕降临时，"光"作为形体强有力的诠释者，将雕塑与小品的体积感、形态和艺术凝聚力更好地展示在大众面前（图 5-29，5-30）。对雕塑及景观小品的进行夜间照明设计，具有美化环境、标识区域特点、提示使用功能等作用，具有提升整体环境品质的作用。

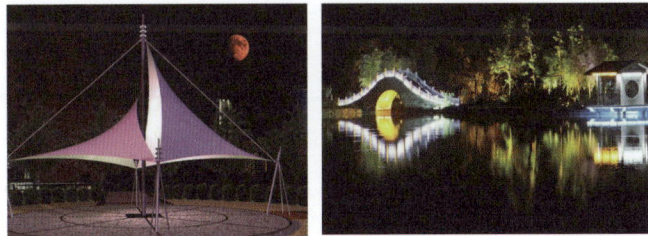

图 5-30 小品照明示意图

（2）基本要求

a. 设计者需要充分考虑雕塑与小品在景观环境中所处的位置与视看角度，从而分析出夜间的视觉重点和主要观赏面。

b. 应合理规划雕塑与小品的照度，在不同城市规模的 E1~E4 分区中，照度与对比度的控制非常重要。如放置在城市中心商业区的雕塑，若要到达较强的对比效果，需适当控制或降暗周边光环境，才能突出雕塑的立体感和视觉中心效果。在平均照度较低的绿地景观中，雕塑与小品的照度略微增强，即可体现出艺术效果。

c. 注重与景观设计师的沟通，了解主体雕塑的材质与施工工艺，进一步分析照明对象的构造特点、材质的反射与透射情况，选择运用合理的发光方式（表 5–16）（图 5–31）。

表 5–16 雕塑材质与照明手法分析表

| 分类 | 材质 | 照明手法 |
| --- | --- | --- |
| 光性材料 | 玻璃、有机玻璃 | 内透视、勾勒轮廓式 |
| 非透光性材料 | 铸铁、水泥、砂石、防水木 | 立体投射式、上射式、侧边照明 |
| 高反射性材料 | 金属、镜面 | 勾勒边缘式、定向反射式 |

（3）设计要点

a. 在照明手法上，应以塑造雕塑立体感和艺术感为前提。如投射式可普遍采用前侧布光，方位可布置在大于 50° 且小于 60° 之间，可有效增强雕塑的立体效果（图 5–32）。

图 5–31 雕塑照明示意图

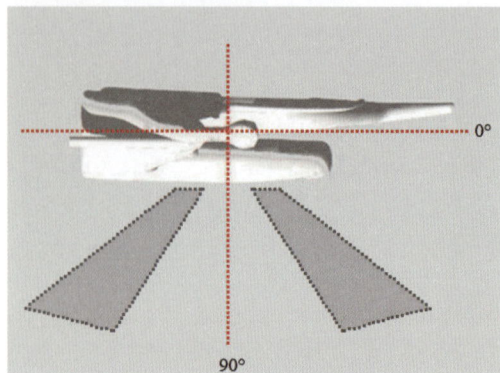

图 5–32 雕塑灯具位置示意图

b. 在投光方式上，应避免使用强俯仰光，包括正上光与正下光，特别是同等照度的上下光，以免在夜间产生恐怖感。避免无角度正面投光，会使雕塑或小品产生较大范围阴影和损失立体感；避免采用正侧光，其易导致"阴阳脸"等不良视觉效果。

c. 有基座的雕塑，一般分为碑式、座式、台式和平式四种形式。由于基座的高度不同，照明手法也有一定的针对性。设计者可选择基座与雕塑的整体泛光照明方式，也可以采用局部重点方式照明（图5-33）。

（4）技术要求

a. 灯具位置的设计，应满足以下三点要求：满足照明的功能需要；做好隐蔽与防护；避免眩光的产生。

b. 设计和选择艺术性较强的路灯、庭院灯、光雕等具有功能性作用的灯具，丰富空间的层次和立体感。

图5-33 雕塑照明示意图

# 景观照明设备

## 1. 灯具的分类

对于灯具的分类国际照明界普遍接受的方式是 CIE（国际照明委员会）推荐的以照明灯具光通量在上下空间的分配比例进行分类。行业内也采用安装方式和照明特点进行命名的方法。

（1）按上下光通量分类

a. 直接型灯具：90% 以下的光通量向下照射，光效利用率高。由于配光曲线的多种选择，可分为以下 5 种方式（图 6-1）。

b. 半直接型灯具：能将较多的光线照射到下方，将少量的光线照射到顶棚，减少顶棚与空间的强烈对比（图 6-2）。

c. 半间接型灯具：这类灯具将大部分光线投向顶棚和上部墙面，主要用于民用建筑的装饰照明。景观设计中有部分装饰灯具采用这种形式（图 6-3）。

d. 间接型灯具：将 90% 以上的光线投向上部，通过漫反射方式将光源散射到空间下部（图 6-4，6-5）。

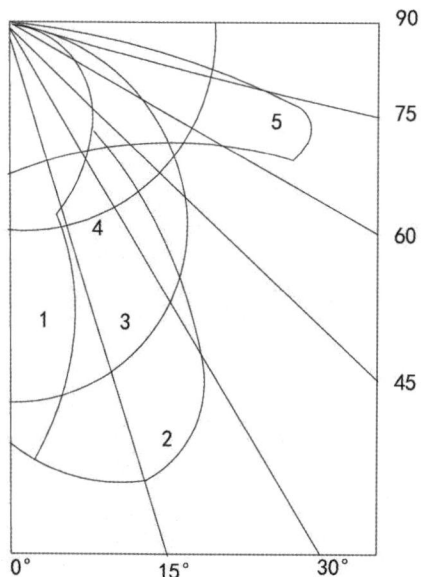

图 6-2 半直接型灯具分析图

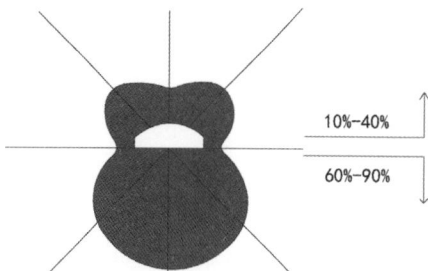

图 6-3 半间接型灯具分析图

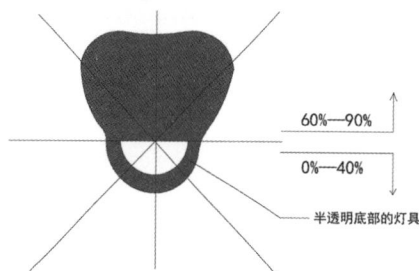

图 6-4 间接型灯具分析图

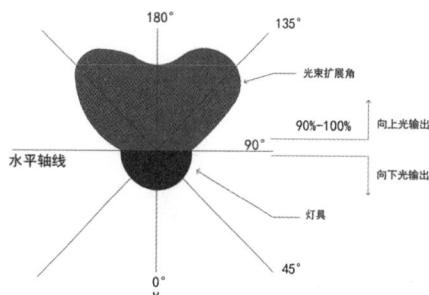

图 6-1 直接型灯具的配光曲线

曲线 1——特深照型
曲线 2——深照型
曲线 3——配照型
曲线 4——均匀配光型
曲线 5——广照型

图 6-5 间接型灯具示意图

（2）按照明的特点分类

a.基本照明灯具：庭院灯、壁灯、草坪灯、埋地灯、插泥灯等。

b.渲染气氛灯具：激光灯、水池灯、图案投射灯等。

## 2.景观照明常用灯具

在我国的景观照明设计中，常用的灯具种类包括：庭院灯、草坪灯、埋地灯、壁灯、矮柱灯、投光灯、轮廓灯、艺术造型灯等。其中又包括形状和光源的区分，如方形投光灯、圆形投光灯、金卤投光灯、线形投光灯等（图6-6，6-7）。

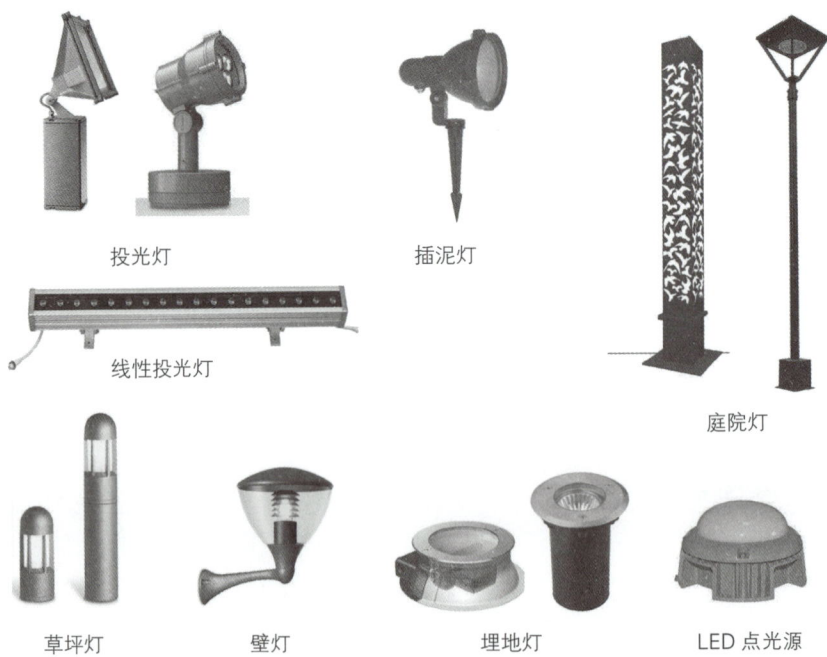

投光灯

插泥灯

线性投光灯

庭院灯

草坪灯

壁灯

埋地灯

LED 点光源

图 6-6 灯具的种类示意图

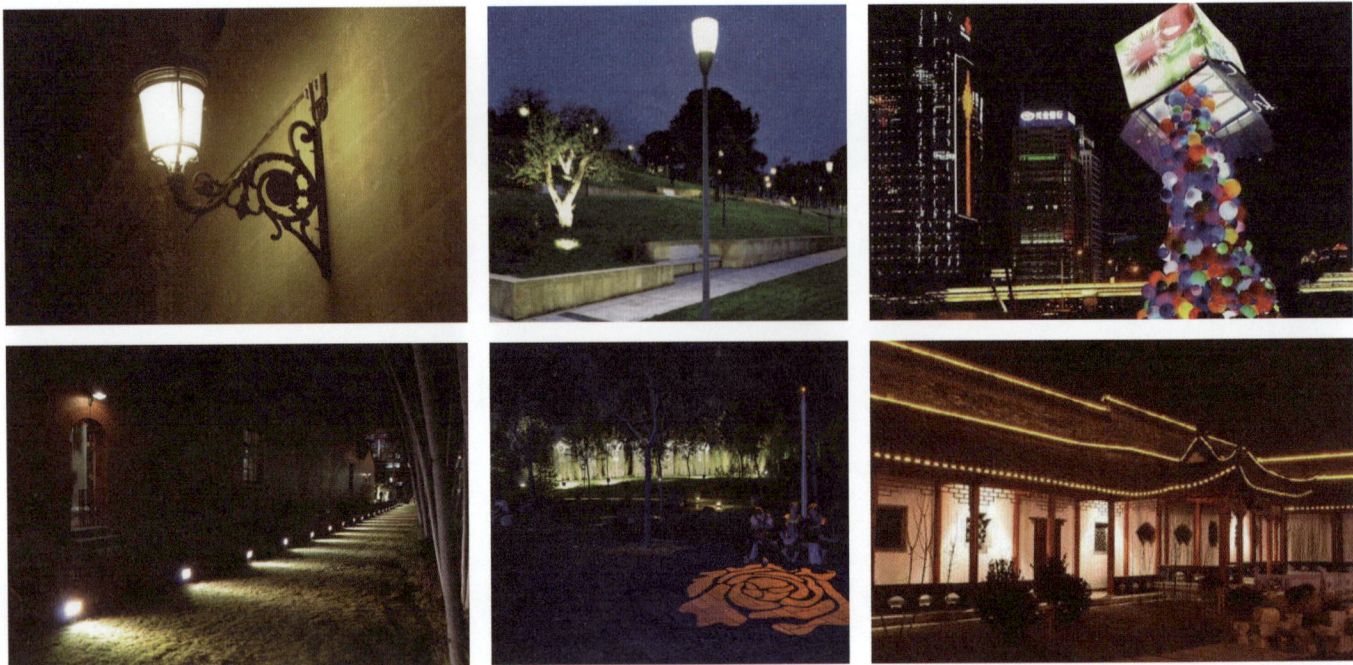

图 6-7 灯具照明效果示意图

## 1. 灯具的选择

景观照明设计的灯具选择，可根据灯型与参数、场地用途、光强分布、控制眩光等属性进行选择；也可以根据灯具的应用环境进行选择（表 6-3）。

（1）灯具属性

A、光学特性：配光合理、保护角应符合要求、灯具各个角度的亮度应在被限定范围内。

B、经济技术指标：具有较高的效率和利用系数；合理的造价与寿命；其单位用电量、电气安装费用、初投资及运行费用应符合节能标准。

C、光学性能：符合使用场所的环境条件。

D、结构：符合安全和防触电指标。

E、外形：与环境协调，起到美化作用。

F、安装方法：便于维护与维修更换（图 6-8）。

（2）环境属性

根据环境条件选择适宜的灯具（表 6-1）：

## 2. 灯具的防护

（1）IP 防护等级

IP 防护等级系统是将电器依其防尘防潮之特性加以分级。IP 防护等级是由两个数字组成，第一个数字表示电器防尘、防止外物侵入的等级；第二个数字表示电器防湿气、防水进入的密闭程度，数字越大表示其防护等级越高。景观照明设计中，户外照明灯具防护等级不应低于 IP65；埋地灯防护等级不应低于 IP67，同时需要保证灯具底部土壤散水良好；水下装饰灯具防护等级不应低于 IP68（表 6-2）。详细材料可参考 GB4208《防尘、防固体异物和防水灯具的规定》。

表 6-1 不同环境下的适宜灯具

| 环境属性 | | 可采用的灯具 |
|---|---|---|
| 正常环境 | | 开启式灯具 |
| 潮湿或特别潮湿的场所 | | 密闭型防水灯或带防水防尘密封式灯具 |
| 按光强分布特性选择灯具 | 灯具安装高度 6m 及以下 | 深照型灯具 |
| | 6~15m | 直射型灯具 |
| | 灯具上方有需要观察的对象 | 漫射型灯具 |
| | 大面积的绿地 | 投光灯具 |

表 6-2 IP 防护等级分类及其含义

| 第一特征数字 | | 第二特征数字 | |
|---|---|---|---|
| 防止人接近或靠近带电部位以及接触外壳内的带电部位，并防止外界固体物质进入设备 | | 防止外壳内的设备受侵入的水的危害 | |
| 数值 | 含义 | 数值 | 含义 |
| 0 | 无防护 | 0 | 无防护 |
| 1 | 防止大于 50mm 的固体物进入 | 1 | 防滴 |
| 2 | 防止大于 12mm 的固体物进入 | 2 | 15° 防滴 |
| 3 | 防止大于 2.5mm 的固体物进入 | 3 | 防淋水 |
| 4 | 防止大于 1.0mm 的固体物进入 | 4 | 防溅水 |
| 5 | 防止小于 1.0mm 的固体物进入 | 5 | 防喷水 |
| 6 | 完全密封防尘 | 6 | 防猛烈海浪 |
| | | 7 | 防浸水影响 |

注：表中第二位数字为 7，通常指水密型。第二位特征数字为 8，通常指加压水密型。水密型灯具未必合适于水下工作，而加压水密型灯具能用于水下。

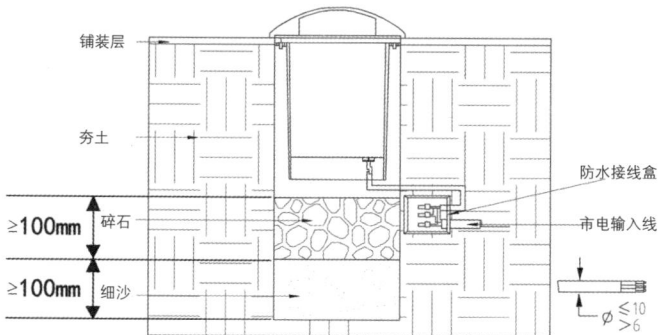

注：为确保排水畅通，建议安装于粗碎石中，碎石深至 200~300m。

图 6-8 埋地灯具安装示意图

（2）防触电、耐热要求

A、防触电要求。灯具也可以根据保护使用者防电击的方式进行分类。O类灯具（仅适用于普通灯具），灯具不接地只依靠基本绝缘作为防触电保护的灯具；Ⅰ类灯具，它的防触电保护不仅依靠基本绝缘，还把易触及的导电部件连接到设备的固定接地端子上，使易触及的导电部件在基本绝缘失效时不致带电；Ⅱ类灯具，它的防触电保护不仅依靠基本绝缘，而且有附加安全措施，例如双重绝缘或加强绝缘，但没有接地或依靠安装条件的保护措施。

B、耐热要求。在我国的灯具安全标准中规定，最高持续温度应由制造厂家标明。在此温度中，灯具可处于正常工作状态。并规定不排除在超过10℃温度下短时工作。镇流器、电容器、启动装置的外壳的额定最大温度，是指可能出现在部件外表面上，额定电压或额定电压范围的最大值时处于正常工作条件下的最高允许温度。镇流器线圈的额定最大工作温度，要求在此温度下预期镇流器可连续工作十年以上。

表 6-3 园林景观常用灯具的特性及应用一览

| 灯具名称 | 种类、分类 | 夜景照明效果 | 白天饰景效果 | 电气安全因素及光害 | 应用 | 评价 |
|---|---|---|---|---|---|---|
| 庭园灯 | 2.5~4m | 良好，有安全感 | 灯具与灯杆裸露，与白天景观风格适宜 | 安全，夜间道路照明必须防止眩光对住户的影响 | 组团路、宅间路、园林路 | 检修方便，投资依灯型而定 |
| 草坪灯 | 0.3~0.8m | 良好，有安全感 | 灯具与灯杆裸露，与白天景观风格适宜 | 安全 | 小路、甬道、边界、隔离、指示、低矮植物 | 检修方便，投资依灯型而定 |
| 壁灯 | 明装式、嵌入式 | 良好，有安全感 | 与白天景观风格适宜，令人赏心悦目 | 安全 | 廊架、小品、建筑立面、台阶、景观墙柱、围墙 | 检修方便，投资依灯型而定 |
| 地埋灯 | 对称形 | 良好，有质感、有层次感 | 灯具整体和管线隐藏，不影响白天景观 | 安全，对设备防护等级和施工质量要求高，可防眩光 | 树木、小品、建筑立面、台阶、景观墙柱、铺装 | 检修不便，投资高 |
| 美耐灯、串灯 | 线形 | 简单，无层次感，饰景造型后效果强烈 | 灯具整体和管线裸露，影响白天景观 | 灯和线直接挂在树枝上，存在不安全因素 | 挂树、饰景照明、台阶、灯光隧道或长廊 | 投资少，适合节日及应景性场所 |
| 投光灯直接上射光照明（树下布灯） | 对称形 | 良好，有质感、有层次感 | 灯具整体和管线裸露，影响白天景观，对行人有妨碍 | 灯具、管线与树枝太近，易产生不安全因素 | 树木照明 | 检修方便，投资略高，电耗高 |

## 1. 控制系统

### （1）绪论

照明控制系统是随着照明技术以及人们对夜间户外景观审美要求应运而生的。其经过发展，从传统的定时开关控制转变成依据光照变化及时开关等功能的智能化模式。包括提供多种照明效果、提高照明质量、延长光源寿命、为节能提供基础。其原则为安全、灵活、经济、可靠。由于夜间景观照明使用面积较大、分区场景较多，除手动控制外，智能照明控制系统被广泛应用。它可以对光源灯具及其他系统进行总体控制、分区控制、定时控制（表6-4）、场景控制、远程控制、群组组合控制、图示化监控等（图6-9，6-10）。

| 平日 | 节日 | 重大节日 |

图6-9 平日、节日、重大节日模式照明示意图

表6-4 照明控制时间表

| 夏季 | | 冬季 | |
|---|---|---|---|
| 平日模式 | 20:00~22:00 | 平日模式 | 19:00~21:00 |
| 一般节日模式 | 19:00~22:00 | 一般节日模式 | 18:00~22:00 |
| 重大节日模式 | 19:00~24:00 | 重大节日模式 | 18:00~24:00 |

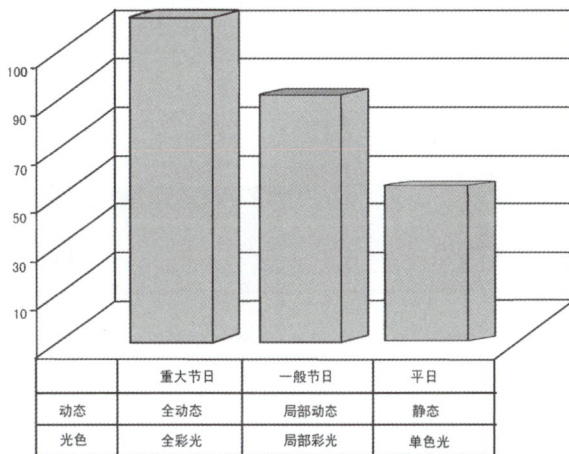

| | 重大节日 | 一般节日 | 平日 |
|---|---|---|---|
| 动态 | 全动态 | 局部动态 | 静态 |
| 光色 | 全彩光 | 局部彩光 | 单色光 |

图6-10 分模式节电示意图

（2）常用系统

目前市场上有许多公司生产的专用智能照明控制系统、基于总线控制技术（图6-11），在实际项目中得到应用。如松下公司的全二线系统，广州河东电子的HDI-BUS系统、奇胜公司的C-BUS系统、ABB公司的T-BUS系统、邦奇公司的Dynalite系统、LUTRON公司的GRAFIK等。大部分产品都是基于数字式可寻址灯光接口（Digital Addressahle Lighting Interface) 简称DALI技术实现的。DALI系统技术可对连在同一条控制线上的每个灯具（如荧光灯）的亮度分别进行调光，其最多可承载64个设备在一条DALI线路上（独立地址），最多可设置16个分组（组地址），最多可分为16个场景（场景值）。以下参考数值可以在启动模块中设置：独立组地址、组地址、灯光场景值、渐变时间、应急照明灯光亮度值、上电时灯光亮度等。

（3）利用要点

景观照明设计利用控制系统通常可采用分时控制，如春夏秋冬四个季节的效果变换；控制平日、节日、重大节日灯具使用量等方式。设计师可为同一载体配合不同光环境效果。同时也要重视灯具与光源是否搭配调光和色彩变换形式。

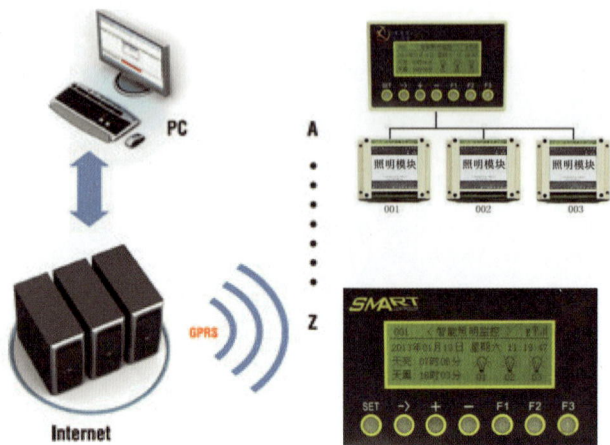

图6-11 控制系统示意图

## 2. 绿色照明

（1）目的与意义

绿色照明是节约能源、保护环境、有益于提高人们生产、工作、学习效率和生活质量的照明。特别是世界范围内的能源危机也促使发展中国家重视绿色照明的理念。实施绿色照明以节约能源、保护环境、提高照明品质为宗旨。

（2）照明节能原则

CIE（国际照明委员会）针对户外景观照明提出以下几条原则：

A、根据视觉工作需要，决定照明水平；

B、得到所需照度的节能照明设计；

C、在考虑显色性的基础上采用高光效光源；

D、采用不产生眩光的高效率灯具；

E、定期清洁和维护灯具，减少光衰。

（3）照明节能方式

A、照明节能首先应从照明设计入手，重视节能设计、光源灯具及其附件选择、照明供电系统设计及照明控制系统构建。因此节约照明用电，除应用节电光源和高效灯具外，还要抓住设计和控制两个环节。严格控制照明灯具的规模和数量，落实设计中提出的分区、分时和分级照明节能控制措施，合理选择照明标准、照明方式等。符合国家针对不同场景的功率密度值（表6-5），符合国家相关规范要求。

B、在灯具选用阶段，优先考虑节能光源如LED、荧光灯等高效产品，选用高效光源与灯具以及功率损耗低且性能稳定的灯具附件。配电箱位置应尽量靠近负荷中心，并靠近电源。安全因素是节能设计中比较重要的，可根据项目规模，应用远程总控模式，减少因人员管理而产生的混乱。强调电器设备的安全、人身安全以及灯具维护和维修安全（图6-12）。

（4）推广使用高光效照明光源

常用光源的发光效率由高向低排列为低压钠灯、高压钠灯、金属卤化物灯、三基色荧光灯、普通荧光灯、紧凑型荧光灯、高压汞灯、卤钨灯、白炽灯。设计师在考虑影响节能的光效外，还应结合显色性、色温、使用寿命、性能价格比等技术参数指示适用的基础上选择光源。重视LED等新型技术的节能应用（图6-13）。

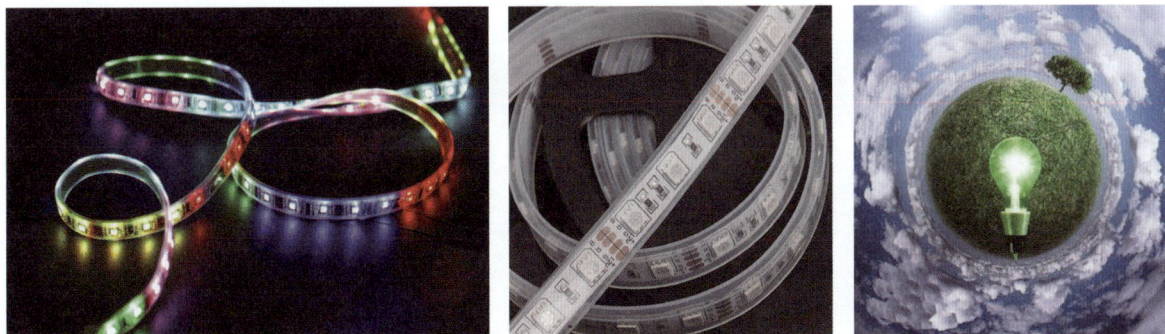

图 6-12 绿色照明灯具

表 6-5 建筑物夜景照明的照明功率密度值（LPD）

| 建筑物饰面材料 | | 城市规模 | E2 区 | | E3 区 | | E4 区 | |
| --- | --- | --- | --- | --- | --- | --- | --- | --- |
| 名称 | 反射比 β | | 对应照度（lx） | 功率密度（W/m²） | 对应照度（lx） | 功率密度（W/m²） | 对应照度（lx） | 功率密度（W/m²） |
| 白色外墙涂料，乳白色外墙釉面砖，浅冷、暖色外墙涂料，白色大理石等。 | 0.6~0.8 | 大 | 30 | 1.3 | 50 | 2.2 | 150 | 6.7 |
| | | 中 | 20 | 0.9 | 30 | 1.3 | 100 | 4.5 |
| | | 小 | 15 | 0.7 | 20 | 0.9 | 75 | 3.3 |
| 银色或灰绿色铝塑板、浅色大理石、浅色瓷砖、灰色或黄色釉面砖、中等浅色涂料、中等色铝塑板等。 | 0.3~0.6 | 大 | 50 | 2.2 | 75 | 3.3 | 200 | 8.9 |
| | | 中 | 30 | 1.3 | 50 | 2.2 | 150 | 6.7 |
| | | 小 | 20 | 0.9 | 30 | 1.3 | 100 | 4.5 |
| 深色天然花岗岩石、大理石、混凝土等褐色和暗红色釉面砖、人造花岗石、普通砖等。 | 0.2~0.3 | 大 | 75 | 3.3 | 150 | 6.7 | 300 | 13.3 |
| | | 中 | 50 | 2.2 | 100 | 4.5 | 250 | 11.2 |
| | | 小 | 30 | 1.3 | 75 | 3.3 | 200 | 8.9 |

图 6-13 绿色照明灯具

# 景观植物配植与应用

7

### 1. 植物景观的环境作用

随着社会经济的快速发展，人们生活水平不断改善，对于自身生活环境的要求也日益增高。但是在现代城市中，人口膨胀、建筑楼群密集、城市下垫面的改变等导致"热岛效应"的产生在不断加剧，人们开始与自然环境隔离的同时导致生态平衡失调，因此人们对绿色空间更加向往。园林植物的大量应用是改善人类生活环境的根本措施之一。

### 2. 植物景观的生态作用

城市绿地改善生态环境的作用，主要是通过园林植物的生态效益来实现的。群落化种植的绿地结构复杂、层次丰富、稳定性强且防风、防尘、降噪音、吸收有害气体的能力明显增强。因此在有限的绿地中建造更多的植物群落景观，是改善城市环境的必经之路。

### 3. 植物景观的社会作用

人类的生活离不开自然环境，而园林则是模拟自然景观的伟大成果。植物景观的社会作用，首先是为居民提供休憩的空间。建植于住宅区、医院、公园、广场等处的绿地，是供人们工作、学习、劳动之余休息和疗养的场所，尤其是占人口 20%~30% 的 60 岁以上老人和 10 岁以下儿童的主要活动场地。

### 4. 植物景观的经济效益

植物景观的经济效益分为直接经济效益和间接经济效益。直接的经济效益，主要表现在城市绿化正在日益成为社会经济的一个全新的产业体系，其次园林植物本身具有的多种可直接利用的经济价值。植物景观的间接经济效益远远大于其直接经济效益，主要体现在释放氧气、提供动物栖息地、防止水土流失等。

## 1. 概述

植物造景是以自然界的乔木、灌木、藤本、草坪地被等植物群落的种类、结构、层次和外貌为基础，通过艺术手法，充分发挥其形体、线条、色彩等自然美进行创作，形成不同的景观空间与植物搭配的综合景观，让人身在其中产生一种美的感受和联想。

枇杷　苏铁　红花檵木　　　马尼拉草　杜鹃　红枫

a

7-1 一棵笔挺的南洋杉种植在干净的草坪上，成为整个草坪上的主景，树姿优美，给休憩的人们带来一片绿阴。

## 2. 类型及特征

①孤植造景：孤植是指园林中常用的一株或两株树栽植，主要突显树木的个体美，常作为园林空间的主景。通常选用体形高大雄伟，姿态优美或奇异，色彩鲜艳，寿命长的树种，或花果观赏效果显著的树种（图7-1）。

作为孤植树常用的树种有：雪松、金钱松、马尾松、白皮松、黄山松、香樟、黄樟、悬铃木、榉树、杨树、枫杨、皂荚、重阳木、乌桕、广玉兰、桂花、七叶树、银杏、紫薇、垂丝海棠、樱花、紫叶李、石榴、苦楝、罗汉松、白玉兰、碧桃、鹅掌楸、紫玉兰、青桐、丝绵木、杜仲、朴树、榔榆、香椿、蜡梅、高山榕、垂叶榕等。

②对植造景：对植是将两株树按一定的轴线关系作相互对称或均衡的种植方式，在园林构图中作为配景，起陪衬和烘托主景的作用。多应用于公园、建筑物入口、桥头、街道两旁。对植分为自然式和规则式，自然式种植不要求对植两侧组景完全相同，但应保持两侧形态的均衡（图7-2）。规则式种植要求植物绝对的对称，自然式则要求两侧植物种类、形态高度一致（图7-3）。

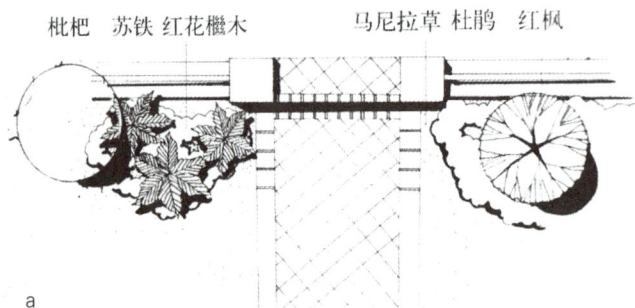

b

7-2 自然式对植（a 平面图，b 效果图）

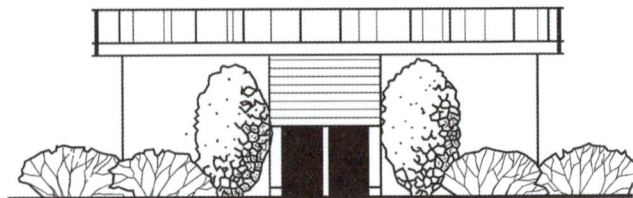

7-3 规则式对植

③列植造景：列植是将乔木、灌木按一定的株行距成排成行地栽种，形成整齐、单一、气势宏伟的景观效果。它在规则式园林中运用较多，如、街道、公路两侧或规则式广场的周围。所选树种应为当地实生树种，生命旺盛，生长速度快，抗病虫害能力强，抗贫瘠抗干旱能力强，且具有高大挺拔、树形端庄、冠幅遮阴效果好或有观赏价值的（图7-4）（图7-5）。

作为行道树常用的树种有：银杏、悬铃木、国槐、栾树、白蜡、旱柳、垂柳、杜仲、七叶树、合欢、千头椿、元宝枫、柿树、油松、华山松、云杉、圆柏、南洋杉、阴香、天竺桂、香樟、大花紫薇、银桦、柠檬桉、榄仁树、木棉、石栗、秋枫、台湾相思、楹树、南洋楹、雨树、红花羊蹄甲、黄槐、凤凰木、枫香、小叶榕、大叶榕、垂叶榕、高山榕、无患子、人面子、杧果、扁桃、喜树、火焰树、假槟榔、椰子、蒲葵、油棕等。

图 7-4 道路两侧高大的法桐作为行道树整齐排列，绿树成阴

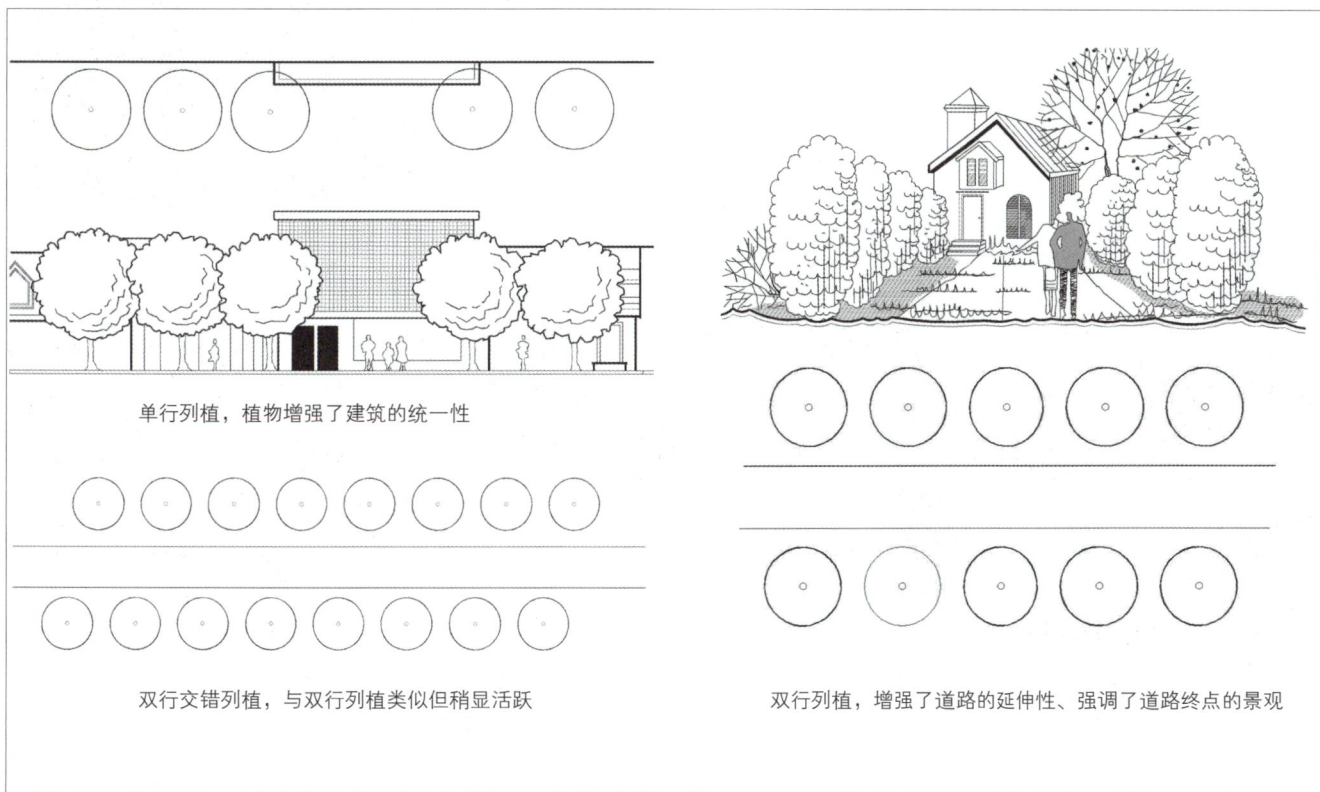

单行列植，植物增强了建筑的统一性

双行交错列植，与双行列植类似但稍显活跃

双行列植，增强了道路的延伸性、强调了道路终点的景观

图 7-5 列植的三种方式

④几何栽植造景：是通过植物的配植在平面上看，组成有几何形状的植物组景。如三角形种植、圆形种植、多角形种植、多边形种植。多应用于广场、花坛（图 7-6 ~ 图 7-10）。

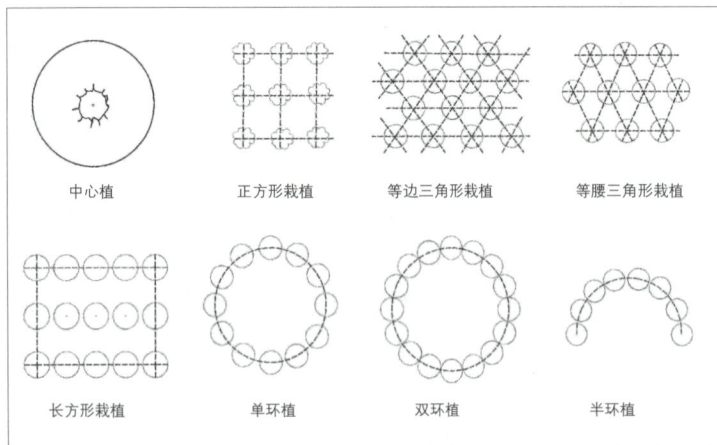

图 7-6 几何栽植平面图

中心植　　　正方形栽植　　　等边三角形栽植　　　等腰三角形栽植

长方形栽植　　　单环植　　　双环植　　　半环植

图 7-8 中心植

图 7-9 三角形栽植

图 7-7 正方形栽植

图 7-10 半环植

⑤丛植造景：是指一株以上至十余株的树木，组合成一个整体结构。树木多种植在不等边的角点上，前后呼应、左右呼应，树冠线彼此紧密连接，形成一个自然优美的植物组景。

可用作主景或配景，一般丛植最多可由15株大小不等的种类不同的几种乔木和灌木组成。

a. 两株配合：在构图上不外乎于矛盾统一的原理，二树必须既有调和又有对比。正如明朝画家龚贤所说："有株一丛，必一俯一仰，一倚一直，一向左一向右……"两株间的距离应该小于两树冠半径之和，大则形成分离现象，即不称其为树丛了。

b. 三株配合：三株配合最好采用姿态大小有差异的同一树种、栽植时忌三株在同一直线上或成等边三角形。三株的距离都不要相等，其中最大的和最小的要靠近些成为一组，中间大小的远离一些成为一组，两组之间彼此有所呼应，使构图不致分割（7-11a）。

c. 四株配合：四株配合仍然采取姿态、大、小不同的同种植物为好，分为两组，成为3：1的组合，最大株和最小株都不能单独成为一组，其基本平面形式为不等边四边形或不等边三角形两种（7-11b）。

d. 五株配合：可以是一个树种或两个树种，分成3：2或成4：1两组，若为两个树种，其中一种为三株另一种为两株，分在两个组内，但两组之间距离不能太远，彼此之间也要有所呼应和均衡（7-11c）。

⑥群植造景：群植又可以叫做是树群，一般由20~30株以上及数百株左右的乔灌木组成的景观。

可由单个树种或者多个树种组成较大面积的树木群体，通常作为园林中的背景、伴景，在自然景观中也可以作为景观（图7-12）。

*群植与丛植的区别：丛植往往能够显现出各个植物的个体美，丛植中各个单株可以拆散开单独观赏，其树姿、色彩、花、果等观赏价值高（7-11d）；群植则不必一一挑选各树木的单株，而是力图使它们恰到好处地组合成整体，表现出群体的美。此外，树群由于树木株数较多，整体的组织结构较密实，各植物体间有明显的相互作用，可以形成小气候小环境（图7-13）。

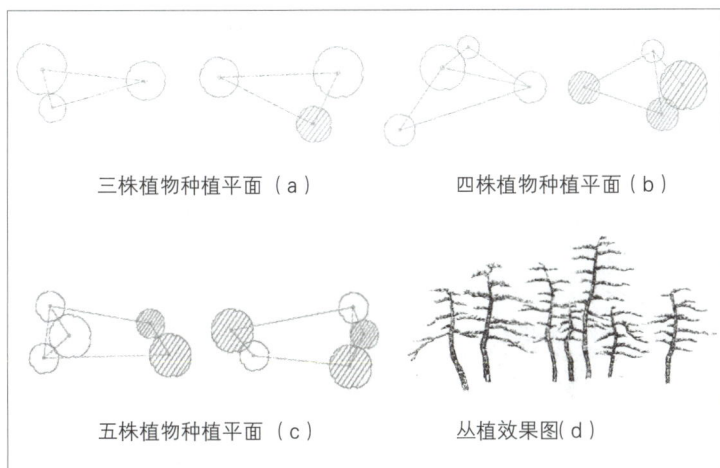

三株植物种植平面（a）　　四株植物种植平面（b）

五株植物种植平面（c）　　丛植效果图(d)

图7-11 几何图形栽植平面图

图7-12 自然的林带景观，可以作为防护林，公路绿化带，公园自然景观

图7-13 龙湖地产景观，建筑左侧白桦林为背景植物，衬托出眼前此景

⑦绿篱造景：凡是由灌木或小乔木以近距离的株行距密植，栽成单行或双行，紧密结合的规则种植形式，称为绿篱、植篱、生篱。多应用于庭院四周、建筑物周围，四周围合形成独立的空间，增强庭院、建筑的安全性和私密性。又因其可修剪成各种造型并能相互组合，从而提高观赏效果。此外，绿篱还能起到遮盖不良视点、隔离防护、防尘防噪、做成屏障引导视线聚焦于景物，作为雕塑小品的背景等作用。

图 7-14 整齐绿篱作为配景植物，将人们视线全部引导向雕塑，烘托出主要景观雕塑

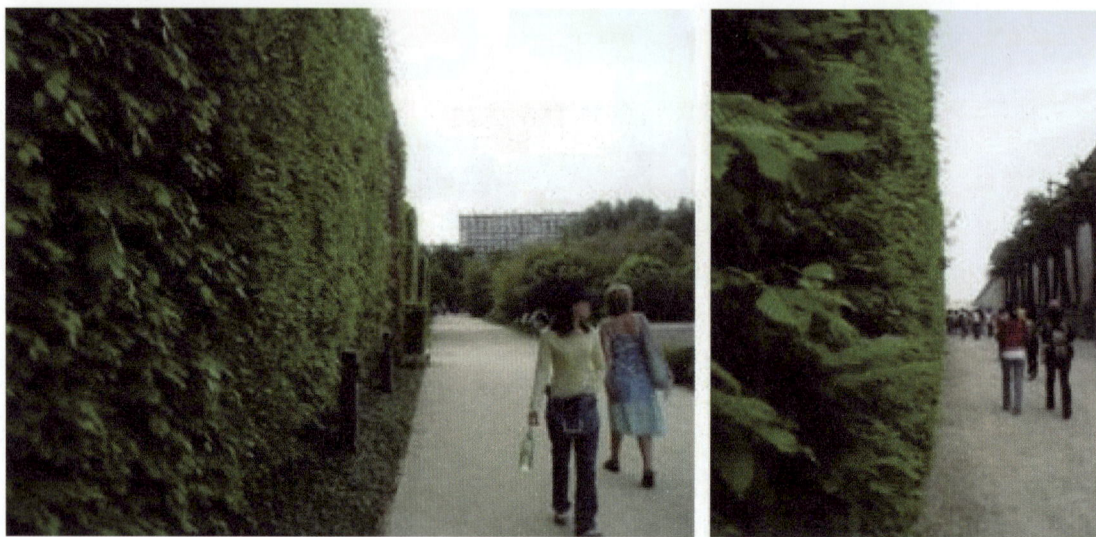

图 7-15 篱墙阻隔了人们的视线，引导人们去看设计师要展现的景观。同时增加了私密性、安全性和神秘感

⑧花坛造景：按照设计意图在一定的形体范围内栽植观赏植物，以表现植物群体的美。

花坛可以分为以下几类（图 7-16 ~ 图 7-22）

7-16 盛花花坛：主要表现和欣赏应时花卉盛开时不同种类组合搭配所表现出的绚丽的色彩、华丽的图案和优美的造型

7-18 标题花坛：用观花或观叶植物组成具有明确主题思想的图案，按其表达的主题内容分为文字花坛、肖像花坛、象征性图案花坛等

7-17 模纹花坛：主要表现精致复杂的图案纹样，植物本身的个体或群体美居于次位。通常以低矮观叶或花叶兼美的植物材料组成（不受花期的限制）

7-19 立体花坛：以枝叶细密、耐修剪的植物为主，种植于有一定结构的造型骨架上，从而形成的造型立体装饰。如卡通形象、花篮或建筑等，近几年来和标题花坛一起常出现在各种节日庆典时的街道布置上

7-20 立体花坛：以枝叶细密、耐修剪的植物为主，种植于有一定结构的造型骨架上，从而形成的造型立体装饰。卡通形象、花篮或建筑等。近几年来和标题花坛一起常出现在各种节日庆典时的街道布置上

7-21 造景花坛：借鉴园林营造山水、建筑等景观的手法，运用以上花坛形式和花丛、花境、立体绿化等相结合，布置出模拟自然山水或人文景点的综合花卉景观（如：山水长城、江南园林、三峡大坝等景观）。一般布置于较大的空间，多用于节日庆典（如：天安门广场的"国庆"花坛）

7-22 混合花坛：由两种或两种以上类型的花坛组合而成（如：盛花花坛＋模纹花坛；平面花坛＋立体花坛；或者混合水景或雕塑等组成景观）

以花卉的栽植方式分类

栽植花卉花坛：在园林绿地中花卉设计在固定的花坛上，可以是沉床式、平床式、花台式。

盆栽花卉花坛：在铺装场地或草坪上以盆栽花卉布置的临时性或季节性花坛。

移动花卉花坛：将花卉按照一定的设计意图种植于各种类型的容器中，可布置于园林绿地、道路广场、露台屋顶及室内。

⑨花境造景：模拟自然界林地边缘地带多种野生花卉交错生长的状态，经过艺术设计，将多年生花卉为主的植物以平面上色彩混交、立面上高低错落的方式种植于带状的园林地段而形成的花卉景观（图7-23，图7-24）。

⑩藤本植物造景：藤本植物借助其他物体支撑生长或是匍匐生长，与周边环境结合创造出来的景观。多用于装饰建筑立面、与廊架构筑物小品配合、桥梁、车库等有竖向的地方。藤本植物又名攀缘植物，分为缠绕类、吸盘类、卷须类和蔓生类（图7-25，7-26）。

图 7-23 自然式盛花花境

图 7-25 爬墙虎（五叶地锦）

图 7-26 三角梅

⑪草坪植物造景：根据草坪的用途分类

a. 休闲草坪：为人们提供散步、休息、游戏及户外活动用地的草坪，称为游憩草坪。一般需经常进行修剪，公园内应用较多，多半属于自然式。一般选用叶细，韧性较大，较耐踩踏的草种。如半细叶结缕草、高羊茅。

b. 观赏草坪：主要设置建筑物前，或伴随规则式的花坛设立，以供人们观赏。这种草坪管理精细，必须定期清洁，边缘整齐，多半属规则式，不开放，不能入内游憩。一般选用颜色碧绿均一，绿色期较长，能耐炎热又能抗寒的草种。如细叶结缕草。

c. 运动草坪：根据不同体育项目的要求选用不同草种，有的要选用草叶细软的草种，有的要选用草叶坚韧的草种，有的要选用地下茎发达的草种。如足球场草坪，垒球场草坪，高尔夫球场草坪，儿童游戏场草坪等，如剪股颖、狗牙根、羊茅属混种、多年生黑麦草。

d. 交通安全草坪：主要设置在陆路交通沿线，尤其是高速公路两旁，以及飞机场的停机坪上。粗狂管理的观赏草如芒属、狼尾草属植物。

e. 保土护坡的草坪：用以防止水土被冲刷，防止尘土飞扬，主要选用生长迅速，根系发达或具有匍匐性的草种。如假俭草、美洲雀稗。

图 7-24 整形式花境

## 1. 功能性原则

植物造景具有景观、生态、经济、防灾避险、卫生防护、调节气候、减少噪音、防风固沙等功能。根据不同的绿地类型和人们的需求，根据选择植物的不同营造出不同功能的植物配植景观。

例如：工业园区多用抗污染性强、对污染物吸收强、具有防护功能的植物种类；居住区植物配置多满足人们日常休憩的需要，组景优美；风景旅游区植物的绿化、美化功能都应完美的体现。医院、疗养院等地区应选择有杀菌和保健功能的植物搭配，用观赏价值高能调节心情的植物组景。街道绿化要选择抗逆性强、移栽容易、易成活、树形直挺茂盛、生长迅速强壮的树种；幼儿园绿化应选用低矮和色彩丰富的植物造景，但不能用有毒有刺的植物，如夹竹桃、构骨、紫叶小檗、皂荚等。

图 7-27 公园入口植物景观效果图

图 7-28 居住区植物景观实景

图 7-29 居住区主干道道路景观，悬铃木为主要行道树，绿篱采用金叶女贞、紫叶小檗。道路绿化带整齐有序，与游园道路区分明显，是居住区绿化的骨架

图 7-30 办公区绿化，简单的树池种植，可以种植浅根系的小乔木、灌木、地被等。为员工休息提供去处

## 2. 生态性原则

生态园林建设的兴起已经将园林从传统的游憩、观赏功能发展到维持城市生态平衡、保护生物多样性和重现自然的高层次阶段。突出植物特色，丰富植物种类，构建丰富的复合式植物群落结构（图 7-31）。

## 3. 艺术性原则

通过不同植物的巧妙搭配展现不同植物的群落美，营造出植物群落的动态变化和季相景观。同时要考虑到空间尺度，植物高度与游人的视线关系，配合互动（图 7-32，7-33）。

图 7-31 迁安三里河生态廊道，原本是一条遭遇大量工业废水和生活污水排入的河道，经过改造保留了原有树木的同时增加了许多当地植被，整个工程倡导野草之美和低碳景观理念，大量应用低维护的乡土植被，达到水草繁茂，野花烂漫的效果（a，b）。

图 7-32 自然的季相景观

图 7-33 季相变化的种植手法

## 4. 色彩性原则

根据植物本身特有的色彩营造出四季变化的差异。通过不同颜色的配比给人以不同的心情和感受。

对比色：植物景色对比艺术效果强，给人以醒目的美感。植物间的颜色对比搭配突出主题（图 7-34，7-35）；

邻补色：色调较为缓和，给人以淡雅、和谐的感觉（图 7-36）。

图 7-34 日式花境

图 7-35 春天的河道护坡

图 7-36 邻补色（a，b）

## 5. 环境心理学原则

充分展示植物景观最吸引人的特征，从而控制人对植物景观的感知。基本要求有：安全性、实用性、私密性、公共性、宜人性。通过植物的搭配也给人一种环境意象，植物与景观元素的搭配有助形成结构更为清晰、层次更为分明的环境意象，来影响或引导人们的心理感受。如道路植物景观具有较强的引导性和方向感，边界清晰的植物景观起到区域划分的作用，作为标志性景观与标志物搭配或造型独特的植物组景，景观节点的植物具有明显的导向性、标志性、衬托性。

①安全性：在个人化的空间环境中，人需要占有控制一定空间领域。心理学家认为领域不仅提供相对的安全感与便于沟通的信息，还表明了占有者的身份与对所占领域的权利（图7-37）。

②实用性：古代的庭院最初就是经济实用的果树园、草药园或菜圃。无论是私家庭园还是公共绿地，都应该能够满足使用者的需求，不仅有观赏、娱乐为目的，而且还应该有共游人使用、参与及生产防护等功能（图7-38）。

③私密性：私密性可以理解为个人对空间可接近程度的选择性控制。人对私密空间的选择可以表现为希望一个人独处或几个人亲密相处而不受到他人的打扰，植物是创造静谧空间最好的要素（图7-39）。

图 7-38 一个私人花园，主人种植了不同类型的蔬菜搭配，美化了花园的环境同时也提高了花园的实用性。

图 7-37 中国古典园林常用的芭蕉与建筑搭配，竹子与建筑搭配，除了在意境上的美，所选用的植物都没有主干，不利于攀爬，也符合安全性的要求。

图 7-39 在静谧的树林下设立几个咖啡座，植物的绿色屏障创建出私密的空间，供人们休息独处，不受外界的打扰。

## 6. 文化性原则

随着时代的发展人们的精神文化层面也在不断追求提高，植物可以记载一个城市的历史，见证一个城市的发展历程，像建筑物、雕塑一样成为城市文明的标志，作为一个区域或城市独有的特色（图7-40，图7-41）。

图 7-40 孤植的一棵古树

图 7-41 孤植的银杏

## 1. 自然式植物配植

在传统的自然山水园林中，都以自然植物组景作为布局。效仿一种天然景观创造出世外桃源或在城市里创作一个山林幽深的境域。它不仅可以在居住区里体现自然，也可以在园林里寄情山水（图7-42，图7-43）。

## 2. 规则式植物配植

规则式造景通常与建筑配合，体现出建筑的庄重威严肃穆或配置在广场上使整个景观整齐有序（图7-44，图7-45）。

图7-42 中国古典园林植物配植

图7-44 广场上规则式的种植

图7-43 现代园林植物配植

图7-45 屋顶花园规则种植

## 3. 开敞式植物配植

仅用低矮的灌木及地被植物作为空间的限制因素而形成的空间。无植被阻隔视线给人宽敞开阔的感觉。

图 7-46

## 4. 围合式植物配植

采用了不同类型的植物将区域的边界划分，形成封闭、独立的空间，减少了外界干预的同时给人领域感和归属感。

图 7-47 植物丛中的泳池

图 7-48 密林中的咖啡座

## 5. 导向式植物配植

通过造景的手法将人们引导入设计师设定的区域内，设计师将不希望人们看透的地方用紧密的植物遮蔽，从而将人们的视线转移到另侧。或用特色的植物景观吸引人们的眼球将人们引入特定的区域。

图 7-49 用绿篱种植的迷宫

图 7-50 左侧种植密集，右侧则为开敞草坪使人视线引入广阔一侧

## 1. 对比和衬托

对比和衬托是利用植物不同的形态特征，运用高低、姿态、叶形叶色、花形花色的对比手法，表现一定的艺术构思，衬托出美的植物景观。在树丛组合时，要特别注意相互间的协调，不宜将形态姿色差异很大的树种组合在一起。运用水平与垂直对比法、体形大小对比法和色彩明暗对比法三种方法比较适合（图7-51）。

## 2. 动势和均衡

动势和均衡各种植物姿态不同，有的比较规整，如杜英；有的有一种动势，如松树。配植时，要讲究植物相互之间或植物与环境中其他要素之间的和谐协调；同时还要考虑植物在不同的生长阶段和季节的变化，不要因此产生不平衡的状况。例如杭州'花港观鱼'中的牡丹园以牡丹为主，配置红枫、黄杨、紫薇、松树等，牡丹花谢后仍可保持良好的景观效果。

## 3. 起伏和韵律

起伏和韵律有两种，一种是"严格韵律"；另一种是"自由韵律"。道路两旁和狭长形地带的植物配植最容易体现出韵律感，但要注意纵向的立体轮廓线和空间变换，做到高低搭配，有起有伏，这样才产生节奏韵律感，尽量避免布局呆板。

## 4. 层次和背景

层次和背景为克服景观的单调，宜以乔木、灌木、花卉、地被植物进行多层的配植。不同花色花期的植物相间分层配植，可以使植物景观丰富多彩。背景树一般宜高于前景树，栽植密度宜大，最好形成绿色屏障，色调加深，或与前景有较大的色调和色度上的差异，以加强衬托（图7-52）。

图 7-51 色彩丰富的居住区种植

图 7-52 层次感强的居住区种植

## 1. 植物与建筑的配植

植物与建筑的配植是自然美与人工美的结合，处理得当，二者关系可求得和谐一致。植物丰富的自然色彩、柔和多变的线条、优美的姿态及风韵都能增添建筑的美感，使之产生出一种生动活泼而具有季节变化的感染力，一种动态的均衡构图，使建筑与周围的环境更为协调。随着城市建筑密度的不断增加，人民生活水平的提高及旅游事业的发展，对园林环境的要求也越来越高。

一组优秀的建筑作品，犹如一曲凝固的音乐，给人带来艺术的享受，但终究还缺少些生气。园林建筑是构成园林的重要因素，但是要和构成园林的主要因素——园林植物搭配起来，才能对景观产生很大影响。建筑与园林植物之间的关系应是相互因借、相互补充，使景观具有画意。

建筑外环境泛指由实体构建围合的室内空间以外的一切活动空间领域，几乎所有建筑都和自然环境直接或间接联系，尤其是在日益注重生态环境的今天，即使建筑密度最大的城市中心商业区也会见缝插针的考虑种植树木或设立花台。

建筑外环境的植物种植不仅加强了建筑本身的艺术美，让自然的绿色或秋天斑斓的色彩去辅助建筑冷漠的人工色彩，植物柔美的姿态和丰富的色彩同样缓和了建筑冷硬的线条和单调的色泽。同时植物放出的氧气和香味也改变了人口密集的建筑环境的空气，建筑外环境主要考虑以下几个场所要点：建筑出入口、窗下、基础、墙角、墙体、以及过廊、屋顶花园（见单章介绍）、庭院等。

（1）建筑入口是建筑的主要形象景观，通常要求标志明确景观效果优化设计，视线、通风、采光等俱佳。建筑的出入口因性质、位置大小、功能各不相同，在植物配植时应充分考虑各个相关因素，从而进行合理搭配。

a. 通常主入口比较大，显要位置，出入人口量较大，因此植物选择中应优先考虑株形优美、色彩鲜明、有芬芳气息的类型，在植物配置时也要求简洁大方（图7-53）。

图7-53 龙湖·滟澜山小区入口景观。高大的雪松衬托出入口大门的宏伟气势，雪松前面种植的非洲凤仙花更显入口华丽，单一的粉色给人带来亲近的感觉又不失庄重。

b. 次入口相对较小，处于不显眼的侧面，出入人流相对较少且固定，这样的出入口往往是建筑附属功能的通道，比如停车场、后勤地等，因此在植物选择中应亲切精致，可以营造一些植物组团景观，以便近距离观赏（图7-54）。

c. 私人住宅入口应该营造出亲切宜人的小尺寸空间（图7-55）

图7-54 次入口或出口景观，花团锦簇层次高低错落。

图7-55 别墅入口景观，不同的乔、灌、草围合出私密的空间给人亲切感和安全感。同时增加了私有领地的归属感。花钵和花卉给建筑增添的色彩更加体现家的温馨。

（2）建筑窗前植物景观设计。建筑的窗户主要起到采光、通风的作用，也是人们观赏窗外风景的主要视点，在进行植物设计时也应该考虑到这里的景观效果。窗前植物要求株形优美多姿，四季变化丰富，能吸引小鸟、最好具有香味的植物类型，如桂花、丁香。种树时要考虑到植物与建筑的距离，标准见本书 196 页表。选择的植物不能遮挡视线，最好是落叶植物，保证夏天有树阴冬天有阳光。

（3）建筑墙基是建筑体的基础部分，这部分建筑形态在建筑结构中起着支撑墙体的作用，是整个建筑的承载部分，在外形上表现为比墙体宽，而且采用和墙体不同的装饰材料。常见的有砖饰、自然石材。在植物设计中尽量把握好，不破坏建筑墙基。在避免造成房屋坍塌的前提上尽量通过植物这一柔美的材料将建筑这个人工产物和自然完美融合在一起。配合建筑墙基所用的材料，通过它的色彩、质感的趋向性选择恰当的植物。

图 7-56 透过窗子可以看到婆娑的树影，四季变化的景观。

图 7-58 从道路到围墙由远到近，由低到高，错落有致，层次感极强

图 7-57 窗外婀娜的红枫通过窗户的边框好像一幅美丽的画卷

图 7-59 竹子与中式灰白的墙体是传统的搭配，竹子是须根植物将不会对墙体造成损害，适用于绿地较窄的墙基，同时不会成为人们攀爬的工具有安全的保障

（4）建筑的墙角棱角分明，看起来十分坚硬而不近人情。墙角的观赏面往往是呈一定的角度，多数是以90°为主，也有呈锐角和钝角的。在植物景观设计时按照观赏角度呈扇形展开，由墙角到外侧，由高到低逐步展开，犹如盆景的设计。如呈锐角视线范围小，空间狭窄，这样的角落主要是为了起装饰墙体的作用，选用的植物不必太复杂，观赏距离不必太大，层次也可简单些，往往选用一些浅根性的大型植株作为装饰墙体内侧的植物（如竹子、芭蕉、棕榈等），外侧采用花灌木或观赏草作为第二层次，将视线完全吸引到灌木茂密的植物景观中，而忽略这里是墙角（图7-60）。

（5）建筑的墙体是建筑的主要内容，墙体的绿化主要采用藤本植物和盆栽进行装饰。墙体绿化不仅可以改善墙体的外观，同时可以改善墙体的冷热程度。因此墙体绿化主要考虑墙体的自身美感和朝向。植物可以弥补建筑立面的不足。在进行绿化时还得考虑朝向问题，墙体的朝向意味着墙体接受阳光照射的强度，意味着所选择的植物的喜光习性的不同以及常绿或落叶树种的确定，如果是南北朝向可以选择常绿植物，因为太阳的照射对其墙体冷暖程度影响不大，而处于东西方向的墙体则可选择落叶的植物保证墙体冬暖夏凉（图7-61，7-62）。

图7-60为法式别墅围墙角落局部节点绿化，草坪上种植多种植物自然搭配的花境，小灌木为茶梅、红花檵木色块，金边胡颓子球、红叶石楠球等，后侧花台地被阔叶麦冬，在别墅围墙下片植八角金盘、丛植黄素馨，花台两端的门柱前和围墙直角部位分别种植茶花和柱状大叶黄杨，形成叶色、叶形、花色搭配和层次丰富，形态自然的道路节点

图7-61国外某建筑墙体的绿化设计，将绿色的植物直接种植到了墙体的模具上，不占用任何地面空间。超越了传统的种植模式，设计新颖，技术先进。在国外普遍流行，近几年在国内也开始渐渐成为大商业、办公区绿色创意的发展趋势

图7-62为传统意义上的墙体绿化，爬墙虎布满欧式建筑的外墙，窗外摆放着艳丽的鲜花盆栽

图 7-63 开敞过廊

图 7-64 半封闭过廊

图 7-65 丰富的植物配植，与建筑完美的搭配，透过建筑的落地窗庭院美景一览无余。

图 7-66 整齐的绿篱及高大的背景树围合成院落的空间，植物的阻隔减弱了围墙的生硬，给人们带来更多的舒适感。

（6）过廊是建筑体之间相连接的部分，采用密封或半密封的带状建筑体。若为半封闭甚至开敞的形式，应考虑到内外视线的交融，情况相对较为复杂。由于受到其廊顶部以及廊柱的限制，视线范围受限，其观赏的景色在高度上受到控制。过高、过近视线展不开，会感觉压抑局促，当然要故意造成这种欲扬先抑的效果则另当别论，因此大部分的设计应该在一定的距离、一定的植物范围以内展开。而对于外部的视线则是开敞的，其过廊外景观是植物景观构图的内容，在视线上的影响是呈横向展开，可能会中断过廊左右的景致。因此过廊两边的联系要素采用超过过廊本身高度的植物，这种植物要素在过廊两侧遥相呼应是整个院子统一的关键（图 7-63，图 7-64）。

如果是半封闭的廊，其植物景观在若隐若现的画幕中更加别致多姿。

（7）建筑庭院植物景观设计是高尚生活品质的一个表征，现在很多楼盘都会在底层附加一个庭院，庭院面积一般在整个面积的 1/5 以下。庭院往往有前庭和后庭，前庭主要展现主人品位，也是这个房屋建筑的个性化体现，而后庭主要是主人私生活的一个延伸地，这个庭院要配合屋内的使用情况合理展开。由于面积很小，所要展开的内容不能过于复杂，因此植物选择上尽量体量小些，数量也不宜太多。可选择一些耐看而细致的植物，或者香型植物点缀，比如栀子花、山茶、杜鹃、绣球花等。前庭主要是景观的展示，观赏面既要考虑朝外也要考虑从道路上往里看，朝外看主要是考虑站在窗户的角度，可在窗户边上种植四季桂花等香型小乔木，并将阳光引入室内。后庭景观设计主要考虑，使用上的方便兼顾隐私作用，因此沿着围墙周围可以种植一些遮挡视线又比较薄的植物，同时兼顾观赏效果，常用的植物有竹子、蔷薇、大叶黄杨，庭院中可以种植一株小乔木，为庭院提供树阴，最好选用落叶树，保证冬暖夏凉（图 7-65，7-66）。

在植物配植中，以下图为例垂直方向从过廊中心的视线开始一直到最高的哪棵树为距离 B 和视角 A 成反比，和最高树的高度 C 成正比；水平方向从过廊中心的视线开始一直到最高的哪棵树的距离 B1 和视角 A1 成正比（图 7-67）。

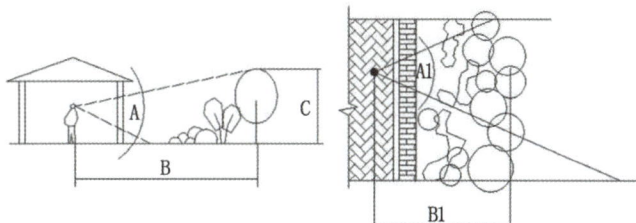

图 7-67 植物配植图示

## 2. 植物与山石的配植

园林中的山石因其具有形体美、意境美和神韵美而富有极高的审美价值，被认为是"立体的画"、"无声的诗"。在传统的造园艺术中，堆山叠石占有十分重要的地位。中国古典园林无论北方富丽的皇家园林，还是秀丽江南私家园林，均有掇石为山的秀美景点。而在现代园林中，简洁练达的设计风格更赋予了山石以朴实归真的原始生态面貌和功能。

植物与石笋配植效果（图 7-68）

图 7-68 竹子与石笋搭配能够恰如其分地体现其观赏价值，既有优美的景观效果，又富于深刻的文化内涵。下面地被可种植丹麦草、鸢尾、金娃娃萱草等

植物与太湖石配植效果（图 7-69）

图 7-69 姿态高雅的太湖石是很多古典庭园中的镇园之宝，常常置于园林的中心，与建筑及各种植物搭配放置，观赏价值极高。植物不宜过高或过密，否则将减弱太湖石的观赏效果，种植几株点缀，修饰即可

植物与青石的配植效果（图 7-70）

图 7-70 松树与青石的搭配，形成了丰富的立面效果，宛如一处优雅的盆景

植物与黄蜡石的配植效果（图 7-71）

图 7-71 高低错落的植被与黄蜡石和谐地搭配在一起，层次丰富，形成视觉的焦点

植物与挡墙配植效果（图 7-72）

图 7-72 植物与矮墙的结合软化了硬质景观，使挡墙更好地融入了绿化中，地被的种植衬托出挡墙的美及景观的层次感

（1）植物为主、景石为辅 ———— 返璞归真、自然野趣

以景石为配景的植物配植可以充分展示植物群落形成的景观，设计主要以植物配植为主，
景石作为园林中的一个辅助要素（图7-73）。

图7-73（a，b）

（2）景石为主、植物为辅 ———— 层次分明、静中有动

具有特殊观赏价值的景石一般以表现石的形态、质地为主，不宜过多地配置体量较大的植物，可在景石旁配置一二株小
乔木并结合多种低矮的灌木或草本植物如迎春、鸢尾、马蔺、红枫等。为使景石能与环境结合得更加自然，可种植攀缘
植物如金银花、地锦、扶芳藤、三角梅等对景石局部进行遮掩，或者将景石半埋于地下（图7-74，图7-75）。

图7-74 景石与植物搭配形成的微景观，植物生长自然蜿蜒曲折好像
生长在真正的山石上，将整个世界缩小包含在其中

图7-75 几块景石为主景丝兰是景石最好的搭配

（3）植物、山石的配置——因地制宜、相得益彰

在园林中，当景石与植物配植共同创造景观时，有时无法确定植物和景石谁处于主体位置，这时更要根据景石本身的特征和周边的具体环境，精心选择植物的种类、形态、高低大小以及不同植物之间的搭配形式，使景石和植物组织达到最自然、最美的园林效果，营造出丰富多彩、充满灵韵的和谐景观（图7-76）。

图7-76（a，b）对节白蜡奇特的造型与散乱的景石搭配以及起伏的地形，凌乱中突显自然。植物与景石比例相同，石树相间，结合缓坡地形相得益彰。

## 3. 植物与水体的配植

湖池植物景观设计，人工水体中的湖泊和池塘的特征是水面平静、清澈，可以将沿岸的景观通过倒影的方式融入构图要素中，所谓"疏影横斜水清浅，暗香浮动月黄昏。"湖的驳岸常常是自由曲线，或石砌或堆土（图7-77，图7-78）。

图7-77 湖边的垂柳随风摇曳婀娜多姿，映衬在水面上好似一幅美丽的画卷。

图7-78 自然的驳岸，景石堆积植物错落植被点缀在景石之间，挺拔的水杉立在岸边，玉簪、鸢尾将水岸丰富。

人工湿地植物景观设计，是通过人为改造还原自然景观环境，将植物模仿自然生长搭配，没有人为创造的湿地景观（图7-78，图7-79）。

图7-78 植物种类繁多，对水质有净化功能，高低错落，层次丰富。在提高观赏价值的同时也做到了对环境的修复。睡莲、鸢尾、香蒲、芦苇、慈姑等多种植物搭配其中

图7-79 白浪河绿洲湿地公园

规则式池塘有完全集合对称的非常规整的池塘，也有自由集合曲线的池塘，现在抽象园林概念已成为趋势，这种水池几乎到处开花。

由于池塘岸线相对生硬，多数在水岸做文章，使水岸植物摇曳生姿和池塘水体相映成趣，池塘岸边的植物主要体现水的柔美，配合倒影共同构筑多层次景观。现在许多人工池塘岸线处理成几何曲线，植物序列也是在这种几何曲线的逐步延伸中逐渐展开的，在曲线突出位置紧靠岸线种植婆娑的乔木或大灌木并配植景石，而在曲线凹进部位将植物往内退，以此强化岸线的曲折（图7-80，图7-81）。

图7-80 人工规则式水景

图7-81 酒店的泳池景观，角落植物的配植高矮层次增强了景观效果

## 1. 城市道路的绿化布置形式

城市道路通常以道路绿化断面布置形式来进行分类，是规划设计所采用的主要模式，常见的形式有一板二带式、二板三带式、三板四带式、四板五带式及其他形式，在此处"板"是指机动车或非机动车行道，而"带"是指绿化带或种有行道树的地带。

**一板二带式**

一板二带为一条车行道，二条绿带，这是道路绿化中最常用的一种形式。中间是车行道，在车行道两侧与人行道分隔线上种植行道树。其优点是：简单整齐，用地经济，管理方便。但当车行道过宽时行道树的遮阴效果较差，又不利于机动车辆与非机动车辆混合行驶时交通管理。（图7-82）

**二板三带式**

即分成单向行驶的两条车行道和两条行道树，中间以一条分车绿带分隔，构成二板三带式绿带。这种形式适于宽阔道路，绿带数量较大，生态效益较显著。由于各种不同车辆，同向混合行驶，还不能完全解决互相干扰的矛盾（图7-83）。

**三板四带式**

利用两条分车绿带把车行道分成三块，中间为机动车道，两侧为非机动车道，连同车行道两侧的行道树共为四条绿带，故称三板四带式（图7-84）。此种形式占地面积大，却是城市道路绿化较理想的形式，其绿化量大，夏季庇阴效果较好，组织交通方便，安全可靠，解决了各种车辆混合行驶互相干扰的矛盾，尤其在非机动车辆多的情况下更为适宜。

**四板五带式**

利用三条分车绿带将车道分为四条，而规划为五条绿化带，使机动车与非机动车辆均形成上行、下行各行其道，互不干扰，保证了行车速度和交通安全。若城市交通较繁忙，而用地又比较紧张时，则可用栏杆分隔，以便节约用地（图7-85）。

**其他形式**

按道路所处地理位置、环境条件特点，因地制宜地设置绿带，如山坡道、水道的绿化设计。道路绿化断面形式虽多，究竟以哪种形式为好，必须从实际出发，因地制宜，不能片面追求形式，讲求气派。尤其在街道狭窄，交通量大，只允许在街道的一侧种植行道树时，就应当以行人的庇阴和树木生长对日照条件的要求来考虑，不能片面追求整齐对称，以减少车行道数目。

我国多数城市处于北回归线以北，在盛夏季节，南北走向街道东边，东西走向街道北边受到日晒持续时间最长，尤其是下午两点左右更是灼热炙人，因此行道树应种在路东和路北为宜。在高寒地区还要考虑到冬季获取阳光问题，所以不宜选用常绿乔木。而实际上城市街道不可能都是东西走向或南北走向，配植行道树的原则是要从庇阴和树木生长两方面考虑。如果街道上不能种植行道树时，只能采取特殊的绿化方式，如摆设盆栽植物，垂直绿化等。

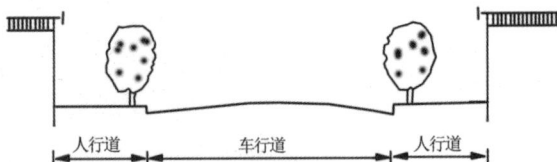

图7-82 一板二带式

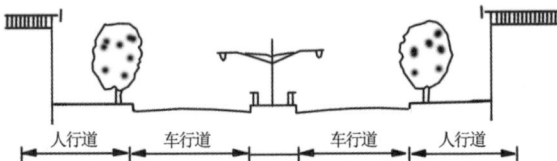

图7-83 二板三带式

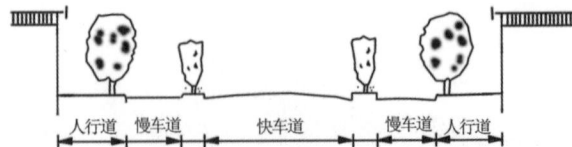

图7-84 三板四带式

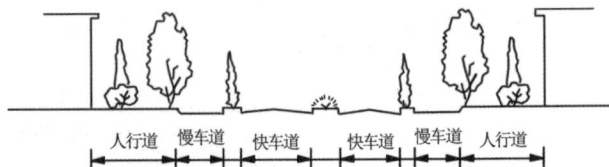

图7-85 四板五带式

## 2. 园林道路植物配植物的基本要求

园林道路植物配植要注意创造不同的园路景观，如山道、竹径、花径、野趣之路等。在自然式园路中，要打破一般行道树的栽植格局，两侧可栽植不同的树种，但必须取得均衡的效果。株行距应与路旁景物结合灵活多变，留出透景线，创造出"步移景异"的效果（图7-86，7-87）。

路口可种植颜色鲜明的孤植树或树丛，起到对景、标志或导游的作用。次要园路或小路的路面可应用草坪砖的形式，来丰富园路景观。规则的园路也可用二到三种乔木或灌木相间搭配，形成起伏的节奏感（图7-88）。

小路主要是为游人在宁静的休息区中漫步而设置的，一般宽1~1.5m，还有各种汀步也是小路的一种具体形式。小路通过密集的植物种植与喧嚣的主路或活动场分隔，其形式常婉转曲折，植物配植应以自然式为宜（图7-89，7-90）。

图7-88为次路植物配植，次路是园区内的主要道路，一般宽2~3m。植物配植应注意沿路视觉要有疏有密、有高有低、有遮有挡。两侧景观可布置草坪、花丛、灌木丛、树丛、孤植树等，使游人感受到景观的变化

图7-86

图7-89 绿篱茂盛形成私密宛转幽静小路

图7-87 坡路段的植物配植应使小路与主路区分隔离，同时景观更加引人入胜，形成舒适的散步游玩小径。地被植物与灌木应高位丰富，层次感极强

图7-90 规则式汀步，开敞的设计给人简洁明快的空间感

高速公路植物景观设计如图 7-91。

街道植物景观设计如图 7-92。

园路植物景观设计如图 7-93。

图 7-91 高速公路两侧的植物种植要有高低、叶色、疏密的变化，使驾驶员放松心情不会有视觉疲劳。高速出入口处种植区分应明显，有利于驾驶员区分

图 7-92 道路两侧种植当地适合的行道树，绿树成阴减少强光的照射，降低地表温度减少噪音，减少空气污染。植物种植的不同也可作为区分路段的标志

图 7-93 植物层次丰富，地被植物种类繁多，植物具有导向作用引导人们的视线。达到移步异景的感觉

# 巴黎雪铁龙公园

雪铁龙公园（Parc Andre Citroen），占地 45hm²，位于巴黎西南角，濒临塞纳河。是利用雪铁龙汽车制造厂旧址建造的大型城市公园。是由一系列大大小小的矩形在平面组合，然后被一条霸道的斜线从头到尾一刀切到底。一系列有矩形边界的空间组成了面向塞纳河的轴线。公园的设计体现了严谨与变化、几何与自然的结合。公园以三组建筑来组织空间，这三组建筑相互间有严谨的几何对位关系，它们共同限定了公园中心部分的空间，同时又构成了一些小的系列主题花园。

雪铁龙公园没有保留历史上原有汽车厂的任何痕迹，只是在园名上还能使人对此有一些联想。但另一方面，雪铁龙公园却是一个不同的园林文化传统的组合体，它把传统园林中的一些要素用现代的设计手法重新展现出来，它是典型的后现代主义设计思想的体现。与拉·维莱特公园相比，这里的游人要少得多。如果作为供人们休闲、消遣的公园，它有很多缺陷。但是雪铁龙公园同样具有深刻的内涵，它是让游人思考自然、宇宙、历史、哲学以及自身的场所。

宽敞的草坪、几种简单的乔木体现出宏大的气势，给人们创造了亲近自然的环境。

# 中国昆山莲湖公园

莲湖公园总体设计通过 3 个景观元素，即水体、地形和建筑物来体现城乡之间的渐变。尤其是开发强度从东到西的递减，最突出地体现了城乡的过渡。这些景观元素的此消彼长强化了公园里自西向东三个区段的特色：水生植物种植示范区（以水体为主）；水乡文化昆曲文化展示区（以地形造景为主）；艺术家小镇（画廊工作室为主）。此公园是现代都市人洗去尘埃，回归自然，休闲度假的绝佳去处。

慈姑、再力花、芦竹、芦苇、千屈菜、鸢尾几种丰富的植物修饰了岸边；芒草、花葱、波斯菊、金鸡菊、美人蕉等植物成为郊野中的主打植物。

# 伦敦核心区域 more london 公共空间设计

整齐的树阵种植在 more London 中心广场的中间，简洁的阵列式设计和直线条绿地，给人们带来绿阴的同时也便于人们穿行。

# 土耳其伊兹密尔
## folkart Narlidere 社区景观

# 成都——世茂．玉锦湾

# 台北 Ritz 广场高档住宅

Ritz 广场寻求向上 / 向下复式联排　墅新的建设方案，以保留城市空间和私人住宅的特性，同时也让城市有一个舒适的环境。内部的种植结合情景，变化丰富。外部的种植简洁开阔。

## 居住区小庭院植物景观

别墅庭院景观将小空间环境表现的精致细腻，地被、绿篱、乔木使得庭院的层次感丰富。垂直绿化的景观墙软化了四周空间。

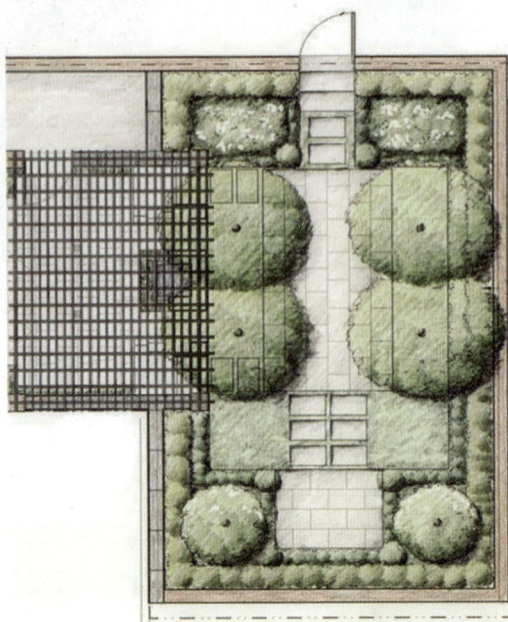

# 美国旧金山办公空间 Ribbons 庭院

Ribbons 是一种通用服务管理的艺术和建筑规划景观雕塑，位于旧金山联合国广场。庭院设计，将 1932 年 Arthur Brown 建筑经典的对称性，通过插入的手法，将一个雕塑矩阵、铺路、喷泉和植被，加入到大楼的 20000 平方英尺的庭院。

院子的绿色特性是基于简单的可持续技术，具有低耗水、耐荫的特点，栽下 32 棵白桦树，在活跃的地面和建筑物的白色砖墙之间创建垂直维度。

# 大同文瀛湖景观

# 桂林园博会之湿地园

成片的千屈菜沿着河岸生长，细碎的小粉花密密麻麻摇曳在岸边

睡莲、荷花种植在河中，鸢尾、慈姑种植在岸边

# 新加坡 48 North Canal Road / WOHA

屋顶绿化和垂直绿化利用了建筑的少部分将其完美修饰

# 常用园林景观植物的选择

## 1. 区划名称及主要城市

区划名称及主要城市

| 夏季 | 冬季 |
| --- | --- |
| 区域代号及名称 | 区域内主要城市 |
| I 寒温带针叶林区 | 漠河 黑河 |
| II 温带针阔叶混交林区 | 哈尔滨 牡丹江 鹤岗 鸡西 双鸭山 伊春 佳木斯 长春 四平 延吉 抚顺 铁岭 本溪 |
| III 北部暖温带落叶阔叶林区 | 辽阳 锦州 营口 盘锦 北京 天津 太原 临汾 长治 石家庄 秦皇岛 保定 唐山 邯郸 邢台 承德 济南 德州 延安 宝鸡 天水 |
| IV 南部暖温带落叶阔叶林 | 青岛 烟台 日照 威海 济宁 泰安 淄博 潍坊 枣庄 临沂 莱芜 东营 新泰 滕州 郑州 洛阳 开封 新乡 焦作 安阳 西安 咸阳 徐州 连云港 盐城 淮北 蚌埠 韩城 铜川 |
| V 北亚热带落叶、常绿阔叶混交林区 | 南京 扬州 镇江 南通 常州 无锡 苏州 合肥 芜湖 安庆 淮南 襄樊 十堰 |
| VI 中亚热带常绿、落叶阔叶林区 | 武汉 沙市 黄石 宜昌 南昌 景德镇 九江 吉安 井冈山 赣州 上海 长沙 株洲 岳阳 怀化 吉首 常德 湘潭 衡阳 邵阳 郴州 桂林 韶关 梅州 三明 南平 杭州 温州 金华 宁波 重庆 成都 都江堰 绵阳 内江 乐山 自贡 攀枝花 贵阳 遵义 六盘水 安顺 昆明 大理 |
| VII 南亚热带常绿阔叶林区 | 福州 厦门 泉州 漳州 广州 佛山 顺德 东莞 惠州 汕头 台北 柳州 桂平 个旧 |
| VIII 热带季雨林及雨林区 | 海口 三亚 琼海 高雄 太原 深圳 湛江 中山 珠海 澳门 香港 南宁 钦州 北海 茂名 景洪 |
| IX 温带草原区 | 兰州 平凉 阿勒泰 海拉尔 满洲里 齐齐哈尔 阜新 肇庆 大庆 西宁 银川 通辽 榆林 呼和浩特 包头 张家口 集宁 赤峰 大同 锡兰浩特 |
| X 温带荒漠区 | 乌鲁木齐 石河子 克拉玛依 喀什 武威 酒泉 玉门 嘉峪关 格尔木 库尔勒 金昌 乌海 |
| XI 青藏高原高寒植被区 | 拉萨 日喀则 |

## 2. 中国城市园林植物区划示意表

区划名称及主要城市

| 区域 | 主要城市 |
|---|---|
| I | 漠河 |
| II | 哈尔滨、伊春、佳木斯、鹤岗、双鸭山、七台河、鸡西、牡丹江、长春、吉林、辽源、通化、白山 |
| III | 北京、天津、石家庄、承德、廊坊、唐山、秦皇岛、保定、衡水、沧州、邢台、邯郸、沈阳、辽阳、葫芦岛、锦州、盘锦、营口、丹东、太原、吕梁、忻州、阳泉、德州、聊城 |
| IV | 郑州、开封、洛阳、许昌、平顶山、漯河、周口、鹤壁、濮阳、新乡、焦作、三门峡、西安、渭南、宝鸡、济南、潍坊、菏泽、济宁、枣庄、临沂、日照、青岛、烟台、威海、连云港、徐州、宿迁、宿州、亳州、阜阳 |
| V | 南京、合肥、滁州、六安、镇江、泰州、常州、南通、马鞍山、信阳、十堰、襄阳、随州、安康、汉中 |
| VI | 杭州、上海、苏州、湖州、黄山、宁波、舟山、嘉兴、金华、丽水、温州、台州、衢州、南平、三明、宁德、南昌、景德镇、九江、抚州、鹰潭、上饶、新余、宜春、萍乡、吉安、赣州、韶关、长沙、株洲、益阳、娄底、邵阳、衡阳、永州、怀化、张家界、常德、岳阳、荆州、咸宁、重庆、贵阳、遵义、铜仁、毕节、六盘水、成都、资阳、巴中、达州、广安、南充、遂宁、内江、宜宾、泸州、攀枝花、昆明、丽江、昭通、曲靖、桂林 |
| VII | 广州、肇庆、梧州、福州、厦门、莆田、泉州、台北 |
| VIII | 海口、湛江、茂名、防城港、北海、三亚、香港、澳门 |
| IX | 兰州、呼和浩特、乌兰察布、包头、鄂尔多斯、呼伦贝尔、赤峰、榆林、大同、朔州、白银、银川、吴中、固原、西宁、海东、大庆、齐齐哈尔、白城、通辽、松原 |
| X | 乌鲁木齐、吐鲁番、克拉玛依、哈密、酒泉 |
| XI | 拉萨、日喀则、山南、昌都、那曲 |

**3. 代表城市植物应用**

**Ⅱ区代表城市哈尔滨**

**常绿乔木及小乔木：** 樟子松（13）、红松（15）、丹东桧（41）、紫杉（61）、红皮云杉（11）、青杆（8）、白杆（9）、臭冷杉（5）、辽东冷杉（4）、长白侧柏（50）、杜松（59）

**落叶乔木及小乔木：** 兴安落叶松（71）、旱柳（305）、银白杨（291）、紫椴（514）、糠椴（516）、榆（326）、垂枝榆（327）、大果榆（324）、春榆（330）、毛赤杨（320）、风桦（322）、白桦（321）、糖槭（355）、五角枫（358）、水曲柳（558）、花曲柳（559）、黄檗（375）、核桃楸（278）、青杨（299）、香杨（293）、山杨（303）、山槐（398）、水榆花楸（503）、杏（465）、山桃稠李（472）、稠李（473）、山荆子（457）、茶条槭（350）

**常绿灌木：** 偃松（20）、偃柏（38）、天山圆柏（60）、矮紫杉（62）、沙地柏（46）

**落叶灌木：** 欧丁香（578）、匈牙利丁香（564）、喜马拉雅丁香（563）、水蜡（584）、偃伏梾木（538）、红瑞木（535）、郁李（469）、黄刺玫（459）、玫瑰（502）、东北珍珠梅（494）、金露梅（456）、柳叶绣线菊（444）、树锦鸡儿（386）、胡枝子（390）、大花溲疏（433）、太平花（439）、金银木（597）、长白忍冬（599）、鞑靼忍冬（600）、紫枝忍冬（598）、黄花忍冬（596）、接骨木（608）、细叶小檗（412）、天目琼花（611）、刺五加（541）、辽东楤木（542）

**藤本植物：** 杠柳（692）、北五味子（673）、葛枣猕猴桃（704）、软枣猕猴桃（702）、南蛇藤（683）

**草坪和地被植物：** 草地早熟禾（105）、匍匐剪股颖（101）、羊胡子草（108）

**Ⅲ区代表城市北京**

**常绿乔木及小乔木：** 油松（14）、白皮松（25）、乔松（22）、华山松（26）、辽东冷杉（4）、臭冷杉（5）、白杆（9）、青杆（8）、红皮云杉（11）、侧柏（35）、桧柏（37）、龙柏（42）、雪松（30）、杜松（59）

**落叶乔木及小乔木：** 银杏（266）、毛白杨（290）、钻天杨（297）、河北杨（296）、泡桐（365）、旱柳（305）、馒头柳（307）、绦柳（308）、合欢（379）、国槐（396）、刺槐（392）、红花刺槐（394）、皂荚（400）、山皂荚（401）、洋白蜡（557）、臭椿（411）、悬铃木（431）、梧桐（531）、栾树（425）、板栗（288）、槲栎（287）、栓皮栎（283）、蒙椴（515）、糠椴（516）、君迁子（549）、柿树（545）、元宝枫（352）、杜仲（432）、丝绵木（507）、火炬树（349）、小叶朴（334）、核桃（279）、榆（326）、桑（418）、玉兰（272）、二乔玉兰（273）、杏（465）、枣树（510）、杜梨（491）、楸树（372）、梓树（371）、桂香柳（534）、暴马丁香（571）、龙爪槐（397）、海棠花（461）、山楂（455）、西府海棠（462）、紫叶李（466）、白梨（489）、山桃（485）、碧桃（478）、文冠果（428）

**落叶灌木：** 猬实（615）、糯米条（593）、金银木（597）、锦带花（602）、木本绣球（610）、天目琼花（611）、太平花（439）、棣棠（504）、平枝栒子（452）、水栒子（453）、香荚蒾（613）、金露梅（456）、珍珠梅（493）、贴梗海棠（450）、白玉棠（501）、毛樱桃（470）、榆叶梅（486）、黄刺玫（495）、现代月季（497）、玫瑰（502）、大花溲疏（433）、菱叶绣线菊（448）、麻叶绣球（445）、粉花绣线菊（449）、珍珠花（442）、香茶藨子（435）、鸡麻（492）、紫叶小檗（414）、蜡梅（506）、牡丹（430）、连翘（553）、丁香（568）、迎春（560）、太平花（439）、枸杞（587）、胡枝子（390）、锦鸡儿（385）、紫薇（616）、木槿（626）、海州常山（589）、红瑞木（535）、木本香薷（366）、黄栌（345）、紫荆（402）、石榴（410）、金叶女贞（581）、小叶女贞（582）、雪柳（552）、紫珠（588）、接骨木（608）

**藤本植物：** 葡萄（696）、中国地锦（694）、紫藤（677）、藤本月季（499）、十姐妹（689）、多花蔷薇（688）、木香（687）、南蛇藤（683）、扶芳藤（686）、胶东卫矛（685）、三叶木通（691）、台尔曼忍冬（700）、金银花（698）、美国凌霄（671）

**竹类：** 早园竹（662）、黄槽竹（663）、斑竹（653）、苦竹（664）、阔叶箬竹（642）

**草坪和地被植物：** 羊茅（109）、野牛草（103）、草地早熟禾（105）、羊胡子草（108）、白三叶（99）、鸢尾（77）、萱草（71）、玉簪（72）、麦冬（74）、二月蓝（98）

## Ⅳ区代表城市郑州

**常绿乔木及小乔木：** 油松（14）、白皮松（25）、黑松（16）、华山松（26）、赤松（18）、雪松（30）、日本花柏（34）、日本扁柏（54）、侧柏（35）、云杉（10）、桧柏（37）、龙柏（42）、刺柏（58）、千头柏（36）、女贞（190）、广玉兰（89）、枇杷（134）、石楠（130）、棕榈（239）、蚊母（151）、桂花（184）、刺桂（189）

**落叶乔木及小灌木：** 水杉（73）、银杏（266）、悬铃木（413）、毛泡桐（367）、泡桐（365）、梓树（371）、楸树（372）、桑树（418）、青桐（513）、毛白杨（290）、黄连木（346）、国槐（396）、龙爪槐（397）、刺槐（392）、皂荚（400）、合欢（379）、乌桕（526）、旱柳（305）、垂柳（304）、枫杨（280）、核桃（279）、榔榆（287）、光叶榉（335）、栾树（425）、小叶朴（334）、杜仲（432）、板栗（288）、麻栎（282）、栓皮栎（283）、柿树（545）、构树（416）、白蜡（555）、洋白蜡（557）、玉兰（272）、枣树（510）、鸡爪槭（359）、红枫（362）、茶条槭（350）、五角枫（358）、流苏（551）、刺楸（543）、楝树（343）、丝绵木（507）、四照花（539）、七叶树（623）、臭椿（411）、东京樱花（475）、杏（465）、木瓜（451）、海棠花（461）、紫叶李（466）、白梨（489）、日本晚樱（471）、山楂（455）、碧桃（478）

**常绿灌木：** 沙地柏（46）、铺地柏（45）、翠柏（49）、鹿角柏（39）、枸骨（169）、海桐（149）、大叶黄杨（135）、小叶黄杨（153）、黄杨（156）、凤尾兰（263）、丝兰（264）、十大功劳（118）、八角金盘（215）、桃叶珊瑚（167）、小蜡（583）、水蜡（584）、夹竹桃（219）、火棘（132）、金丝桃（627）

**落叶灌木：** 香荚蒾（613）、接骨木（608）、猬实（615）、糯米条（593）、海州常山（589）、贴梗海棠（450）、麦李（467）、郁李（469）、白鹃梅（440）、榆叶梅（486）、黄刺玫（495）、珍珠梅（493）、珍珠花（442）、粉花绣线菊（449）、现代月季（497）、平枝枸子（452）、鸡麻（492）、紫珠（588）、棣棠（504）、细叶小檗（412）、紫叶小檗（414）、牡丹（430）、东陵八仙花（436）、木本绣球（610）、小叶女贞（582）、连翘（553）、丁香（568）、雪柳（552）、迎春（560）、蜡梅（506）、锦鸡儿（385）、胡枝子（390）、太平花（439）、山梅花（438）、红瑞木（535）、锦带花（602）、海仙花（609）、天目琼花（611）、金银木（597）、石榴（410）、接骨木（608）、花椒（377）、木槿（626）、秋胡颓子（533）、紫珠（588）、紫薇（616）、紫玉兰（271）、枸橘（378）

**竹类：** 淡竹（994）、刚竹（654）、紫竹（660）、罗汉竹（651）、斑竹（653）、早园竹（662）、苦竹（664）、箬竹（642）

**藤本植物：** 中华常春藤（705）、洋常春藤（707）、地锦（697、695）、葡萄（696）、金银花（698）、胶东卫矛（685）、木香（687）、紫藤（677）、扶芳藤（686）、爬行卫矛（684）、猕猴桃（701）、美国凌霄（671）、凌霄（672）、藤本月季（499）、三叶木通（691）

**草坪及地被植物：** 日本结缕草（106）、匍匐剪股颖（101）、羊茅（109）、麦冬（74）、红花酢浆草（112）、鸢尾（77）、萱草（71）、玉簪（72）、白三叶（99）、二月蓝（98）、连钱草（100）

## Ⅴ区代表城市南京

**常绿乔木及小乔木：**湿地松（28）、黑松（16）、赤松（18）、白皮松（25）、马尾松（27）、罗汉松（67）、雪松（30）、桧柏（37）、龙柏（42）、云片柏（55）、柏木（51）、日本冷杉（6）、日本五针松（24）、日本花柏（34）、日本扁柏（54）、北美圆柏（47）、广玉兰（89）、女贞（191）、柳杉（31）、青冈栎（95）、棕榈（237）、桂花（184）、石楠（130）、蚊母（151）、刺桂（189）、珊瑚树（197）、枇杷（134）、油橄榄（191）

**落叶乔木及小乔木：**金钱松（75）、水杉（73）、落羽杉（77）、池杉（76）、悬铃木（431）、黄金树（373）、楸树（372）、榔榆（325）、光叶榉（335）、白蜡（555）、桑树（418）、构树（416）、刺槐（392）、江南槐（395）、国槐（396）、龙爪槐（397）、合欢（379）、银杏（266）、薄壳山核桃（281）、枫杨（280）、毛白杨（290）、杜仲（432）、柿树（545）、垂柳（304）、赤杨（319）、板栗（288）、麻栎（282）、栓皮栎（283）、朴树（331）、槲树（286）、槲栎（287）、鹅掌楸（267）、玉兰（272）、二乔玉兰（273）、皂荚（400）、刺楸（543）、青桐（531）、毛泡桐（283）、七叶树（623）、三角枫（357）、鸡爪槭（359）、红枫（362）、枳椇（508）、枫香（523）、丝绵木（507）、南酸枣（345）、黄连木（346）、复羽叶栾树（426）、重阳木（528）、乌桕（526）、臭椿（411）、紫叶李（466）、沙梨（490）、东京樱花（475）、山楂（455）、木瓜（451）、海棠花（461）、梅花（487）、碧桃（478）、日本晚樱（471）

**常绿灌木：**平头赤松（19）、翠柏（49）、铺地柏（45）、鹿角柏（39）、千头柏（36）、火棘（132）、海桐（149）、枸骨（169）、山茶花（174）、茶梅（175）、胡颓子（166）、大叶黄杨（135）、小叶黄杨（153）、黄杨（156）、迎春（560）、夹竹桃（219）、南天竹（119）、十大功劳（118）、阔叶十大功劳（117）、凤尾兰（263）、丝兰（264）、小叶女贞（582）、金叶女贞（581）、小蜡（583）、水蜡（584）、金丝桃（627）、桃叶珊瑚（167）、洒金东瀛珊瑚（168）、八角金盘（215）

**落叶灌木：**紫玉兰（271）、星花玉兰（274）、珍珠花（442）、麻叶绣线菊（445）、菱叶绣线菊（448）、玫瑰（502）、现代月季（497）、郁李（469）、麦李（467）、垂丝海棠（459）、贴梗海棠（450）、棣棠（504）、山梅花（438）、平枝栒子（452）、海州常山（589）、紫叶小檗（414）、牡丹（430）、溲疏（434）、金钟花（554）、紫珠（588）、紫薇（616）、蜡梅（506）、紫荆（402）、锦鸡儿（385）、四照花（539）、糯米条（593）、海仙花（609）、木本绣球（610）、蝴蝶树（614）、天目琼花（611）、金银木（597）、接骨木（608）、无花果（422）、结香（629）、木槿（626）、木芙蓉（625）、云锦杜鹃（218）、石榴（410）、秋胡颓子（533）、花椒（377）、橘桔（378）、醉鱼草（585）、白鹃梅（440）、雪柳（552）、羽毛枫（360）

**竹类：**孝顺竹（643）、苦竹（664）、箬竹（642）、毛竹（658）、菲白竹（665）、桂竹（652）、斑竹（653）、刚竹（654）、罗汉竹（651）、淡竹（661）、紫竹（660）

**藤本植物：**盘叶忍冬（697）、贯叶忍冬（699）、金银花（698）、地锦（694、695）、紫藤（677）、凌霄（672）、美国凌霄（671）、络石（709）、南蛇藤（683）、胶东卫矛（685）、三叶木通（691）、木香（687）、中华常春藤（705）、洋常春藤（707）、猕猴桃（701）、葡萄（696）、薜荔（682）、扶芳藤（686）

**草坪及地被植物：**狗牙根（104）、假俭草（111）、日本结缕草（106）、细叶结缕草（107）、草地早熟禾（105）、匍匐剪股颖（101）、羊茅（109）、宽叶麦冬（74）、红花酢浆草（112）、石蒜（83）、沿阶草（75）、二月蓝（98）、吉祥草（67）、鸢尾（77）、玉簪（72）、石竹（101）

## VI区代表城市杭州

**常绿乔木及小乔木：** 黑松（16）、马尾松（27）、赤松（18）、湿地松（28）、五针松（24）、北美圆柏（47）、日本冷杉（6）、日本扁柏（54）、柏木（51）、侧柏（35）、云片柏（55）、日本花柏（34）、桧柏（37）、龙柏（42）、白皮松（25）、罗汉松（67）、雪松（30）、柳杉（31）、红豆杉（64）、三尖杉（69）、广玉兰（89）、木莲（86）、厚皮香（182）、桂花（184）、女贞（190）、香樟（138）、浙江樟（140）、檫木（521）、红楠（146）、紫楠（143）、杜英（200）、冬青（171）、石楠（130）、青冈栎（95）、钩栗（94）、苦槠（91）、石栗（90）、栲树（93）、木荷（181）、珊瑚树（197）、杨梅（96）、枇杷（134）、大叶冬青（172）、乐昌含笑（80）、火力楠（81）、深山含笑（82）、华东楠（147）、棕榈（239）、蚊母（151）

**落叶乔木及小乔木：** 水杉（73）、池杉（76）、落羽杉（77）、墨西哥落羽杉（78）、金钱松（75）、银杏（266）、七叶树（623）、鹅掌楸（267）、玉兰（272）、薄壳山核桃（281）、麻栎（282）、栓皮栎（283）、板栗（288）、槲栎（287）、枫香（523）、乌桕（526）、栾树（425）、全缘栾树（427）、无患子（424）、垂柳（304）、大叶柳（309）、水冬瓜（318）、枫杨（280）、悬铃木（431）、重阳木（528）、南酸枣（345）、黄连木（346）、三角枫（347）、鸡爪槭（359）、红枫（362）、青榨槭（356）、苦楝（343）、川楝（344）、榔榆（325）、桑（418）、柘树（417）、青桐（531）、合欢（379）、皂荚（400）、枳椇（508）、刺槐（392）、国槐（396）、龙爪槐（397）、杜仲（432）、榉树（334）、朴树（331）、珊瑚朴（333）、喜树（633）、刺楸（543）、丝绵木（507）、臭椿（411）、沙梨（490）、东京樱花（475）、杏（465）、木瓜（451）、紫叶李（466）、海棠花（461）、梅花（487）、日本晚樱（471）、碧桃（478）、四照花（539）

**常绿灌木：** 铺地柏（45）、翠柏（49）、鹿角柏（39）、千头柏（36）、粗榧（70）、南天竹（119）、海桐（149）、夹竹桃（219）、栀子花（225）、十大功劳（118）、阔叶十大功劳（117）、火棘（132）、枸骨（169）、红花油茶（180）、油茶（179）、山茶花（174）、云南黄馨（561）、含笑（83）、瑞香（204）、八角金盘（215）、黄杨（156）、桃叶珊瑚（167）、洒金珊瑚（168）、水蜡（584）、小蜡（583）、大叶黄杨（135）、小叶女贞（582）、金叶女贞（581）、金丝桃（627）

**落叶灌木：** 棣棠（504）、垂丝海棠（459）、贴梗海棠（450）、笑靥花（441）、珍珠花（442）、麻叶绣线菊（448）、菱叶绣线菊（448）、现代月季（497）、欧丁香（578）、紫荆（402）、蜡梅（506）、木芙蓉（625）、木槿（626）、糯米条（593）、石榴（410）、毛白杜鹃（638）、云锦杜鹃（218）、牡丹（430）、木本绣球（610）、蝴蝶树（614）、金银木（597）、无花果（422）、结香（629）、花椒（377）、枸橘（378）、醉鱼草（585）、紫薇（616）、溲疏（434）、紫叶小檗（414）、山梅花（438）、海仙花（609）、羽毛枫（360）、紫玉兰（271）

**竹类：** 孝顺竹（643）、苦竹（664）、箬竹（642）、毛竹（658）、菲白竹（665）、桂竹（652）、凤尾竹（644）、慈竹（667）、斑竹（653）、刚竹（654）、淡竹（661）、紫竹（660）、罗汉竹（651）、龟甲竹（659）

**藤本植物：** 紫藤（677）、络石（709）、薜荔（682）、地锦（694,695）、木香（687）、雀梅藤（512）、木通（690）、三叶木通（691）、藤本月季（499）、中华常春藤（705）、洋常春藤（707）、常春油麻藤（679）

**草坪及地被植物：** 狗牙根（104）、假俭草（111）、结缕草（106）、细叶结缕草（107）、草地早熟禾（105）、匍匐翦股颖（101）、宽叶麦冬（74）、沿阶草（75）、马蹄金（113）、葱兰（86）、水仙（84）、石蒜（83）、连钱草（100）、红花酢浆草（112）、马蹄金（113）、二月蓝（98）

## Ⅶ区代表城市广州

**常绿乔木及小灌木：** 南洋杉（2）、湿地松（28）、杉木（32）、加勒比松（29）、桧柏（37）、龙柏（42）、侧柏（35）、柏木（51）、福建柏（53）、罗汉松（67）、柳杉（31）、竹柏（66）、香榧（65）、三尖杉（69）、印度橡胶榕（123）、高山榕（122）、小叶榕（120）、大果榕（126）、垂叶榕（124）、黄葛榕（423）、菩提树（125）、木麻黄（234）、白兰（84）、广玉兰（89）、厚朴（275）、阴香（142）、香樟（138）、肉桂（141）、海南红豆（109）、台湾相思（111）、铁刀木（114）、红花羊蹄甲（403）、羊蹄甲（404）、洋紫荆（405）、扁桃（101）、杧果（102）、蒲桃（211）、人心果（233）、柠檬桉（208）、大叶桉（207）、蓝桉（210）、白千层（213）、蝴蝶果（162）、木波罗（127）、苦槠（91）、青冈栎（95）、石栗（163）、银桦（199）、杜英（200）、黄槿（203）、铁冬青（170）、女贞（190）、桂花（184）、枇杷（134）、南洋楹（112）、桃花心木（97）、大叶桃花心木（98）、中国无忧花（116）、龙眼（128）、人面子（100）、火力楠（81）、蜡肠树（409）、花榈木（110）、盆架子（222）、棕榈（239）、假槟榔（241）、蒲葵（240）、鱼尾葵（245）、皇后葵（243）、大王椰子（244）、董棕（247）、老人葵（260）、桄榔（261）、长叶刺葵（251）

**落叶乔木及小乔木：** 榄仁（641）、水松（74）、池杉（76）、落羽杉（77）、鹅掌楸（267）、白玉兰（272）、青桐（531）、大花紫薇（617）、木棉（620）、凤凰木（407）、洋金凤（406）、蓝花楹（374）、黄槐（408）、苦楝（343）、麻楝（342）、刺桐（383）、板栗（288）、麻栎（282）、栓皮栎（283）、朴树（331）、榔榆（325）、喜树（633）、合欢（379）、刺楸（543）、枫香（523）、垂柳（304）、二乔玉兰（273）、水冬瓜（318）、乌桕（526）、枳椇（508）、沙梨（490）、无患子（424）、全缘栾树（427）、鸡蛋花（639）、紫叶李（466）、碧桃（478）、梅（487）、木瓜（451）

**常绿灌木：** 苏铁（1）、粗榧（70）、米仔兰（99）、红背桂（161）、山茶花（174）、油茶（179）、大叶茶（177）、夹竹桃（219）、小花黄蝉（221）、六月雪（226）、软枝黄蝉（708）、小叶驳骨丹（229）、朱蕉（262）、变叶木（159）、红桑（158）、金叶榕（121）、含笑（83）、海桐（149）、十大功劳（118）、南天竹（119）、八角金盘（215）、夜合（88）、扶桑（201）、吊灯花（202）、红千层（212）、福建茶（235）、假连翘（195）、栀子花（225）、虎刺梅（529）、一品红（160）、云南黄馨（561）、桃叶珊瑚（167）、枸骨（169）、洋杜鹃（217）、映山红（634）、凤尾兰（263）、丝兰（264）、华南黄杨（155）、大叶黄杨（135）、茶梅（175）、华南珊瑚树（198）、洒金珊瑚（168）、金丝桃（627）、三药槟榔（242）、散尾葵（253）、软叶刺葵（250）、短穗鱼尾葵（246）、矮棕竹（255）、筋头竹（256）

**落叶灌木：** 木芙蓉（625）、木槿（626）、紫荆（402）、郁李（469）、笑靥花（441）、珍珠花（442）、麻叶绣线菊（445）、菱叶绣线菊（448）、现代月季（497）、糯米条（593）、石榴（410）、紫珠（588）、紫玉兰（271）、胡枝子（390）、金银木（597）、木本绣球（610）、蝴蝶树（614）、接骨木（608）、无花果（422）、花椒（377）、枸橘（378）、醉鱼草（585）、小蜡（583）

**竹类：** 青皮竹（646）、慈竹（667）、粉单竹（648）、箬竹（642）、苦竹（664）、孝顺竹（643）、黄金间碧玉竹（650）、佛肚竹（649）

**藤本植物：** 叶子花（712）、麒麟尾（713）、中华常春藤（705）、洋常春藤（707）、络石（709）、南五味子（674）、地锦（694,695）、凌霄（671,672）、西番莲（717）、多花紫薇（678）、常春油麻藤（679）、鸡血藤（676）、炮仗花（669）、使君子（711）、三叶木通（691）、金银花（698）、扶芳藤（686）、薜荔（682）、猕猴桃（701）、爬行卫矛（684）

**草坪及地被植物：** 地毯草（102）、狗牙根（104）、假俭草（111）、细叶结缕草（107）、广东万年青（68）、葱兰（86）、沿阶草（75）、红花酢浆草（112）、吉祥草（67）、龟背竹（714）

## VII区代表城市海口

**常绿乔木及小乔木：**罗汉松（67）、竹柏（66）、南洋杉（2）、异叶南洋杉（3）、侧柏（35）、龙柏（42）、北美圆柏（47）、木莲（86）、酸豆树（115）、大叶桃花心木（98）、蝴蝶果（163）、火焰木（236）、白兰（84）、黄兰（85）、乐昌含笑（80）、香樟（138）、阴香（142）、白千层（213）、木荷（181）、木波罗（127）、蒲桃（211）、杧果（102）、扁桃（101）、橄榄（194）、柠檬桉（208）、银桦（199）、杜英（200）、萍婆（165）、铁刀木（114）、台湾相思（111）、南洋楹（112）、洋紫荆（405）、中国无忧花（116）、海南红豆（109）、木麻黄（234）、高山榕（123）、大叶榕（423）、大果榕（126）、垂叶榕（124）、铁冬青（170）、桃花心木（97）、龙眼（128）、荔枝（129）、石栗（163）、人面子（100）、鹅掌柴（216）、人心果（233）、羊蹄甲（404）、红花羊蹄甲（403）、桂花（184）、黑板树（220）、黄槿（203）、假槟榔（241）、鱼尾葵（245）、董棕（247）、椰子（248）、酒瓶椰子（259）、王棕（244）、油棕（257）、长叶刺葵（251）、皇后葵（243）、丝葵（260）、红刺露兜树（262）

**落叶乔木及小乔木：**水杉（73）、池杉（76）、落羽杉（77）、玉兰（272）、二乔玉兰（273）、大花紫薇（617）、榄仁（641）、梧桐（531）、爪哇木棉（621）、木棉（620）、楹树（380）、黄槐决明（134）、腊肠树（409）、凤凰木（407）、刺桐（383）、紫檀（382）、枫香（523）、垂柳（304）、朴树（331）、榔榆（325）、菩提树（125）、麻楝（342）、复羽叶栾树（426）、无患子（424）、红枫（362）、喜树（633）、蓝花楹（374）、三角枫（357）、紫叶李（466）、碧桃（478）

**常绿灌木：**千头柏（36）、苏铁（1）、夜合花（88）、含笑（83）、南天竹（119）、海桐（149）、油茶（179）、山茶花（174）、红千层（212）、桃金娘（214）、金丝桃（627）、扶桑（201）、吊灯扶桑（202）、红桑（158）、变叶木（159）、肖黄栌（157）、铁海棠（529）、一品红（160）、红背桂（161）、火棘（132）、石斑木（131）、华南黄杨（155）、九里香（106）、米仔兰（99）、八角金盘（215）、鹅掌藤（706）、云南黄馨（561）、茉莉（183）、夹竹桃（219）、大花栀子（225）、希茉莉（223）、龙船花（224）、六月雪（226）、珊瑚树（197）、福建茶（235）、夜香树（192）、驳骨丹（229）、黄钟花（238）、小蜡（山指甲）（583）、荷包花（592）、假连翘（195）、马缨丹（196）、红花檵木（150）、枸骨（169）、锦绣杜鹃（635）、朱蕉（262）、凤尾兰（263）、散尾葵（253）、美丽针葵（250）、棕竹（256）、三药槟榔（242）

**落叶灌木：**紫薇（616）、石榴（410）、木芙蓉（625）、木槿（626）、木本绣球（610）、现代月季（497）、金凤花（406）、双荚决明（113）

**竹类：**青皮竹（646）、佛肚竹（649）、凤尾竹（644）、黄金间碧玉竹（650）、粉单竹（648）、方竹（668）、龟甲竹（659）、孝顺竹（643）、紫竹（60）、毛竹（658）、茶秆竹（666）

**藤本植物：**叶子花（712）、猕猴桃（701）、使君子（711）、多花紫藤（678）、薜荔（682）、洋常春藤（707）、软枝黄蝉（708）、金银花（698）、凌霄（672）、蒜香藤（670）、炮仗花（669）、西番莲（717）、麒麟尾（713）、龟背竹（714）

**草坪及地被植物：**地毯草（102）、狗牙根（104）、假俭草（111）、细叶结缕草（107）、万年青（68）、阔叶麦冬（74）、石蒜（83）、葱兰（86）

## IX区代表城市兰州

**常绿乔木及小乔木：** 青海云杉（7）、油松（14）、青杆（8）、杜松（59）、西安桧（40）、白皮松（25）、华山松（26）、侧柏（35）

**落叶乔木及小乔木：** 箭杆杨（295）、钻天杨（297）、小叶杨（294）、白杨（291）、新疆杨（292）、青杨（2999）、山杨（303）、旱柳（305）、小叶朴（334）、春榆（330）、欧洲白榆（329）、榆（326）、白桦（321）、辽东栎（284）、栾树（425）、核桃（279）、青榨槭（356）、刺槐（392）、国槐（396）、白蜡（555）、山荆子（457）、海棠果（460）、沙枣（534）、火炬树（349）、臭椿（411）、暴马丁香（571）、文冠果（428）、山桃稠李（472）、花红（458）、甘肃山楂（454）

**常绿灌木：** 沙地柏（46）

**落叶灌木：** 香荚蒾（613）、水栒子（453）、金露梅（456）、珍珠梅（493）、黄刺玫（495）、榆叶梅（486）、东陵绣球（436）、毛樱桃（470）、鸡麻（492）、接骨木（608）、藏花忍冬（601）、鞑靼忍冬（600）、紫枝忍冬（598）、黄花忍冬（596）、锦带花（602）、红瑞木（533）、金银木（597）、紫丁香（568）、波斯丁香（572）、羽叶丁香（573）、毛叶丁香（574）、连翘（553）、雪柳（552）、牡丹（430）、荆条（590）、猬实（615）、沙棘（532）、黄栌（347）、盐肤木（348）、刺五加（541）、香茶藨子（435）、紫穗槐（384）、树锦鸡儿（386）、多花胡枝子（391）、太平花（439）、山梅花（438）、花椒（377）、柽柳（522）

**藤本植物：** 葡萄（696）、猕猴桃（702）、天木蓼（704）、

**草坪及地被植物：** 野牛草（103）、结缕草（106）、草地早熟禾（105）

## X代表城市乌鲁木齐

**常绿乔木及小乔木：** 樟子松（13）

**落叶乔木及小乔木：** 胡杨（301）、钻天杨（297）、箭杆杨（295）、新疆杨（292）、银白杨（291）、青杨（299）、白柳（310）、旱柳（305）、榆树（326）、圆冠榆（328）、欧洲大叶榆（329）、春榆（330）、黄檗（375）、桑（418）、文冠果（428）、水曲柳（558）、三刺皂荚（399）、刺槐（392）、国槐（396）、紫椴（514）、心叶椴（518）、茶条槭（350）、复叶槭（355）、五角枫（358）、平基槭（352）、沙枣（534）、山荆子（457）、暴马丁香（571）、海棠果（460）、山楂（455）

**常绿灌木：** 沙地柏（34）

**落叶灌木：** 鞑靼忍冬（600）、金银木（597）、细叶小檗（412）、紫丁香（568）、珍珠梅（493）、榆叶梅（486）、山梅花（438）、太平花（439）、连翘（553）、沙棘（532）、胡枝子（390）、金雀儿（387）、金露梅（456）、多花栒子（453）、玫瑰（502）、黄刺玫（495）、柽柳（522）

**藤本植物：** 猕猴桃（702）、南蛇藤（683）

**草地及地被植物：** 草地早熟禾（105）、羊茅（109）、匍匐剪股颖（101）、白颖苔草（108）、白三叶（99）

| 序号 | 中名 | 学名 | 科名 | 高度（m） | 适用地区 | 生态习性 | 生物学特性及观赏特性 | 园林用途 |
|---|---|---|---|---|---|---|---|---|
| 1 | 苏铁 | *Cycas revoluta* | 苏铁科 | 2 | 华南，西南（VII,VIII） | 中性，喜暖热湿润气候及酸性土 | 花黄褐色，7—8月，姿态优美 | 景园树 |
| 2 | 南洋杉 | *Araucaria cunninghamii* | 南洋杉科 | 20~30 | 华南（VII南部，VIII） | 阳性，喜暖热气候，不耐寒，喜肥，生长快 | 树冠狭圆锥形，姿态优美 | 风景树，行道树 |
| 3 | 异叶南洋杉 | *Araucaria heterophylla* | 南洋杉科 | 10~30 | 华南（VII南部，VIII） | 阳性，喜暖热气候，不耐寒，喜肥，生长快 | 树冠塔形 | 风景树，行道树 |
| 4 | 辽东冷杉 | *Abies holophylla* | 松科 | 30 | 东北东南部，华北（II，III） | 阴性，喜冷凉湿润气候，酸性土，耐寒 | 树冠圆锥形 | 风景林，庭阴树 |
| 5 | 臭冷杉 | *Abies nephrolepis* | 松科 | 30 | 东北及华北山地（II,III） | 阴性，喜冷湿环境及酸性土壤，浅根性 | 树冠尖塔形 | 风景林，用材林 |
| 6 | 日本冷杉 | *Abies firma* | 松科 | 30~40 | 华东，华中（IV-VI） | 阴性，喜冷凉湿润气候及酸性土 | 树冠圆锥形 | 风景林，用材林 |
| 7 | 青海云杉 | *Picea carassifolia* | 松科 | 23 | 西北（II,III,IX） | 中性，浅性根 | 树冠塔形 | 风景林，行道树，景园树 |
| 8 | 青杆 | *Picea wilsonii* | 松科 | 50 | 西北，华北，东北（II,III,IX） | 耐阴性强，喜凉爽湿润气候，适应力强，喜微酸性土壤 | 针叶灰蓝色，枝叶繁密 | 风景林，景园树 |
| 9 | 白杆 | *Picea meyeri* | 松科 | 30 | 华北，东北，山西，河南（II,III,IX） | 中性，耐阴，喜冷凉湿润气候，生长慢 | 树冠圆锥形，针叶粉蓝色 | 风景林，景园树 |
| 10 | 云杉 | *Picea asperata* | 松科 | 45 | 陕，甘，晋，宁，川北（IV-VI西部） | 中性，耐阴，喜冷凉湿润气候及排水性良好的酸性土壤，耐干冷，浅根性 | 冠圆锥形，叶灰绿色 | 园景树及风景树，用材林 |
| 11 | 红皮云杉 | *Picea koraiensis* | 松科 | 30 | 东北，华北（II,III） | 耐阴，耐干旱，耐寒，生长较快 | 树冠圆锥形 | 园景树 |
| 12 | 欧洲云杉 | *Picea abies* | 松科 | 36~60 | 华东（III-VI东部） | 喜温凉气候及深厚湿润的酸性土 | 针叶鲜绿色 | 园景树，常用作圣诞树和用于岩石园 |
| 13 | 樟子松 | *Pinus sylvestris* | 松科 | 30 | 东北，西北（I,II,IX,X） | 强阳性，耐寒，耐干旱耐瘠薄，深根性，抗风沙 | 针叶黄绿色 | 防护林，风景林 |
| 14 | 油松 | *Pinus tabulaeformis* | 松科 | 10~30 | 东北南部，华北，西北（III,IV,IX） | 强阳性，耐寒，耐干旱耐瘠薄，深根性 | 老年树冠伞形，树姿苍劲古雅，枝繁叶茂 | 庭阴树，风景林，防护林，行道树 |
| 15 | 红松 | *Pinus koraiensis* | 松科 | 40 | 东北地区（II,IX北部） | 弱阳性，喜冷凉湿润气候及酸性土 | 针叶蓝绿色 | 庭阴树，风景林，行道树 |

| 序号 | 中名 | 学名 | 科名 | 高度（m） | 适用地区 | 生态习性 | 生物学特性及观赏特性 | 园林用途 |
|---|---|---|---|---|---|---|---|---|
| 16 | 黑松 | *Pinus thunbergii* | 松科 | 30~40 | 华东沿海地区（III,IV,V的东部） | 强阳性，抗海潮风，宜生长海滨，耐盐碱 | 树冠广卵形 | 庭阴树，防潮林，行道树 |
| 17 | 锦松 | *Pinus thunbergii* 'Corticosa' | 松科 | 10~20 | 华东（VI） | 强阳性，抗海潮风，宜生长海滨 | 枝干上木栓质树皮特别发达，形态奇特 | 盆景 |
| 18 | 赤松 | *Pinus densiflora* | 松科 | 20~40 | 华东及北部沿海地区（III,IV,V的东部） | 强阳性，耐寒，要求海岸气候，深根性，抗风力强 | 针叶细软较短，暗绿色 | 庭阴树，风景林，园景树，行道树 |
| 19 | 平头赤松 | *Pinus densiflora* 'Umbraculifera' | 松科 | 3~4 | 华东地区(III,IV,V的东部） | 阳性，喜温暖气候，生长慢 | 树冠伞形，丛生打灌木状 | 庭植园景树 |
| 20 | 偃松 | *Pinus pumila* | 松科 | 1~6 | 东北（I,II） | 阴性，喜阴湿 | 丛生，大枝伏卧状 | 地被，常用于岩石园 |
| 21 | 海岸松 | *Pinus pinaster* | 松科 | 30 | 华东地区(V,VI) | 阳性，长势旺盛 | | 风景林 |
| 22 | 乔松 | *Pinus griffithii* | 松科 | 70 | 华北，滇西北，藏西南（III,XI） | 弱阳性，耐寒，喜温暖湿润气候 | 针叶灰绿色，细柔下垂 | 庭阴树，风景林 |
| 23 | 刚松 | *Pinus rigida* | 松科 | 25 | 华东(III–V东部) | 喜温暖湿润气候 | 针叶暗绿色 | 园景树 |
| 24 | 五针松 | *Pinus parviflora* | 松科 | 30 | 长江中下游地区（V,IV东部） | 中性，较耐阴，不耐寒，生长慢 | 针叶细短，蓝绿色 | 庭阴树，风景林 |
| 25 | 白皮松 | *Pinus bungeana* | 松科 | 10~30 | 华北，西北，长江流域(III–V,IX) | 阳性，适应干冷气候，抗污染力强，不耐积水 | 老干树皮成粉白色，树冠开阔 | 庭阴树，风景林 |
| 26 | 华山松 | *Pinus armandi* | 松科 | 10~30 | 西南，华西，华北（III–V,IX） | 弱阳性，喜温暖湿润气候，浅根性，不耐碱土，怕涝 | 针叶灰绿色 | 园景树，庭阴树 |
| 27 | 马尾松 | *Pinus massoniana* | 松科 | 40 | 长江流域及其以南地区（V–VII） | 强阳性，喜温暖湿润气候，宜酸性土，忌水涝和盐碱，耐瘠薄，深根性，生长快 | 针叶细软 | 风景林，用材林 |
| 28 | 湿地松 | *Pinus elliottii* | 松科 | 25~35 | 长江流域至华南（V–VII） | 强阳性，喜温暖湿润气候，较耐水湿和碱土，不耐旱，抗风力较强 | | 风景林，用材林 |
| 29 | 加勒比松 | *Pinus caribaea* | 松科 | 25~35 | 华南（VII,VIII） | 强阳性，喜温暖气候，较耐水湿和碱土，不耐旱，抗风力较强，生长快 | | 风景林，用材林 |
| 30 | 雪松 | *Cedrus deodara* | 松科 | 8~25 | 华北至长江流域（III–VI） | 弱阳性，喜温和凉润气候，耐寒性不强，抗污染力弱，不耐水湿，浅根性 | 树冠幼年圆锥形，姿态优美，树干挺直，老枝铺散，小枝稍下垂 | 庭阴树，风景林 |

| 序号 | 中名 | 学名 | 科名 | 高度（m） | 适用地区 | 生态习性 | 生物学特性及观赏特性 | 园林用途 |
|---|---|---|---|---|---|---|---|---|
| 31 | 柳杉 | *Cryptomeria fortunei* | 杉科 | 40 | 长江流域及其以南地区（V-VII） | 中性，喜温湿气候及酸性土，浅根性，侧根发达，生长快 | 树冠圆锥形，树姿态优美，绿叶婆娑 | 庭阴树 |
| 32 | 杉木 | *Cunninghamia lanceolata* | 杉科 | 30~35 | 长江中下游至华南（V-VII） | 中性，喜温湿气候及酸性土，速生 | 树冠圆锥形 | 造林树种 |
| 33 | 日本金松 | *Sciadopitys verticillata* | 杉科 | 40 | 华东（IV-VI 东部） | 喜阴，喜深厚，肥沃排水良好的土壤，耐寒，生长慢 | 树冠圆锥形 | 庭院观赏 |
| 34 | 日本花柏 | *Chamaecyparis pisifera* | 柏科 | 50 | 长江流域（VI） | 中性，喜凉爽湿润气候，较耐阴 | 树冠尖塔形 | 庭院观赏 |
| 35 | 侧柏 | *Platycladus orientalis* | 柏科 | 20 | 华北，西北至华南（III-IX） | 阳性，耐寒，耐干旱瘠薄，扛污染能力强，耐修剪 | 幼时树冠圆锥形，庭阴树 | 庭阴树，防护林，绿篱 |
| 36 | 千头柏 | *Platycladus orientalis Sieboldii* | 柏科 | 3~5 | 华北，西北至华南（III-VII） | 阳性 | 树冠紧密，近球形 | 庭院观赏 |
| 37 | 圆柏（桧柏） | *Sabina chinensis* | 柏科 | 20 | 东北南部，华北至华南（III-VIII） | 阳性，幼树梢耐阴，耐干旱瘠薄，耐寒，稍耐湿，耐修剪，防尘隔音效果好 | 幼年树冠狭圆锥形 | 庭阴树，防护林，行道树，绿篱 |
| 38 | 偃柏 | *Sabinachinensisvar. sargentii* | 柏科 | 0.6~0.8 | 东北（II） | 阳性，耐寒，耐瘠薄 | 匍匐灌木，大枝铺地生，小枝上升成密丛状，针叶蓝绿色 | 地被，常用于岩石园 |
| 39 | 鹿角柏 | *Sabina chinensis 'Pfitzeriana'* | 柏科 | 3~5 | 华北至长江流域（III-VII） | 阳性，耐寒 | 丛生状，干向四周斜展，针叶灰绿色 | 庭院观赏 |
| 40 | 西安桧 | *Sabina chinensis 'Xian'* | 柏科 | 15 | 东北至华中（III,V） | 阳性，耐寒，忌水涝 | 树势粗壮，叶色鲜绿 | 行道树，园景树 |
| 41 | 丹东桧 | *Sabina chinensis 'Dandong'* | 柏科 | 10 | 东北（II,III 北部） | 阳性，耐寒，耐修剪 | 树冠圆柱尖塔形，圆锥形，侧枝生长势强，冬季叶色深绿 | 用作造型树，绿篱 |
| 42 | 龙柏 | *Sabina chinensis 'Kaizuca'* | 柏科 | 8 | 华北南部至长江流域（IV-VII） | 阳性，耐寒性不强，抗有害气体，滞尘能力强，耐修剪 | 树冠圆柱形似龙形，侧枝稍有螺旋体 | 庭阴树，园景树 |
| 43 | 塔柏 | *Sabina chinensis 'Pyramidalis'* | 柏科 | 8~15 | 华北及长江流域（III-VI） | 阳性，耐寒，耐修剪，通常全为刺枝 | 树冠圆柱状窄塔形 | 行道树，园景树 |
| 44 | 垂枝圆柏 | *Sabina chinensis f.pendula* | 柏科 | 8~15 | 陕西西南，甘肃东南（IV 西部，IX 南部） | 阳性 | 小枝细长下垂 | 园景树 |
| 45 | 铺地柏 | *Sabina procumbens* | 柏科 | 0.75 | 华北至长江流域（III-VI） | 阳性，耐寒，耐干旱，生长较慢 | 匍匐灌木 | 岩石园，地被，盆景 |

| 序号 | 中名 | 学名 | 科名 | 高度（m） | 适用地区 | 生态习性 | 生物学特性及观赏特性 | 园林用途 |
|---|---|---|---|---|---|---|---|---|
| 46 | 沙地柏（新疆圆柏） | *Sabina vulgalis* | 柏科 | 0.8 | 西北，内蒙古，华北（III,IV,IX） | 阳性，耐寒，极耐干旱，生长迅速 | 匍匐状灌木，枝斜上 | 地被 |
| 47 | 铅笔柏（北美圆柏） | *Sabina virginiana* | 柏科 | 20~30 | 华东（VI–VII） | 阳性，适应性强，抗污染 | 树冠狭圆锥形 | 园景树，行道树 |
| 48 | 香柏 | *Sabina sino-alpina* | 柏科 | 2~3 | 我国西部（IX,X） | 阴性，耐寒，喜湿润气候 | 匍匐状灌木 | 盆景，常用于岩石园 |
| 49 | 翠柏 | *Sabina squamata* 'Meyeri' | 柏科 | 1~3 | 黄河流域至长江流域（IV–VI） | 喜光，喜石灰质肥沃土壤，怕涝 | 针叶蓝绿色 | 庭植观赏 |
| 50 | 长白侧柏 | *Thuja koraiensis* | 柏科 | 2~10 | 东北（II） | 喜阴凉，耐潮湿，耐修剪 | 树冠圆锥形 | 绿篱，常用于岩石园 |
| 51 | 柏木 | *Cupressus funebris* | 柏科 | 35 | 长江以南地区（VI,VII） | 中性，喜温暖多雨气候及钙质土，耐干旱瘠薄，稍耐水湿，浅根性 | 枝叶浓密，树姿优美 | 庭植观赏 |
| 52 | 西藏柏 | *Cupressus torulosa* | 柏科 | 45 | 西南，藏东南（XI） | 阳性，耐瘠薄，生长快 | | 庭植观赏 |
| 53 | 福建柏 | *Fokienia hodginsii* | 柏科 | 20 | 华中，华南，西南（VI,VII） | 有数喜隐蔽，喜温暖湿润气候，喜光，耐寒，略耐干旱 | 树姿雄伟，鳞叶紧密，蓝白相间 | 风景树 |
| 54 | 日本扁柏 | *Chamaecyparis obtusa* | 柏科 | 10~20 | 长江流域（V,VI） | 中性，不耐寒，喜凉爽湿润气候，浅根性 | 树冠尖塔形 | 庭植观赏 |
| 55 | 云片柏 | *Chamaecyparis obtuse* 'Breviramea' | 柏科 | 5 | 长江流域（V,VI） | 中性，不耐寒，喜凉爽湿润气候 | 树冠窄塔形，小枝片先端圆钝，片片如云 | 庭植观赏 |
| 56 | 孔雀柏 | *Chamaecypanis obtuse* 'Tetragona' | 柏科 | 3 | 华东（IV–VII东部） | 中性，不耐寒，喜凉爽湿润气候 | 灌木 | 庭植观赏 |
| 57 | 凤尾柏 | *Chamaecyparis obtusa* 'Filicoides' | 柏科 | 3 | 华东（IV–VII东部） | 中性，不耐寒，喜凉爽湿润气候 | 灌木，小枝外形颇似凤尾蕨 | 庭植观赏 |
| 58 | 刺柏 | *Juniperus formosana* | 柏科 | 12 | 长江流域至西南（VI,VII） | 中性偏阴，喜温暖多雨气候及钙质土 | 树冠狭圆锥形，小枝柔软下垂 | 园景树，用材林 |
| 59 | 杜松 | *Juniperus rigida* | 柏科 | 10 | 东北，西北，华北（II,III,IX） | 阳性，耐寒，耐干旱瘠薄，抗海潮风，生长慢 | 树冠狭圆锥形 | 绿篱，庭院观赏 |
| 60 | 天山圆柏 | *Juniperus semiglobosa* | 柏科 | 4 | 东北，西北（II,X中部） | 适应性强，喜湿润气候 | 匍匐状灌木 | 地被，岩石园 |

| 序号 | 中名 | 学名 | 科名 | 高度（m） | 适用地区 | 生态习性 | 生物学特性及观赏特性 | 园林用途 |
|---|---|---|---|---|---|---|---|---|
| 61 | 东北红豆杉（紫杉） | *Taxus cuspidata* | 红豆杉科 | 20 | 辽宁东部，吉林（II） | 阴性，喜冷凉湿润气候，浅根性，怕涝，忌盐碱 | 树冠广卵形，圆形，叶深绿色，种紫红色，假种皮肉质，浓红色 | 庭阴树 |
| 62 | 矮紫杉 | *Taxus cuspidata* 'Nana' | 红豆杉科 | 2 | 华北，东北（II,III） | 阴性，耐寒，耐修剪，怕涝 | 半球状密丛灌木 | 绿篱，庭植观赏 |
| 63 | 南方红豆杉 | *Taxus mairei* | 红豆杉科 | 16 | 长江流域以南各省（VI-VIII） | 银杏，喜温暖湿润气候及酸性土，生长慢 | | 庭阴树，用材林 |
| 64 | 红豆杉 | *Taxus chinensis* | 红豆杉科 | 30 | 我国中部及西部（IV-VI 西部） | 银杏，喜温暖湿润气候及酸性土，生长慢 | | 庭阴树，用材林 |
| 65 | 香榧 | *Torreya grandis .Merrilli* | 红豆杉科 | 20~25 | 长江以南至闽北（VI） | 阴性，不耐寒，喜酸性土，抗烟尘 | 小枝下垂，叶深绿色 | 庭阴树 |
| 66 | 竹柏 | *Podocarpus nagi* | 罗汉松科 | 10~15 | 华东，华南（VI-VIII） | 喜半阴，喜温暖湿润气候，抗大气污染 | 广椭圆形他装树冠，干皮红褐色，光滑 | 园景树，庭阴树，行道树 |
| 67 | 罗汉松 | *Podocarpus macrophyllus* | 罗汉松科 | 10~20 | 长江以南各地（VI,VII） | 半阴性，喜温暖湿润气候，不耐寒 | 树形优美，种子卵圆形，熟时紫红色，观果观叶 | 庭阴树，绿篱 |
| 68 | 小叶罗汉松 | *Podocarpus macrophyllus var. maki* | 罗汉松科 | 20 | 长江以南各地（VI,VII） | 半阴性，喜温暖湿润气候，不耐寒 | 树形优美，种子卵圆形，熟时紫红色，观果观叶，叶较小 | 庭植，盆景 |
| 69 | 三尖杉 | *Cephalotaxus fortunei* | 三尖杉科 | 20 | 中部至南部，西南部（V-VII） | 阴性 | 树冠开展，多分枝 | 庭阴树 |
| 70 | 粗榧 | *Cephalotaxus sinensis* | 三尖杉科 | 2~6 | 长江流域及其以南各省（V-VII） | 耐阴性强，喜温暖湿润气候，耐修剪 | 树冠广圆锥形 | 庭阴树，绿篱 |
| 71 | 兴安落叶松 | *Larix gmelini* | 杉科 | 35 | 东北（I，II） | 强阳性，喜温凉湿润气候，叫耐湿，适应性强不耐海潮，忌大风 | 树冠幼年成塔状，老鼠则较开阔 | 庭阴树，风景林 |
| 72 | 黄花落叶松 | *Larix olgensis* | 杉科 | 40 | 东北（III） | 喜光，耐寒性，喜湿润，适应性强，有一定的耐旱耐水湿能力 | 树姿优美 | 庭阴树，风景林 |
| 73 | 水杉 | *Metasequoia glyptostroboides* | 杉科 | 40 | 华北南部至长江流域（IV-VI） | 阳性，喜温暖，较耐寒，耐水湿 | 树冠狭圆锥形 | 庭阴树，防护林，水边绿化 |
| 74 | 水松 | *Glyptostrobus pensilis* | 杉科 | 8~10 | 华南，西南（VII,VIII） | 阳性，喜暖热多雨气候，酸性土，耐水湿 | 树冠狭圆锥形，树姿优美 | 庭阴树，护堤树，水边湿地绿化 |
| 75 | 金钱松 | *Pesudolarix amabilis* | 杉科 | 40 | 长江流域（VI,VII） | 阳性，喜温暖多雨气候及酸性土，深根性，抗风 | 树冠圆锥形，叶态秀丽，秋叶金黄 | 庭阴树，行道树 |

| 序号 | 中名 | 学名 | 科名 | 高度（m） | 适用地区 | 生态习性 | 生物学特性及观赏特性 | 园林用途 |
|---|---|---|---|---|---|---|---|---|
| 76 | 池杉 | *Taxodium ascendens* | 杉科 | 25 | 长江流域及其以南地区（V-VII） | 阳性，喜温暖，极耐水湿，不耐碱性 | 树冠狭圆锥形，秋叶鲜褐色 | 庭阴树，水边绿化树 |
| 77 | 落羽杉 | *Taxodium distichum* | 杉科 | 50 | 长江流域及其以南地区（V-VII） | 阳性，喜温暖，耐水湿 | 树冠狭圆锥形，观秋色叶 | 庭阴树，水边岸树 |
| 78 | 墨杉 | *Taxodium mucronatum* | 杉科 | 50 | 长江流域（VI） | 喜温暖，耐水湿，耐碱土 | 树冠狭圆锥形 | 水边，河湾绿化树种 |
| 79 | 乐东拟单性木兰 | *Parakmeria lotungensis* | 木兰科 | 30 | 我国东南部至西南部（VI） | 阳性，喜温暖至高温多湿气候，生长迅速，抗污染 | 花白色，顶生，花期夏季。方向，种子红色 | 风景树，行道树，木本花卉 |
| 80 | 乐昌含笑 | *Michelia chapensis* | 木兰科 | 10~20 | 华中至华南（VI,VII） | 阳性，喜温暖湿润气候，生长迅速，适应性强，耐旱，怕涝 | 树冠圆锥塔形，花白色，芳香，夏季开花 | 庭阴树 |
| 81 | 火力楠（醉香含笑） | *Michelia macclurei* | 木兰科 | 20~30 | 华南（VI,VII） | 阳性，喜温暖湿润气候及酸性土，耐寒，抗旱，抗污染，忌积水，速生 | 树冠圆伞形，花白色，繁密，芳香，3-4月 | 庭阴树，风景树，行道树 |
| 82 | 深山含笑 | *Michelia maudiae* | 木兰科 | 20 | 中国南部（VI,VII） | 阳性，喜暖湿气候，适应性强，怕涝 | 花白色，2-3月，芳香 | 庭阴树 |
| 83 | 含笑 | *Michelia figo* | 木兰科 | 2~3 | 长江以南地区（VI,VIII） | 中性，喜温暖湿润那气候及酸性土 | 花淡紫色，浓香，4-5月 | 庭植，盆栽 |
| 84 | 白兰花 | *Michelia alba* | 木兰科 | 17 | 华南（VII,VIII） | 阳性，喜暖热，喜酸性土，不抗污染，怕涝 | 花白色，具浓香，5-9月 | 庭阴树，行道树 |
| 85 | 黄兰 | *Michelia champaca* | 木兰科 | 10 | 藏东南，西南，华南（VI南部-VIII) | 阳性，喜暖热，喜酸性土，不耐碱土 | 花橙黄色，浓香，花期夏季 | 庭阴树，行道树 |
| 86 | 木莲 | *Manglietia fordiana* | 木兰科 | 20 | 中国东部至西南（VI南部-VIII） | 阳性，幼树耐阴，喜暖湿气候及酸性土，畏干热 | 树阴浓密，花色洁白，5月开花，聚合果红褐色 | 园景树 |
| 87 | 山玉兰（优昙花） | *Magnolia delavayi* | 木兰科 | 6~12 | 西南（VI,VII,西部） | 阳性，稍耐阴，耐干旱，忌水湿，生长慢 | 花奶油白色，微香，4-6月 | 庭阴树 |
| 88 | 夜合花 | *Magnolia coco* | 木兰科 | 2~4 | 华南（VII,VIII） | 喜半阴，喜暖湿气候，较耐干旱瘠薄，抗污染 | 花下垂，白色，浓香，夜间尤甚，夏至秋季开花 | 香花植物，庭植观赏 |
| 89 | 广玉兰 | *Magnolia grandiflora* | 木兰科 | 30 | 长江流域及其以南地区（V-VII） | 弱阳性，喜温暖湿润气候，抗污染，不耐碱土 | 树冠圆锥形，花大，白色，芳香，6-7月 | 园景树，行道树，庭阴树 |
| 90 | 石栎 | *Lithocarpus glabra* | 山毛榉科 | 15~20 | 我国东南部（VI-VII） | 喜光，稍耐阴，耐干旱瘠薄 | 枝叶茂密 | 庭阴树 |

| 序号 | 中名 | 学名 | 科名 | 高度（m） | 适用地区 | 生态习性 | 生物学特性及观赏特性 | 园林用途 |
|---|---|---|---|---|---|---|---|---|
| 91 | 苦槠 | *Castanopsis sclerophylla* | 山毛榉科 | 15~20 | 长江以南地区（Ⅵ–Ⅶ） | 中性，喜温暖气候，抗有毒气体，深根性，寿命长，防火 | 枝叶茂密 | 风景林，防护林 |
| 92 | 米槠（小红栲） | *Castanopsis carlesii* | 山毛榉科 | 20 | 东南沿海至华中，华南（Ⅵ–Ⅶ） | | 叶背浅褐色或浅灰色 | 风景林 |
| 93 | 丝栗栲（栲树） | *Castanopsis fargesii* | 山毛榉科 | 30 | 长江以南地区（Ⅴ–Ⅶ） | 耐阴，喜湿润肥沃土壤 | 树形美丽 | 风景林，庭阴树，孤赏树 |
| 94 | 钩栗 | *Castanopsis tibetana* | 山毛榉科 | 30 | 长江以南地区（Ⅵ–Ⅶ） | 中性偏阴，喜温暖湿润气候，抗污染 | 树冠浑厚，叶大阴浓 | 风景林，防护林，孤赏林 |
| 95 | 青冈栎 | *Cyciobalanopsis glauca* | 山毛榉科 | 10 | 长江以南地区（Ⅵ–Ⅶ） | 中性，喜温暖湿润气候，萌芽力强，耐修剪 | 枝叶茂密，树姿优美 | 风景林，园景树 |
| 96 | 杨梅 | *Myrica rubra* | 杨梅科 | 12~15 | 长江以南地区（Ⅵ，Ⅶ） | 耐阴，喜温暖湿润气候和酸性土，怕烈日直射，深根性，抗有害气体 | 树冠圆整，红果可食 | 园路树，庭阴树 |
| 97 | 桃花心木 | *Swietenia mahagoni* | 楝科 | 10~20 | 华南（Ⅶ,Ⅷ） | 阳性，喜高温多湿气候，适应性强，抗风，抗大气污染，生长慢 | 枝叶茂密，树形美观 | 庭阴树，行道树 |
| 98 | 大叶桃花心木 | *Swietenia macrohylla* | 楝科 | 25 | 华南（Ⅶ,Ⅷ） | 阳性，喜高温多湿气候，适应性强，抗风，抗大气污染，生长速度中等 | 树皮淡红褐色，枝叶茂密，树形美观 | 庭阴树，行道树 |
| 99 | 米仔兰 | *Aglaia odorata* | 楝科 | 4~7 | 华南，西南南部（Ⅵ南部—Ⅷ） | 弱阳性，喜温暖湿润气候，抗大气污染 | 花小而多，黄色，浓香，花期夏秋 | 香花植物 |
| 100 | 人面子 | *Draecontomelon duperreanum* | 漆树科 | 10~25 | 华南（Ⅶ,Ⅷ） | 阳性，喜温暖湿润气候，适应性颇强，耐寒，抗风，抗大气污染 | 树冠伞形，叶色翠绿 | 风景树，行道树 |
| 101 | 扁桃 | *Mangifera sylvatica* | 漆树科 | 10~20 | 华南，云南南部（Ⅶ,Ⅷ） | 阳性，喜温暖，抗 SO2 | 树干挺直，树冠茂密，球形或卵形 | 庭阴树，行道树 |
| 102 | 杧果 | *Mangifera indica* | 漆树科 | 10~20 | 华南，福建，台湾（Ⅶ,Ⅷ） | 阳性，抗污染，耐海水 | 树冠球形，枝叶茂密 | 庭阴树，行道树 |
| 103 | 柚 | *Citrus grandis* | 芸香科 | 5~10 | 华南（Ⅶ,Ⅷ） | 喜光 | 花白色，果黄色，果大皮厚 | 果树 |
| 104 | 柑橘 | *Citrus reticulata* | 芸香科 | 3~5 | 长江以南各省（Ⅵ,Ⅶ） | 阳性，喜排水良好的土壤，抗性强 | 花白，有香气，果橙红或橙黄，大而美丽 | 庭阴树，果可食 |
| 105 | 橙 | *Citrus sinensis* | 芸香科 | 3~5 | 长江以南各省（Ⅵ,Ⅶ） | 喜光 | 花白色，果橙黄色 | 果树 |

| 序号 | 中名 | 学名 | 科名 | 高度（m） | 适用地区 | 生态习性 | 生物学特性及观赏特性 | 园林用途 |
|---|---|---|---|---|---|---|---|---|
| 106 | 九里香 | *Murraya paniculata* | 芸香科 | 3~4 | 华南，西南（VI,VII,VIII） | 喜光，耐半阴，喜温暖湿润气候，抗大气污染 | 花白色，芳香，夏至秋季开花，冬季果树，橙红色 | 庭植观赏，绿篱 |
| 107 | 金橘（金弹） | *Fortunella margarita* | 芸香科 | 3 | 浙江（VI） | 阳性 | 花白色，6月，芳香，果倒卵形，橙黄色或黄绿色，11月成熟 | 庭植观赏，果树 |
| 108 | 第伦桃（五桠果） | *Dillenia indica* | 五桠果科 | 5~10 | 云南，广西（VIII） | 喜光，耐半阴，喜高温湿润气候，抗风，怕涝 | 树冠浓密，花白色，花期夏季，果绿色 | 风景林，园路树，果实可招引鸟类 |
| 109 | 海南红豆 | *Ormosia pinnata* | 蝶形花科 | 10~15 | 华南（VII,VIII） | 喜光，耐半阴，喜高温湿润气候，适应性强，抗大气污染，抗风，速生 | 树冠圆伞形，圆锥花序黄白色略带粉红，秋季开花，荚果念珠状，熟时黄色 | 风景树，行道树 |
| 110 | 花榈木 | *Ormosia henryi* | 蝶形花科 | 13 | 长江以南地区（VI,VII） | 阳性 | 树冠圆球形，树皮青灰色黄花，花黄白色，6-7月，荚果扁平，种子鲜红色 | 庭阴树 |
| 111 | 台湾相思 | *Acacia richii* | 含羞草科 | 16 | 华南，台湾（VII,VIII） | 阳性，喜暖热气候，耐干旱，抗风 | 花黄色，4-6月，微香 | 庭阴树，行道树，水土保持林 |
| 112 | 南洋楹 | *Albizia falcataria* | 含羞草科 | 10~20 | 华南（VIII） | 强阳性，喜高温多湿气候，不耐干旱，速生 | 树冠广阔，花淡黄白色，春末夏初开花 | 风景树，绿阴树 |
| 113 | 双荚决明（金边黄槐） | *Cassia bicapsularis* | 苏木科 | 1.5~3 | 华南（VIII） | 喜光及高温湿润气候，喜肥 | 花鲜黄色，全年可开花 | 丛植，绿篱 |
| 114 | 铁刀木 | *Cassia siamea* | 苏木科 | 20 | 华南及滇南（VII,VIII） | 阳性，喜暖热气候，耐干旱瘠薄，忌积水，抗风，耐修剪 | 树冠广阔，花黄色，9-12月，芳香 | 风景树，庭阴树 |
| 115 | 罗望子（酸豆） | *Tamarindus indica* | 苏木科 | 20 | 云南及两广南部（VIII） | 阳性 | 花淡绿色，5-6月 | 庭阴树，果可食 |
| 116 | 火焰花（中国无忧花） | *Saraca dives* | 苏木科 | 5~20 | 云南及两广南部（VII,VIII） | 阳性，喜排水良好的肥沃土壤 | 树冠椭圆状伞形，花序大，花橘红色，花季夏季 | 风景树 |
| 117 | 阔叶十大功劳 | *Mahonia bealei* | 小檗科 | 3~4 | 长江流域及其以南地区（V–VIII） | 耐阴，喜温暖湿润气候 | 花黄色，3-4月。果暗蓝色，9-10月 | 庭植，绿篱 |
| 118 | 十大功劳 | *Mahonia fortunei* | 小檗科 | 2 | 长江流域及其以南地区（V–VIII） | 耐阴，喜温暖湿润气候 | 花黄色，7-8月，叶形秀丽，果黑色 | 庭植，绿篱 |
| 119 | 南天竹 | *Nandiana domestica* | 南天竹科 | 2 | 长江流域及其以南地区（V–VIII） | 中性，喜温暖湿润气候，是石灰岩钙质土指示植物 | 花白5-7月，9-10月果红色，枝叶秀丽，冬季叶变红 | 庭植 |

| 序号 | 中名 | 学名 | 科名 | 高度（m） | 适用地区 | 生态习性 | 生物学特性及观赏特性 | 园林用途 |
|---|---|---|---|---|---|---|---|---|
| 120 | 榕树（细叶榕） | *Ficus microcapa* | 桑科 | 20~25 | 华南（VII,VIII） | 阳性，喜暖湿多雨气候及酸性土，耐湿，耐贫瘠，抗风，抗大气污染，耐修剪 | 树冠大而圆整，有大量粗壮气根插入土中，形成独木成林的景观 | 庭阴树，行道树 |
| 121 | 金叶榕 | *Ficus microcapa* 'Golden Leaves' | 桑科 | 1~3 | 华南（VII,VIII） | 阳性，喜暖热多雨气候及酸性土，耐湿，耐贫瘠，抗大气污染，耐修剪 | 叶金黄色，常修剪成灌木状 | 修建造型，绿篱色带 |
| 122 | 高山榕 | *Ficus altissima* | 桑科 | 30 | 华南（VII,VIII） | 阳性，喜高温多湿气候，耐干旱瘠薄，抗风，抗大气污染 | | 庭阴树，行道树，风景树 |
| 123 | 印度橡胶榕 | *Ficus elastica* | 桑科 | 20~45 | 华南（VIII） | 中性，宜肥沃湿润土壤，喜酸性土 | | 庭阴树 |
| 124 | 垂叶榕 | *Ficus benjamina* | 桑科 | 10 | 华南（VII,VIII） | 阳性，喜高温多湿气候，耐湿，耐贫瘠，抗风耐潮，抗大气污染，耐修剪 | 枝条下垂，隐头花序球形，成熟时淡红色或黄色 | 庭阴树，风景树 |
| 125 | 菩提树（思维树） | *Ficus religiosa* | 桑科 | 20 | 华南（VIII） | 阳性，喜温暖至高温湿润气候，抗风，抗大气污染。速生 | 树冠广阔，叶形别致 | 庭阴树，寺庙常用 |
| 126 | 大果榕（象耳榕） | *Ficus auriculata* | 桑科 | 3~10 | 华南（VII,VIII） | 阳性，喜高温湿润气候，不抗风，抗大气污染 | 树冠呈圆伞形，叶色浓绿碧亮 | 庭阴树，行道树 |
| 127 | 木波罗（波罗蜜） | *Artocarpus heterophyllus* | 桑科 | 8~15 | 华南（VIII） | 阳性，喜高温多湿气候，抗风，抗大气污染 | 树冠伞形或圆锥形，叶色浓绿，亮泽，大型聚花果黄色，老干结果 | 风景树，行道树，果树 |
| 128 | 龙眼 | *Dimocarpus longan* | 无患子科 | 10~20 | 华南（VII,VIII） | 中性，喜温暖湿润气候，寿命长 | 树冠广阔，树姿壮观 | 庭阴树，风景树 |
| 129 | 荔枝 | *Litchi chinensis* | 无患子科 | 8~20 | 华南（VIII） | 喜光，喜温暖湿润气候，抗风，抗大气污染，寿命长 | 树冠广阔 | 庭阴树，风景树 |
| 130 | 石楠 | *Photinia serrulata* | 蔷薇科 | 4~6 | 华东、中南、西南（IV-VI） | 弱阳性，喜温暖湿润，耐干旱瘠薄，不耐水湿，抗污染 | 树冠球形，枝叶浓密，嫩叶红色，花白色，5-7月秋冬红果 | 庭阴树，绿篱 |
| 131 | 石斑木 | *Raphiolepis indica* | 蔷薇科 | 1~4 | 华东、华南至西南（VI-VIII） | 中性，喜半阴，喜温暖湿润气候，耐干旱瘠薄，喜酸性土壤 | 花白色，中心淡红色或橙红色，4月。梨果球形，紫黑色，7-8月成熟 | 庭植观赏 |
| 132 | 火棘 | *Pyracantha fortuneana* | 蔷薇科 | 3 | 华东、华中、西南（VI-VIII） | 阳性，喜温暖气候，不耐寒，耐修剪 | 春白花，秋冬红果 | 基础种植、丛植、花篱 |
| 133 | 狭叶火棘 | *Pyracantha angustifolia* | 蔷薇科 | 6 | 鄂、川、滇、藏（VI-VII） | 阳性，喜温暖气候，不耐寒，耐修剪 | 花白色，5-6月，果砖红色，9-10月 | 庭植观赏 |

| 序号 | 中名 | 学名 | 科名 | 高度（m） | 适用地区 | 生态习性 | 生物学特性及观赏特性 | 园林用途 |
|------|------|------|------|----------|----------|----------|----------------------|----------|
| 134 | 枇杷 | *Eriobotrya japonica* | 蔷薇科 | 10 | 华中至华南（Ⅵ,Ⅶ） | 弱阳性，喜温暖湿润，喜酸性土壤或中型土，不耐寒 | 叶大阴浓，初夏黄果 | 庭植观赏，果树 |
| 135 | 大叶黄杨 | *Euonymus japonicus* | 卫矛科 | 0.5~8 | 华北至华南、西南（Ⅲ–Ⅶ） | 中性，喜温湿气候，抗有毒气体 | 枝叶紧密，叶面深绿有光泽 | 观叶植物，绿篱，基础种植 |
| 136 | 金心黄杨 | *Euonymus japonicus cv.Aureo-pictus* | 卫矛科 | 0.5~2 | 长江流域（Ⅴ、Ⅵ） | 中性，喜温湿气候 | 叶中脉附近金黄色，有时叶柄及枝端叶也为金黄色 | 观叶植物 |
| 137 | 金边黄杨 | *Euonymus japonicus cv.Aureo-marginatus* | 卫矛科 | 0.5~2 | 长江流域（Ⅴ、Ⅵ） | 中性，喜温湿气候 | 叶边缘金黄色 | 观叶植物 |
| 138 | 香樟 | *Cinnamomum camphora* | 樟科 | 30 | 长江流域至珠江流域（Ⅵ、Ⅶ） | 弱阳性，喜温暖湿润，较耐水湿，抗污染，深根性，抗海潮风 | 树冠卵圆形，叶色翠绿，可挥发出樟脑香味 | 庭阴树、行道树、风景林 |
| 139 | 黄樟（大叶樟） | *Cinnamomum porrectum* | 樟科 | 20~25 | 长江以南（Ⅵ–Ⅷ） | 喜温暖湿润气候及酸性土，喜光，幼树耐阴，生长快，萌芽性强 | | 庭阴树 |
| 140 | 天竺桂（浙江樟） | *Cinnamomum japonica* | 樟科 | 20~25 | 中国东南部（Ⅵ） | 喜光，幼树耐阴，喜暖湿气候及酸性土，怕涝，抗污染，生长较快 | 树姿高大，树干直，树冠圆整，枝叶茂密 | 庭阴树、风景树 |
| 141 | 肉桂 | *Cinnamomum cassia* | 樟科 | 15~25 | 华南（Ⅶ、Ⅷ） | 耐阴，喜温暖多雨气候及肥沃湿润的酸性土，深根性，抗风力强，生长慢 | 树形整齐 | 庭阴树 |
| 142 | 阴香 | *Cinnamomum burmanii* | 樟科 | 15~25 | 华南（Ⅶ、Ⅷ） | 较喜光，喜暖热，湿润气候及肥沃土壤，抗风，抗大气污染 | 树冠浓密，夏秋萌发的新叶呈淡红色。花绿白色，芳香，春季至夏初开花，浆果卵形，秋季成熟时橙黄色 | 庭阴树、行道树、风景林 |
| 143 | 紫楠 | *Phoebe sheareri* | 樟科 | 15~20 | 长江以南及西南地区（Ⅵ–Ⅶ） | 阴性，喜温暖湿润气候及较阴湿的环境，深根性，生长慢 | 树形端正，叶大阴浓 | 庭阴树、风景树 |
| 144 | 楠木（桢楠） | *Phoebe zhenna* | 樟科 | 35 | 中国西南部（Ⅵ、Ⅶ） | 喜光，喜暖湿气候及酸性土，深根性，生长慢，寿命长 | 干直 | 庭阴树、园景树 |
| 145 | 月桂 | *Laurus nobilis* | 樟科 | 12 | 南部（Ⅵ、Ⅶ） | 喜光，稍耐阴，喜暖湿气候，耐干旱，不择土壤 | 树冠圆整，花黄色，春季开花 | 庭阴树 |
| 146 | 红楠 | *Machilus thunbergii* | 樟科 | 20 | 长江以南地区（Ⅵ、Ⅶ） | 弱阳性，喜温暖湿润气候，耐盐，抗海潮风，生长快，寿命长 | | 风景林、庭阴树、防风林 |
| 147 | 大叶楠（华东楠） | *Machilus leptophylla* | 樟科 | 28 | 华东、华东（Ⅵ、Ⅶ） | 弱阳性，喜温暖湿润气候，生长较快 | 叶大阴浓 | 风景林、庭阴树 |

| 序号 | 中名 | 学名 | 科名 | 高度（m） | 适用地区 | 生态习性 | 生物学特性及观赏特性 | 园林用途 |
|------|------|------|------|----------|----------|----------|----------------------|----------|
| 148 | 香叶树 | *Lindera communis* | 樟科 | 13 | 华中、华南、西南（V–VII） | 耐阴，喜温暖气候，耐干旱瘠薄，喜酸性土壤，耐修剪 | 果球形，熟时深红色 | 庭阴树，园景树 |
| 149 | 海桐 | *Pittosporum tobira* | 海桐科 | 2~6 | 东南沿海及其以南地区（IV–VIII） | 中性，喜温暖湿润气候，不耐寒，抗海潮风及 $SO_2$，对土壤要求不严 | 白花芳香，5月，叶革质，萌芽力强，耐修剪 | 绿篱、庭植观赏 |
| 150 | 檵木 | *Loropetalum tobira* | 金缕梅科 | 10 | 华东、华南及西南（VI–VIII） | 阳性，稍耐阴，喜温暖气候及酸性土壤，耐寒 | 花黄白色，4–5月，有红花檵木变种，花叶均为紫红色 | 庭植观赏、绿篱 |
| 151 | 蚊母 | *Distylium racemosum* | 金缕梅科 | 16 | 长江中下游至东南部（V、VI） | 阳性，喜暖热气候，抗有毒气体 | 花紫红色，3–4月，抗污染树种 | 庭植观赏 |
| 152 | 马蹄荷（合掌木） | *Exbucklandia populnea* | 金缕梅科 | 20 | 西南（VI西部） | 耐阴，喜暖湿气候 | | 用材树、庭阴树 |
| 153 | 小叶黄杨 | *Buxus microphylla* | 黄杨科 | 0.5~1 | 长江流域以及以南各省（V–VII） | 中性，耐寒性弱，抗污染 | 枝叶紧密 | 庭植观赏、绿篱 |
| 154 | 朝鲜黄杨 | *Buxus microphylla var.koreana* | 黄杨科 | 0.6 | 东北南部至华中（III、IV） | 中性，耐寒性强 | 冬季叶多变紫褐色 | 庭植观赏、绿篱 |
| 155 | 华南黄杨 | *Buxus harlandii* | 黄杨科 | 1~9 | 华南（VII、VIII） | 弱阳性，耐修剪，较耐寒，抗污染 | 枝叶细密 | 绿篱，庭植观赏 |
| 156 | 黄杨 | *Buxus sinica* | 黄杨科 | 1~7 | 华北至华南，西南（III–VII） | 中性，生长慢，耐修剪，抗污染 | 树冠圆形，枝叶细密 | 庭植观赏、绿篱 |
| 157 | 肖黄栌（紫锦木） | *Euphorbia cotinifolia* | 大戟科 | 2~3 | 华南（VIII） | 弱阳性，喜温暖湿润气候，耐瘠薄 | 茎及叶片均呈红色，花淡黄色，春夏秋三季开花 | 彩叶植物 |
| 158 | 红桑 | *Acalypha wikesiana* | 大戟科 | 1~2 | 华南（VII、VIII） | 阳性，喜暖湿气候，耐干旱，忌水湿，生长快 | 叶红色或红色带紫斑 | 观叶植物 |
| 159 | 变叶木 | *Codiaeum variegatum* | 大戟科 | 1~2 | 华南（VII、VIII） | 阳性，喜高温多湿气候，生活力强 | 叶色丰富，品种繁多 | 观叶植物、绿篱 |
| 160 | 一品红 | *Euphorbia pulcherrima* | 大戟科 | 1~4 | 华南（VII、VIII） | 阳性，不耐旱，喜温暖 | 冬季顶生小叶鲜红色 | 庭植、盆栽、冬季观花灌木 |
| 161 | 红背桂 | *Excoecaria cochinchinensis* | 大戟科 | 1~2 | 华南（VII、VIII） | 半阴性，喜温暖 | 叶面绿色，叶背紫红色 | 庭植、林带下木、绿篱 |
| 162 | 蝴蝶果 | *Cleidiocarpon cavaleriei* | 大戟科 | 10~30 | 西南至华南（VII、VIII） | 阳性，喜温暖多湿气候，耐寒，抗风力较差 | 枝叶浓密，树姿挺拔 | 庭阴树、风景树 |

| 序号 | 中名 | 学名 | 科名 | 高度（m） | 适用地区 | 生态习性 | 生物学特性及观赏特性 | 园林用途 |
|------|------|------|------|-----------|----------|----------|----------------------|----------|
| 163 | 石栗 | *Aleurites moluccana* | 大戟科 | 15 | 华南（VIII） | 喜光，喜温热气候及排水良好的沙壤土，深根性，速生，抗风，耐寒 | 树冠近似圆锥形塔形，春末夏初发出大量灰白色新叶 | 行道树、风景树、庭阴树 |
| 164 | 交让木 | *Daphniphyllum macropodum* | 虎皮楠科 | 20 | 长江流域以南（VI、VII） | 中性，偏阴，喜暖湿气候 | 新发叶集生枝端，老叶在新叶长出后齐落 | 庭阴树 |
| 165 | 苹婆（凤眼果） | *Sterculia nobilis* | 梧桐科 | 10~20 | 华南（VII、VIII） | 强阳性，喜高温湿润气候，适应性强，抗风，耐瘠薄，不耐寒 | 树冠浓密，叶色终年碧绿，蓇葖果鲜红色 | 风景树、庭阴树 |
| 166 | 胡颓子 | *Elaeagnus pungens* | 胡颓子科 | 3~4 | 长江流域及其以南各省（V-VII） | 弱阳性，喜温暖，耐干旱，水湿，抗污染，耐修剪 | 花银白，芬芳，10~11月，红果5月，叶背银白色 | 庭植，果可食 |
| 167 | 日本桃叶珊瑚 | *Aucuba japonica* | 山茱萸科 | 5 | 华南（VI、VII） | 阴性，喜温暖湿润，不耐寒 | 花紫色，果鲜红色 | 观叶、观果、庭植 |
| 168 | 洒金珊瑚 | *Aucuba japonica* 'Variegata' | 山茱萸科 | 2 | 华南（VII） | 阴性，喜温暖湿润，不耐寒 | 叶面有黄色斑点，果鲜红色 | 观叶、观果、庭植 |
| 169 | 枸骨 | *Ilex cornuta* | 冬青科 | 2~4 | 长江中下游各省（V-VIII） | 弱阳性，耐寒，耐修剪，抗有毒气体，生长慢 | 叶革质，深绿而有光泽，果球形，亮红色 | 岩石园、庭植、刺篱 |
| 170 | 铁冬青 | *Ilex rotunda* | 冬青科 | 5~15 | 长江流域及其以南地区（V-VIII） | 中性，喜温暖湿润气候，耐干旱瘠薄，抗大气污染 | 冬季绿叶红果 | 行道树、风景林、观果树 |
| 171 | 冬青 | *Ilex purpurea* | 冬青科 | 13~20 | 长江流域以南地区（VI、VII） | 中性，喜温暖湿润气候及肥沃的酸性土，耐修剪，生长慢 | 绿叶常青，红果终冬不落 | 庭阴树、绿篱 |
| 172 | 苦丁茶（大叶冬青） | *Ilex latifolia* | 冬青科 | 20 | 长江下游至华南（VI-VIII） | 耐阴 | 春花黄绿色，果红色，秋季成熟，嫩叶可代茶 | 庭阴树 |
| 173 | 龟甲冬青（豆瓣冬青） | *Ilex crenata .Convexa* | 冬青科 | 1 | 长江下游至华南（VI-VIII） | 耐阴 | 矮灌木，叶小而密，花白色，果球形，黑色 | 盆景、庭植观赏 |
| 174 | 山茶花 | *Camellia japonica* | 山茶科 | 6~9 | 长江流域及其以南地区（IV东部-VIII） | 喜半阴，喜温湿气候及酸性土壤，抗污染 | 花白、粉、红，冬季及次年春季开花 | 庭植观赏、盆栽 |
| 175 | 茶梅 | *Camellia sasanqua* | 山茶科 | 3~13 | 长江以南地区（VI-VIII） | 喜半阴，喜温湿气候及酸性土壤，较耐水湿，抗大气污染 | 花白、粉红、红或杂色，有香气，单瓣或重瓣，11月-翌年1月开花 | 庭植观赏、盆栽、花篱 |
| 176 | 金花茶 | *Camellia chrysantha* | 山茶科 | 2~5 | 华南（VIII） | 喜光，耐半阴，喜高温多湿气候，忌阳光直射 | 花金黄色，12月-翌年2月开花 | 茶花育种重要亲本，庭植观赏 |

| 序号 | 中名 | 学名 | 科名 | 高度（m） | 适用地区 | 生态习性 | 生物学特性及观赏特性 | 园林用途 |
|---|---|---|---|---|---|---|---|---|
| 177 | 茶（大叶茶） | *Camellia sinensis* | 山茶科 | 5 | 长江以南地区（V–VII） | 耐阴，喜暖湿气候及酸性土壤 | 花白色9–10月，嫩叶为饮料 | 经济作物 |
| 178 | 云南山茶 | *Camellia reticulata* | 山茶科 | 15 | 长江流域及其以南地区，主产云南（VI西部） | 喜侧方庇阴，喜温暖湿润气候，要求酸性土壤，生长缓慢，寿命长 | 花淡红至深紫，花期12月–翌年4月 | 庭植观赏 |
| 179 | 油茶 | *Camellia oleifera* | 山茶科 | 7 | 长江流域以南、华东（V–VIII） | 阳性，喜温暖湿润气候及肥沃排水良好的酸性土壤 | 花白，10–12月 | 庭植观赏、片植、花篱 |
| 180 | 红花油茶 | *Camellia chekiangoleosa* | 山茶科 | 3~7 | 长江流域下游及其以南地区（VI–VIII） | 阳性，喜温暖湿润气候及肥沃排水良好的酸性土壤 | 花红色，10–12月 | 庭植观赏、片植、花篱 |
| 181 | 木荷 | *Schima superba* | 山茶科 | 10~30 | 长江流域以南地区（VI–VIII） | 喜光，耐阴，喜暖湿气候及酸性土，速生，抗风，抗污染，可防火 | 花白色，夏初开花，秋叶及新发叶红叶可观 | 庭阴树、观赏树 |
| 182 | 厚皮香 | *Ternstroemia gymnanthera* | 山茶科 | 3~8 | 中国南部及西南部（VI、VII） | 较耐阴 | 花小，淡黄色，浓香 | 庭植观赏 |
| 183 | 茉莉 | *Jasminum sambac* | 木犀科 | 1~3 | 华南（VI南部–VIII） | 阳性，稍耐阴，喜酸性土 | 花白色，芳香，春至秋季开花 | 庭植观赏、丛植 |
| 184 | 桂花 | *Osmanthus fragrans* | 木犀科 | 12 | 长江流域及其以南地区（V–VII） | 弱阳性，喜温暖湿润气候，怕旱 | 花黄、白色、浓香，花期9月，正值仲秋，香飘数里 | 庭阴树、风景林 |
| 185 | 四季桂 | *Osmanthus fragrans* 'Semperflorens' | 木犀科 | 12 | 长江流域及其以南地区（V–VII） | 弱阳性，喜温暖湿润气候 | 花黄白色，5–9月陆续开花，仍以秋季为主 | 庭植观赏 |
| 186 | 银桂 | *Osmanthus fragrans* 'Latifolius' | 木犀科 | 12 | 长江流域及其以南地区（V–VII） | 弱阳性，喜温暖湿润气候 | 花近白色或黄白色，香味较金桂淡 | 庭植观赏 |
| 187 | 金桂 | *Osmanthus fragrans* 'Thubergii' | 木犀科 | 12 | 长江流域及其以南地区（V–VII） | 弱阳性，喜温暖湿润气候 | 花黄色至深黄色，香气浓郁 | 庭植观赏 |
| 188 | 丹桂 | *Osmanthus fragrans* 'Aurantiacus' | 木犀科 | 12 | 长江流域及其以南地区（V–VII） | 弱阳性，喜温暖湿润气候 | 花桔红色或橙黄色，香味弱 | 庭植观赏 |
| 189 | 刺桂 | *Osmanthus heterophyllus* | 木犀科 | 6 | 长江流域及其以南地区（IV–VII） | 弱阳性，喜温暖湿润气候，稍耐寒，生长慢 | 花白色，甜香，10月 | 庭植观赏 |
| 190 | 女贞 | *Ligustrum lucidum* | 木犀科 | 5~15 | 长江流域及其以南地区（IV–VII） | 弱阳性，喜温暖湿润，耐修剪，抗污染 | 花白色，6–7月，果蓝黑色 | 行道树、绿篱 |
| 191 | 油橄榄 | *Olea europaea* | 木犀科 | 6.5 | 长江流域及汉中地区（V、VI） | 喜光，喜温暖，喜石灰质土壤，稍耐旱，怕涝 | 叶银灰色，花小白色，芳香 | 庭阴树 |

| 序号 | 中名 | 学名 | 科名 | 高度（m） | 适用地区 | 生态习性 | 生物学特性及观赏特性 | 园林用途 |
|---|---|---|---|---|---|---|---|---|
| 192 | 黄花夜香树 | *Cestrum aurantiacum* | 茄科 | 2~3 | 华南（VII、VIII） | 阳性，耐半阴，喜温暖湿润气候 | 花期春末至秋，花冠淡黄色，白天闭合，夜间绽开，具浓香 | 庭植观赏 |
| 193 | 二色茉莉 | *Brunfelsia acuminata* | 茄科 | 1 | 华南（VII、VIII） | 阴性，喜温暖湿润气候，不耐瘠薄，积水 | 花初开时蓝紫色，后变淡蓝色或白色。花期春季至秋季，芳香 | 丛植 |
| 194 | 橄榄 | *Canarium album* | 橄榄科 | 10~20 | 我国东南部至西南（VII、VIII） | 喜光，耐半阴，喜温暖湿润气候，耐干旱，抗风力强 | 花白色，芳香，花期夏季，果冬季成熟，成熟时黄绿色 | 庭阴树、行道树、风景树 |
| 195 | 假连翘 | *Duranta repens* | 马鞭草科 | 4.5 | 华南（VII、VIII） | 喜光，耐半阴，喜温暖湿润气候，耐修剪 | 常绿蔓性灌木，花蓝紫色，花期夏、秋、冬三季，边开花边结果，核果成熟后黄色，有光泽 | 绿篱 |
| 196 | 五色梅（马缨丹） | *Lantana camara* | 马鞭子科 | 1~2 | 华南（VII、VIII） | 喜光，喜温暖湿润气候，耐干旱，适应性强，生长迅速 | 花初开时黄色，渐变为粉紫色，盛花期夏季 | 绿篱、地被、矮墙和栏杆的垂直绿化 |
| 197 | 珊瑚树（法国冬青） | *Viburnum awabuki* | 忍冬科 | 6~10 | 长江流域及其以南地区（V-VII） | 中性，喜温暖，抗烟尘，耐修剪，防火 | 白花，6月，红果9~10月 | 高篱、防护树种 |
| 198 | 华南珊瑚树（早禾树） | *Viburnum odoratissimum* | 忍冬科 | 10 | 华南（VII、VIII） | 中性，喜暖湿，抗污染，防火 | 白花，5~6月，芳香，核果，由红变黑，果熟9~10月 | 高篱、防护树种 |
| 199 | 银桦 | *Grevillea robusta* | 山龙眼科 | 25 | 华南、西南（VI-VIII） | 阳性，喜温暖，怕炎热，不耐寒，生长快，喜酸性土壤 | 干直冠大，花橙黄色，初夏开花 | 行道树 |
| 200 | 杜英 | *Elaeocarpus sylvestris* | 杜英科 | 26 | 长江以南地区（VI-VIII） | 中性，喜暖湿气候及酸性土，耐修剪，对$SO_2$抗性强 | 花黄白色，花期7月，绿叶中常存少量鲜红老叶 | 园景树、庭阴树 |
| 201 | 扶桑 | *Hibiscus rosasinensis* | 锦葵科 | 6 | 华南（VII、VIII） | 阳性，稍耐阴，喜暖热湿润气候 | 花色有白、黄、红、粉，夏秋开花 | 庭植观赏、花篱 |
| 202 | 灯笼花（吊灯扶桑） | *Hibiscus schizopetalus* | 锦葵科 | 1~3 | 华南（VII,VIII） | 喜光，喜温暖至高温暖气候，耐干旱，抗大气污染 | 花淡红色，花期长，花姿似悬垂的风铃 | 木本花卉，庭植观赏 |
| 203 | 黄槿 | *Hibiscus tiliaceus* | 锦葵科 | 3~7 | 华南（VII,VIII） | 喜光，喜温暖湿润气候，耐寒，耐干旱瘠薄，耐盐，抗风及大气污染 | 树冠圆伞形，花黄色，夏至秋季开花 | 行道树，园景树，海岸防护林 |
| 204 | 瑞香 | *Daphne odora* | 瑞香科 | 1.5~2 | 长江流域（VI） | 阴性，喜排水良好的酸性土，不耐移植 | 花白色或染淡紫红色，芳香，花期3~4月 | 庭植观赏 |
| 205 | 赤楠 | *Syzygium buxifolium* | 桃金娘科 | 0.5~5 | 长江以南地地区山地（VI,VII） | 阳性，生长慢 | 小乔木状灌木 | 庭植观赏 |

149

| 序号 | 中名 | 学名 | 科名 | 高度(m) | 适用地区 | 生态习性 | 生物学特性及观赏特性 | 园林用途 |
|---|---|---|---|---|---|---|---|---|
| 206 | 香桃木 | *Myrtus communis* | 桃金娘科 | 1~3 | 华东（VI） | 喜光，也耐阴，耐修剪 | 叶密生，常绿而芳香，花白色或略带紫色，芳香，花期5月，浆果扁球形，10月熟，紫褐色 | 庭植观赏，绿篱 |
| 207 | 大叶桉 | *Eucalyptus robusta* | 桃金娘科 | 30 | 华南，西南（VII,VIII） | 阳性，喜暖热气候，生长快 | 树冠圆形，叶深绿 | 行道树，庭阴树，防护林 |
| 208 | 柠檬桉 | *Eucalyptus citriodora* | 桃金娘科 | 40 | 华南，西南（VII,VIII） | 阳性，喜暖热气候，生长快 | 树皮平滑，通常灰白色树干洁净，树姿优美，枝叶具浓郁的柠檬香味 | 风景林，行道树 |
| 209 | 赤桉 | *Eucalyptus camaldulensis* | 桃金娘科 | 50 | 华南，云南（VII,VIII） | 生长快，适应性强，耐高温，干旱，稍耐碱 | 小枝红色，细长下垂，干皮暗灰色或灰白色 | 庭阴树，行道树 |
| 210 | 蓝桉 | *Eucalyptus globulus* | 桃金娘科 | 35~60 | 西南高原（VI,VII西部） | 阳性，适应性强，生长快，耐湿热性较差，抗污染 | 叶蓝绿色，常被白粉 | 行道树，造林树种 |
| 211 | 蒲桃 | *Syzygium jambos* | 桃金娘科 | 10 | 华南（VII,VIII） | 阳性，喜温热气候，喜水湿，抗风力强，喜肥 | 树冠广阔，叶色浓绿，花白色，春夏开花 | 庭阴树，固堤防风树种 |
| 212 | 红千层 | *Callistemon rigidus* | 桃金娘科 | 1~3 | 华南（VII,VIII） | 阳性，喜高温高湿气候，耐修剪，抗大气污染，移栽不宜成活 | 夏秋开花，花序似试管刷，红色，艳丽 | 观花灌木 |
| 213 | 白千层 | *Melaleuca leucadendron* | 桃金娘科 | 15 | 华南（VII,VIII） | 阳性，喜高温多湿气候，抗风抗大气污染，不耐旱 | 树冠椭圆状圆锥形，叶具腺点，香气浓郁，树皮白色，呈薄层状剥落 | 行道树，防护林 |
| 214 | 桃金娘 | *Rhodomyrtus tomentosa* | 桃金娘科 | 1~2 | 东部至西南部（VI–VIII） | 阳性，喜温暖至高温湿润气候，耐干旱瘠薄，喜酸性土 | 花初开是淡紫红色，渐变为粉红色至白色，夏初开花，果熟时紫黑色 | 观花，观果灌木 |
| 215 | 八角金盘 | *Fatsia japonica* | 五加科 | 1~5 | 长江以南地区（VI–VIII） | 耐阴，要求土壤排水良好 | 花序较大，花乳白色，夏秋开花 | 观叶植物，林带下木 |
| 216 | 鹅掌柴 | *Schefflera octophylla* | 五加科 | 5~10 | 西南至东南（VI–VIII） | 喜光，耐半阴，喜深厚肥沃的酸性土，生长快抗风 | 花白色，芳香，秋冬开花 | 观叶植物，风景树 |
| 217 | 比利时杜鹃（洋杜鹃） | *Rhododendron indicum* | 杜鹃花科 | 0.5 | 华南（VIII） | 中性，喜酸性土 | 矮小灌木，花有玫瑰红、粉红、橙红、白等色彩 | 庭园观赏 |
| 218 | 云锦杜鹃 | *Rhododendron fortunei* | 杜鹃花科 | 3~4 | 华东（VI） | 喜温暖湿润气候及酸性土壤 | 花大，淡玫瑰色或红色，芳香，5月开花 | 庭园观赏，丛植 |
| 219 | 夹竹桃 | *Nerium indicum* | 夹竹桃科 | 5 | 长江以南地区（VI–VIII） | 喜光，喜温暖湿润气候，抗污染 | 原种花粉红色，有白花、重瓣栽培品种，夏季开花，花有香气 | 庭园观赏，丛植 |

| 序号 | 中名 | 学名 | 科名 | 高度（m） | 适用地区 | 生态习性 | 生物学特性及观赏特性 | 园林用途 |
|---|---|---|---|---|---|---|---|---|
| 220 | 黑板树（糖胶树） | *Alstonia scholaris* | 夹竹桃科 | 10 | 华南（VII、VIII） | 喜光，喜高温多湿气候，生活力强，抗风，抗大气污染 | 树冠近椭圆形，分枝逐级轮生，夏季开黄白色花，蓇葖果细线形 | 行道树，庭阴树 |
| 221 | 小花黄婵 | *Allamanda schottii* | 夹竹桃科 | 1~2 | 华南（VIII） | 喜光，喜高温多湿气候，不择土壤 | 夏至秋季开黄色花 | 木本花卉，庭植 |
| 222 | 盆架树（盆架子） | *Winchia calophylla* | 夹竹桃科 | 20~30 | 华南（VIII） | 喜光，喜高温多湿气候，抗风 | 花白色，4-7月开花 | 行道树 |
| 223 | 希茉莉 | *Hamelia patens* | 茜草科 | 1~2 | 华南（VII、VIII） | 喜光，喜高温多湿气候 | 花橙红色，春末至秋季 | 木本花卉，丛植，花篱 |
| 224 | 龙船花 | *Ixora chinensis* | 茜草科 | 1~2 | 华南（VII、VIII） | 喜光，喜高温多湿气候和排水良好的沙壤 | 花橙红色或鲜红色，春至秋季开花 | 本本花卉，丛植 |
| 225 | 栀子花 | *Gardenia jasminoides* | 茜草科 | 1.8 | 长江流域及其以南各地（VI-VIII） | 中性，喜温暖湿润气候及酸性土 | 花白色，浓香，花期6-8月 | 庭植，花篱 |
| 226 | 六月雪 | *Serissa japonica* | 茜草科 | 1 | 长江以南地区（VI-VIII） | 阳性，耐半阴，喜温暖阴湿环境，萌芽力强，耐修剪 | 花白或淡紫色，花期夏季 | 盆景，花篱，下木 |
| 227 | 玉叶金花 | *Mussaenda pubescens* | 茜草科 | 1 | 我国东南部至西南部（VI-VIII） | 喜光，喜高温多湿气候，怕涝 | 藤状灌木，花淡黄色，叶状萼片白色，8-10月开花 | 庭植 |
| 228 | 金脉爵床 | *Sanchezia nobilis* | 爵床科 | 1 | 珠江三角洲地区（VIII） | 半阴性，喜高温多湿气候，忌强光直射 | 花期春夏秋三季，黄色，枝红色，叶脉鲜黄色或乳白色 | 观叶植物 |
| 229 | 驳骨丹 | *Gendarussa vulgaris* | 爵床科 | 1 | 华南（VII、VIII） | 喜光，耐半阴，喜温暖湿润气候，耐寒，耐干旱，耐修剪 | | 绿篱 |
| 230 | 红苞花 | *Oldontonema stricum* | 爵床科 | 1 | 华南（VIII） | 喜光，喜高温多湿气候，性强健，耐干旱，耐水湿 | 花红色，夏至冬季开花，叶色鲜绿亮泽 | 庭植观赏 |
| 231 | 旅人蕉 | *Ravenala madagascariensis* | 旅人蕉科 | 5~6 | 华南（VII、VIII） | 阳性 | 花白色，叶似芭蕉 | 庭植观赏 |
| 232 | 福树 | *Garcinia subelliptica* | 藤黄科 | 5~20 | 华南（VIII） | 喜光，喜高温湿润气候，性强健，抗风，抗盐碱，防噪音，寿命长 | 树冠圆锥形，叶色终年碧绿 | 风景树，行道树，园景树 |
| 233 | 人心果 | *Manilkara zapota* | 山榄科 | 5~10 | 华南（VII、VIII） | 喜光，喜高温湿润气候，耐瘠薄，耐盐碱 | 花白色，浆果卵状心形，夏至秋季边开花边结果 | 风景树，园景树 |

| 序号 | 中名 | 学名 | 科名 | 高度（m） | 适用地区 | 生态习性 | 生物学特性及观赏特性 | 园林用途 |
|---|---|---|---|---|---|---|---|---|
| 234 | 木麻黄 | *Casuarina equisetifolia* | 木麻黄科 | 10~20 | 华南（VII、VIII） | 阳性，喜暖热气候，耐干旱瘠薄及盐碱土，抗风，抗污染 | 小绿色细长下垂，叶呈枝鳞片状，灰绿色 | 防护林 |
| 235 | 福建茶 | *Carmona microphylla* | 紫草科 | 1~3 | 华南（VII、VIII） | 阳性，耐半阴，喜温暖湿润气候，耐瘠薄，生长迅速，耐修剪 | 叶革质，浓绿色，白花，细小，春至秋开花不断，核果球形，成熟时变红色 | 绿篱，盆景造型植物 |
| 236 | 火焰木 | *Spathodea campanulata* | 紫葳科 | 10~20 | 华南（VIII） | 喜光，喜高温湿润气候 | 花橙红色，全年可开花，花大 | 园景树，木本花卉 |
| 237 | 吊瓜树 | *Kigelia africana* | 紫葳科 | 20 | 华南（VIII） | 喜光，喜温暖湿润气候，速生，耐粗放管理 | 树冠圆伞形，春夏开花，紫红色花序自老枝上垂下，圆柱形浆果秋季成熟，悬于树上经久不落 | 风景树，行道树 |
| 238 | 黄钟花 | *Stenolobium stans* | 紫葳科 | 5~10 | 华南（VIII） | 喜光，怕涝 | 分枝茂密，花鲜黄色，夏秋两季开花，蒴果长条形 | 园景树，木本花卉 |
| 239 | 棕榈 | *Trachycarpus fortunei* | 棕榈科 | 2.5~5 | 长江流域及其以南地区（VI、VII） | 中性，喜温暖湿润气候，抗有毒气体，不抗风 | 干直，叶如扇 | 风景树，庭阴树 |
| 240 | 蒲葵 | *Livistona chinese* | 棕榈科 | 10~20 | 华南（VII、VIII） | 中性，西高温多湿的气候，抗有毒气体，抗风 | 树冠伞形，叶大扇形 | 行道树，风景树 |
| 241 | 假槟榔 | *Archontophoeni x alexandra* | 棕榈科 | 20 | 华南（VII、VIII） | 阳性，喜暖热气候，不耐寒 | 树形优美 | 风景树，行道树 |
| 242 | 三药槟榔 | *Areca triandra* | 棕榈科 | 2~3.5 | 华南（VIII） | 阴性，喜温暖湿润背风环境，喜疏松排水良好地土壤 | 茎干似翠竹，雄花有香气，叶色青绿 | 庭植观赏 |
| 243 | 皇后葵（金山葵） | *Syagrus romenzoffianum* | 棕榈科 | 10~15 | 华南（VII,VIII） | 阳性，喜暖热气候，不耐寒 | 树形优美 | 行道树 |
| 244 | 王棕（大王椰子） | *Roystongea regia* | 棕榈科 | 20 | 华南（VII,VIII） | 阳性，喜暖热气候，不耐寒 | 树形优美 | 行道树 |
| 245 | 鱼尾葵 | *Caryota ochlandra* | 棕榈科 | 20 | 华南（VII,VIII） | 阳性，喜温暖湿润，根系浅，不耐干旱 | 花色鲜黄 | 庭阴树 |
| 246 | 短穗鱼尾葵 | *Caryota mitis* | 棕榈科 | 5~9 | 华南（VII,VIII） | 耐阴，喜温湿，生长迅速 | 株形婆娑多姿，枝叶繁茂 | 丛植，园景树 |
| 247 | 董棕 | *Caryota urens* | 棕榈科 | 10~20 | 滇南、华南（VIII） | 阳性，喜温湿气候 | 茎干粗大挺直，叶片巨大，状如孔雀尾羽，核果熟时深红色 | 行道树，庭阴树 |

| 序号 | 中名 | 学名 | 科名 | 高度（m） | 适用地区 | 生态习性 | 生物学特性及观赏特性 | 园林用途 |
|---|---|---|---|---|---|---|---|---|
| 248 | 椰子 | *Cocos nucifera* | 棕榈科 | 15~35 | 海南（VIII） | 阳性 | 热带风光树种 | 风景树，海岸防护林 |
| 249 | 刺葵 | *Phoenix hanceana* | 棕榈科 | 1~3 | 华南、西南（VII、VIII） | 阳性 | | 观叶植物 |
| 250 | 美丽刺葵（软叶刺葵） | *Phoenix robelenii* | 棕榈科 | 1~3 | 华南（VII、VIII） | 中性，喜高温多湿气候，耐干旱瘠薄 | 姿态纤细柔美 | 行道树，园景树，风景林 |
| 251 | 长叶刺葵（加那利海枣） | *Phoenix canariensis* | 棕榈科 | 10~15 | 华南（VII、VIII） | 阳性，喜高温多湿气候 | 树干粗壮，高达雄伟，羽叶密而伸展，形成密集的羽状树冠 | 行道树 |
| 252 | 海枣（伊拉克蜜枣） | *Phoenix dactylifera* | 棕榈科 | 20~25 | 广东、海南（VII、VIII） | 阳性 | | 果可食，行道树 |
| 253 | 散尾葵 | *Chrysalidocarpus lutesccens* | 棕榈科 | 7~8 | 华南（VII、VIII） | 耐阴性强，喜温暖湿润气候 | | 观叶植物，庭植观赏 |
| 254 | 袖珍椰子 | *Chamaedorea elegans* | 棕榈科 | 1~3 | 华南（VIII） | 喜温湿半阴环境，耐阴性强 | 矮灌木，花小，鲜橙色，3–4月开花，果球形，橙红色 | 室内观叶 |
| 255 | 矮棕竹 | *Rhapis humilis* | 棕榈科 | 2~3 | 华南、西南（VII、VIII） | 阴性，喜湿润的酸性土 | 植株挺拔，叶半圆形，裂片软垂 | 观叶植物 |
| 256 | 观音竹（筋头竹，棕竹） | *Rhapis excelsa* | 棕榈科 | 2.5~3 | 华南、西南（VII、VIII） | 喜温暖阴湿通风良好的环境 | 植株挺拔，叶形清秀 | 观叶植物 |
| 257 | 油棕 | *Elaeis guineensis* | 棕榈科 | 10 | 海南（VIII） | 喜光，喜高温多雨气候 | 植株高大 | 行道树，园景树 |
| 258 | 棍棒椰子 | *Hyophore verchaffeltii* | 棕榈科 | 5~9 | 海南（VIII） | 喜光，喜高温多雨气候 | 茎干形似棍棒 | 园景树 |
| 259 | 酒瓶椰子 | *Hyophore lagenicaulis* | 棕榈科 | 1~3 | 海南（VIII） | 中性，喜高温多雨气候，怕霜冻 | 茎干形似酒瓶 | 园景树 |
| 260 | 丝葵（老人葵） | *Washingtonia filifera* | 棕榈科 | 20 | 华南（VII、VIII） | 阳性，喜温暖湿润的气候 | 其干枯的叶子下垂，覆盖于茎干，叶片间一缕缕白丝状纤维，似老翁白发 | 行道树，庭阴树 |
| 261 | 桄榔（砂糖椰子） | *Arenga pinnata* | 棕榈科 | 12 | 华南、西南（VII、VIII） | 喜温暖湿润的热带气候，不耐寒，幼苗需遮阴和保温 | 株型高大，叶片巨大 | 行道树，庭阴树 |

| 序号 | 中名 | 学名 | 科名 | 高度（m） | 适用地区 | 生态习性 | 生物学特性及观赏特性 | 园林用途 |
|---|---|---|---|---|---|---|---|---|
| 262 | 红刺露兜树 | *Pandanus utilis* | 露兜树科 | 3~5（20） | 华南（VII、VIII） | 喜光，稍耐阴，喜高温多湿气候 | 叶多而密，图案般的层叠有序，酷似一座螺旋形的阶梯，支柱根群向四周生出 | 观叶植物 |
| 263 | 凤尾兰 | *Yucca glorioca* | 龙舌兰科 | 2.5 | 华北南部至华南（VI、VII） | 阳性，有一定耐寒性，喜温湿气候，抗污染 | 圆锥花序，花乳白色，下垂，6月、10月两次开花 | 庭植观赏 |
| 264 | 丝兰 | *Yucca filamentosa* | 龙舌兰科 | 1~2 | 华北南部至华南（VI、VII） | 阳性，喜温湿气候 | 花黄白色，6–7月 | 庭植观赏 |
| 265 | 朱蕉 | *Cordyline fruticosa* | 龙舌兰科 | 3 | 华南（VII、VIII） | 强阳性，喜温暖至高温湿润气候，怕涝 | 植株清秀，叶色艳丽 | 观叶植物 |
| 266 | 银杏 | *Ginkgo biloba* | 银杏科 | 40 | 沈阳以南、华北至华南（III–VII） | 阳性，耐寒，深根，不耐积水，抗多种有毒气体 | 树干端直高大，树姿优美，叶形美观，秋季变黄 | 庭阴树，行道树 |
| 267 | 鹅掌楸（马褂木） | *Liriodendron chinense* | 木兰科 | 40 | 长江流域及其以南地区（V–VIII） | 阳性，喜温暖湿润气候，抗性较强，肥沃的酸性土，生长迅速，寿命长 | 叶形似马褂，花黄绿色，花大而美丽，花期4–6月 | 庭阴树，行道树 |
| 268 | 美国鹅掌楸 | *Liriodendron tulipifera* | 木兰科 | 60 | 华东、西南（VI、VII） | 阳性，喜温暖湿润气候，抗性较强，肥沃的酸性土，生长迅速，寿命长 | 花淡黄绿色，花较大 | 庭阴树，行道树 |
| 269 | 杂种鹅掌楸 | *L.chinense X L.tulipifera* | 木兰科 | 50 | 华北以南（IV–VII） | 阳性，适应性强，耐寒性较强 | 花淡黄绿色，花较大 | 庭阴树，行道树 |
| 270 | 天女花 | *Magnolia sieboldii* | 木兰科 | 10 | 自辽宁至我国亚热带地区山谷阴坡（III–VI） | 喜半阴 | 花朵洁白似玉，芳香，花期5–6月，花梗细长，果红色，8–9月 | 庭阴树 |
| 271 | 紫玉兰（木兰） | *Magnolia liliflora* | 木兰科 | 3~5 | 华北至华南，西南（III–VIII） | 阳性，较耐寒 | 花大，外紫内白，3–4月先叶开放 | 庭院观赏、丛植 |
| 272 | 白玉兰（玉兰） | *Magnolia denudata* | 木兰科 | 15~20 | 华北至华南，西南（III–VIII） | 阳性，稍耐阴，颇耐寒，怕积水，生长慢 | 树冠球形，长圆形，花大而洁白，花期3–4月，芳香，早春先叶开放 | 庭院观赏、对植、列植 |
| 273 | 二乔玉兰 | *Magnolia X soulangeana* | 木兰科 | 6~10 | 华北至华南，西南（III–VIII） | 阳性，耐寒，耐旱 | 花白带淡紫色，花期3–4月 | 庭院观赏 |
| 274 | 星花木兰 | *Magnolia stellata* | 木兰科 | 5 | 华东，青岛（IV–VI） | 阳性 | 花白色，有香气，早春叶前开放 | 庭阴树 |
| 275 | 厚朴 | *Magnolia officinalis* | 木兰科 | 20 | 中国中西部（IV–VII） | 阳性，喜温凉气候及排水良好的酸性土 | 叶大阴浓，白花美丽，芳香，4–5月开花 | 庭阴树，观赏树 |

| 序号 | 中名 | 学名 | 科名 | 高度（m） | 适用地区 | 生态习性 | 生物学特性及观赏特性 | 园林用途 |
|---|---|---|---|---|---|---|---|---|
| 276 | 日本厚朴 | *Magnolia obvata* | 木兰科 | 20 | 山东半岛，辽宁半岛(Ⅲ、Ⅳ东部) | 阳性，喜温凉气候及排水良好的酸性土壤 | 小枝紫色，花白色，芳香，6-7月开花 | 庭阴树，行道树 |
| 277 | 凹叶厚朴 | *Magnolia officinalis ssp.biloba* | 木兰科 | 20 | 我国东南部（Ⅳ-Ⅵ东部） | 中性偏阴，喜凉爽湿润气候及肥沃排水良好的酸性土壤，畏酷暑和干热 | 花白色，芳香，花叶同放 | 庭阴树，园景树 |
| 278 | 核桃楸 | *Juglans mandshurica* | 胡桃科 | 20~25 | 东北、华北（Ⅱ-Ⅲ） | 阳性，耐寒性强，深根性，抗风力强 | 树冠广卵形 | 庭阴树，行道树，用材林 |
| 279 | 核桃（胡桃） | *Juglans regia* | 胡桃科 | 25~30 | 华北、西北至西南（Ⅲ-Ⅵ、Ⅸ南部） | 阳性，耐干冷气候，不耐湿热，防尘力强 | 树冠广圆形至扁球形 | 干果树，庭阴树，防护林 |
| 280 | 枫杨 | *Pterocarya stenoptera* | 胡桃科 | 30 | 华北至长江流域（Ⅲ-Ⅵ） | 阳性，适应性强，耐水湿，速生，深根性 | | 行道树，护岸树 |
| 281 | 薄壳山核桃（长山核桃） | *Carya illinoensis* | 胡桃科 | 55 | 华东（Ⅵ东部） | 阳性，喜温湿气候，较耐水湿 | | 庭阴树，行道树 |
| 282 | 麻栎 | *Quercus acutissima* | 山毛榉科 | 25~30 | 辽南、华北至华南（Ⅲ-Ⅶ） | 阳性，适应性强，耐干旱瘠薄，抗风力强，生长快 | | 庭阴树，用材林 |
| 283 | 栓皮栎 | *Quercus variabilis* | 山毛榉科 | 25~30 | 辽宁至华南西南、西北(Ⅲ-Ⅶ、Ⅸ) | 阳性，耐寒，耐干旱瘠薄，抗火力强，不耐移植，不耐水湿 | 树干通直，树冠雄伟，浓阴如盖，秋叶橙褐色 | 庭阴树，防风、防火树种 |
| 284 | 辽东栎 | *Quercus liaotungensis* | 山毛榉科 | 15 | 东北至黄河流域（Ⅱ-Ⅳ） | 喜光，耐寒，抗旱 | 绿阴浓密 | 庭阴树 |
| 285 | 小叶栎 | *Quercus chenii* | 山毛榉科 | 30 | 长江中下游地区（Ⅵ） | 喜光，喜深厚肥沃的中性至酸性土壤，生长速度中等 | | 用材林 |
| 286 | 槲树 | *Quercus dentate* | 山毛榉科 | 20~25 | 东北南部至华中、西北、西南（Ⅲ-Ⅵ、Ⅸ） | 阳性，稍耐阴，耐寒，耐旱，深根性，耐火力强，抗烟尘及有害气体 | 树冠椭圆形，枝叶茂密，叶形美丽，秋季变红色 | 庭阴树 |
| 287 | 槲栎 | *Quercus aliena* | 山毛榉科 | 20~25 | 华北、华南、西南（Ⅲ-Ⅷ） | 阳性，稍耐阴，耐干旱瘠薄 | 秋叶橙褐色 | 庭阴树 |
| 288 | 板栗 | *Castanea mollissima* | 山毛榉科 | 15~20 | 辽、华北至华南、西南（Ⅲ-Ⅶ） | 阳性，适应性强，深根性，根系发达，耐修剪 | 枝叶稠密，树冠扁球形 | 庭阴树，果树 |
| 289 | 响叶杨 | *Populus adenopoda* | 杨柳科 | 30 | 长江及淮河流域（Ⅳ、Ⅴ） | 喜光，喜温暖湿润，生长快 | | 造林树种 |

| 序号 | 中名 | 学名 | 科名 | 高度（m） | 适用地区 | 生态习性 | 生物学特性及观赏特性 | 园林用途 |
|---|---|---|---|---|---|---|---|---|
| 290 | 毛白杨 | *Populus tomentosa* | 杨柳科 | 30 | 自华北、西北至长江下游（III-V、IX 南部） | 阳性，喜温凉气候，抗污染，深根性，速生，寿命较长 | 树形端正，树干挺直，树皮灰白色 | 行道树，防护林，庭阴树 |
| 291 | 银白杨 | *Populus alba* | 杨柳科 | 15~30 | 西北、华北，辽藏（III,IX-XI） | 阳性，适应寒冷干燥气候，耐旱 | 树冠卵圆形，树干白色，叶背银白色 | 风景林，行道树，庭阴树 |
| 292 | 新疆杨 | *Populus alba 'Pyramidalis'* | 杨柳科 | 30 | 西北，华北（III,IX,X） | 阳性，耐大气干旱及盐渍土，深根性，抗风力强 | 树冠圆柱形，干白色 | 风景树，行道树，防护林 |
| 293 | 香杨 | *Populus koreana* | 杨柳科 | 30 | 东北（II,III 北部） | 阳性，喜温凉气候，耐水湿 | 树冠广圆形，小枝及芽分泌黏性树脂，有香气 | 庭阴树，风景林 |
| 294 | 小叶杨 | *Populus simonii* | 杨柳科 | 20 | 东北，华北，华中（II-IV,IX） | 阳性，耐干旱瘠薄，耐寒，根系发达，抗风力强 | 树冠广卵形 | 防护林，风景林，行道树 |
| 295 | 箭杆杨 | *Populus nigra 'Afghanica'* | 杨柳科 | 30 | 黄河中上游一带（IX） | 阳性，耐寒，抗大气干旱，稍耐盐碱 | 树冠窄圆柱形 | 风景林，行道树，庭阴树，防护林 |
| 296 | 河北杨 | *Populus hopeiensis* | 杨柳科 | 30 | 华北，西北（III,IX） | 阳性，耐干旱，怕涝 | 树皮灰白，树冠圆整，枝叶清秀 | 风景林，行道树，庭阴树 |
| 297 | 钻天杨 | *Populus nigra var. italica* | 杨柳科 | 30 | 东北南部，华北，西北（III,IX） | 阳性，耐寒，耐干旱，稍耐盐碱、水湿，生长快 | 树冠狭圆柱形 | 风景林，行道树，庭阴树，护堤树 |
| 298 | 辽杨 | *Populus maximowiczii* | 杨柳科 | 30 | 东北南部、内蒙、河北（III、IX） | 阳性，稍耐阴，耐寒，生长快 | 树皮灰绿色 | 风景林 |
| 299 | 青杨 | *Populus cathayana* | 杨柳科 | 30 | 辽、华北、西北、西南（VI 西部、III、IX） | 阳性，喜温凉气候，耐干冷，深根性，生长快 | 春天发叶早，干灰色，树冠卵形 | 防护林、行道树、风景林 |
| 300 | 小青杨 | *Populus pseudo-simonii* | 杨柳科 | 20 | 东北（II、III 北部） | 阳性，喜温凉气候，耐干冷，生长快，耐修剪，适应性强 | 干皮较光滑，灰白色 | 防护林、行道树、风景林 |
| 301 | 胡杨 | *Populus euphratica* | 杨柳科 | 25 | 西北（IX、X） | 喜光，耐大气干旱及寒冷、干热气候，抗盐碱和风沙 | 秋叶黄色 | 造林树种 |
| 302 | 滇杨 | *Populus yunnenensis* | 杨柳科 | 20~25 | 我国西南部（VI 西部） | 喜温凉气候，较耐湿热，喜水湿 | 树形美观，端直高大 | 庭阴树，行道树 |
| 303 | 山杨 | *Populus davidiana* | 杨柳科 | 25 | 东北及黄河流域（II-IV、IX） | 喜光，耐寒性强，耐干旱瘠薄，根系发达，抗风力强 | 幼叶红艳美丽 | 山地造林 |

| 序号 | 中名 | 学名 | 科名 | 高度（m） | 适用地区 | 生态习性 | 生物学特性及观赏特性 | 园林用途 |
|---|---|---|---|---|---|---|---|---|
| 304 | 垂柳 | *Salix babylonica* | 杨柳科 | 18 | 长江流域至华南地区（V、VI、VII） | 阳性，喜温暖及水湿，耐旱，速生 | 树冠倒卵形，枝细长下垂 | 行道树、风景树、庭阴树 |
| 305 | 旱柳（柳树） | *Salix matsudana* | 杨柳科 | 20 | 东北、华北、西北（II–IV、IX、X） | 阳性，耐寒，耐旱，耐水湿，速生 | 树冠广卵形或倒卵形 | 防护林，行道树，风景树，庭阴树，早春蜜源植物 |
| 306 | 龙爪柳 | *Salix matsudana* 'Tortuosa' | 杨柳科 | 12 | 东北、华北、西北（II–IV、IX） | 阳性，耐寒，生长势较弱，寿命短，抗污染 | 树冠长圆形，枝条扭曲如游龙 | 对植 |
| 307 | 馒头柳 | *Salix matsudana* Umbraculifera | 杨柳科 | 15 | 东北、华北、西北（II–IV、IX、X） | 阳性，耐旱，耐寒，耐湿，速生 | 树冠半球形 | 行道树，风景树，庭阴树 |
| 308 | 绦柳 | *Salix matsudana* 'Pendula' | 杨柳科 | 20 | 东北、华北、西北（II–IV、IX、X） | 阳性，耐寒，耐寒，耐湿，速生 | 小枝下垂 | |
| 309 | 河柳（大叶柳） | *Salix chaenomeloides* | 杨柳科 | 10 | 辽南、黄河中下游至长江中下游（III–VI） | 喜光，耐寒，喜水湿 | 嫩叶常发紫红色 | 护岸树 |
| 310 | 白柳 | *Salix alba* | 杨柳科 | 20~25 | 西北（IX、X） | 适应性强，抗寒，抗热，耐盐碱和水涝，生长迅速 | | 行道树，防护林，早春蜜源植物 |
| 311 | 杞柳 | *Salix integra* | 杨柳科 | 1~3 | 东北（II） | 喜光，耐水湿，耐修剪 | 小枝淡黄色或淡红色，叶正面暗绿色，背面苍白色，花序优美 | 护岸树，风景林 |
| 312 | 蒙古柳（筐柳） | *Salix linearistipularis* | 杨柳科 | 2~4 | 东北、内蒙古（II、IX） | 喜光，喜湿润，稍耐盐碱，耐修剪 | | 湿地绿化 |
| 313 | 银芽柳 | *Salix leucopithecia* | 杨柳科 | 2~3 | 华东（IV–VI东部） | 阳性 | 雄花序盛开前密被银白色绢毛 | 春节前后供观赏 |
| 314 | 华榛 | *Corylus chinensis* | 榛科 | 30~40 | 华中至西南（IV–VI） | 喜光，喜温暖湿润气候及中性酸性土壤 | 树形高大雄伟 | 园景树，庭阴树 |
| 315 | 鹅耳枥 | *Carpinus turczaninowii* | 榛科 | 5~15 | 东北南部、华北至西南各省（III–VI） | 耐阴，喜中性及石灰质土壤 | 枝叶茂密，叶形秀丽，幼叶亮红色 | 庭植观赏，盆景 |
| 316 | 千斤榆 | *Carpinus cordata* | 榛科 | 18 | 东北至华北、西北（II–IV,IX） | 稍耐阴，喜中性土壤，耐瘠薄 | 枝叶茂密，叶形秀丽，果穗奇特 | 风景林，风景树 |
| 317 | 江南恺木 | *Alnus trabeculosa* | 桦木科 | 20 | 长江下游以南地区（VI） | 喜光，喜温暖肥沃土壤，生长快 | 具根瘤菌 | 湿地造林树种，改良土壤 |

| 序号 | 中名 | 学名 | 科名 | 高度（m） | 适用地区 | 生态习性 | 生物学特性及观赏特性 | 园林用途 |
|---|---|---|---|---|---|---|---|---|
| 318 | 桤木，水青岗） | *Alnus cremastogyne* | 桦木科 | 40 | 川中，黔北（VI） | 喜光喜湿润气候及水湿，耐干旱瘠薄，根系发达，具根瘤菌 | | 水滨绿化，改良土壤 |
| 319 | 赤杨 | *Alnus japonica* | 桦木科 | 20~25 | 东北南部至长江以北地区（III-V） | 喜光，耐水湿，生长快 | 树形圆整，具根瘤和菌根 | 水边湿地绿化，护岸树，改良土壤 |
| 320 | 毛赤杨（辽东桤木） | *Alnus sibirica* | 桦木科 | 15~20 | 东北及山东崂山（II-IV） | 喜光，生于湿润地带 | 冠大，树皮光滑灰褐色 | 庭阴树，河岸绿化 |
| 321 | 白桦 | *Betula platyphlla* | 桦木科 | 20~25 | 东北，华北高山（II,III北部） | 阳性，耐严寒，喜酸性土，耐瘠薄及水湿，速生 | 枝叶扶疏，姿态优美，树皮光滑洁白 | 庭阴树，风景林 |
| 322 | 风桦 | *Betula costata* | 桦木科 | 30 | 东北，河北北部（II,III） | 较耐阴，喜肥沃土壤 | 树皮黄褐色，薄片状剥落 | 风景林 |
| 323 | 青檀 | *Pteroceltis tatarinowii* | 榆科 | 20 | 黄河及长江流域（IV-VI） | 喜光，稍耐阴，耐干旱瘠薄，喜生石灰山地，根系发达，寿命长 | | 庭阴树 |
| 324 | 大果榆 | *Ulmus macrocarpa* | 榆科 | 10~20 | 东北，华北（II,III） | 阳性，耐干旱瘠薄，稍耐盐碱，根系发达，寿命长 | 秋叶红褐色 | 风景林 |
| 325 | 榔榆 | *Ulmus parvifolia* | 榆科 | 15 | 华北中南部至华东，中南及西南（IV-VI） | 阳性，喜温暖湿润气候，耐干旱瘠波，深根性，生长速度中等，寿命长，抗烟尘及毒气，滞尘能力强 | 树形及枝态优美 | 庭阴树，行道树，观赏树，盆景 |
| 326 | 榆树（白榆） | *Ulmus pumila* | 榆科 | 20~25 | 东北，内蒙古，华北至长江流域（II-VI.IX） | 阳性，适应性强，耐寒，耐盐碱土 | 树冠球形 | 庭阴树，行道树，东北走做绿篱 |
| 327 | 垂枝榆 | *Ulmus pumila* 'Pendula' | 榆科 | 2~3 | 东北、西北、华北（II,III,IX,X） | 阳性，耐干旱瘠薄 | 枝下垂，树冠伞形 | 庭植，园路树 |
| 328 | 圆冠榆 | *Ulmus densa* | 榆科 | 15 | 西北（IX,X） | 阳性，适应性强 | 树冠球形 | 行道树 |
| 329 | 欧洲白榆（大叶榆） | *Ulmus laevis* | 榆科 | 35 | 东北，华北，西北（II,III,IX,X） | 阳性，要求土壤深厚的沙壤土，抗病虫能力强，深根性 | 树冠半球形 | 行道树，庭阴树 |
| 330 | 春榆 | *Ulmus japonica* | 榆科 | 40 | 东北至华中，华东，西北（II-V,IX） | 喜光，耐寒，适应性强 | 树冠广卵形 | 庭阴树，行道树 |
| 331 | 朴树 | *Celtis tetrandra ssp*'Sinensis' | 榆科 | 20 | 江淮流域至华南（IV-VII） | 弱阳性，喜温暖，抗烟尘及毒气，耐轻盐碱土，深根性，抗风能力强，生长慢，寿命长 | 冠大阴浓，果橙红色或红褐色 | 庭阴树，防护林，行道树 |

| 序号 | 中名 | 学名 | 科名 | 高度（m） | 适用地区 | 生态习性 | 生物学特性及观赏特性 | 园林用途 |
|---|---|---|---|---|---|---|---|---|
| 332 | 大叶朴 | *Celtis koraiersis* | 榆科 | 12 | 辽宁，华北，西北（III,IV,IX南部） | 阳性 | 核果球形，橙色 | 庭阴树，行道树 |
| 333 | 珊瑚朴 | *Celtis juliacae* | 榆科 | 25 | 长江流域（V,VI） | 弱阳性，喜生于湿润的溪谷和坡地，耐干旱，深根性，生长较快 | 冬季及早春枝上生满红褐色花序 | 庭阴树，行道树 |
| 334 | 小叶朴 | *Celtis bungeana* | 榆科 | 15~20 | 东北南部，华北，长江流域及西南各地（III-VI） | 中性，耐寒，耐干旱，抗有毒气体，生长慢，寿命长 | 枝叶茂密，树形美观，树皮光滑，果紫黑色 | 庭阴树，行道树 |
| 335 | 光叶榉 | *Zelkova serrata* | 榆科 | 20 | 东北南部至华中，华东，西南（III-VI） | 喜光，喜肥沃湿润土壤，在石灰岩固堤生长良好 | 秋叶变黄色，古铜色或红色 | 庭阴树 |
| 336 | 榉树 | *Zelkova schneideriana* | 榆科 | 15 | 我国中部至南部，东部（V-VII） | 弱阳性，喜温暖，抗风，耐烟尘，深根性，抗病虫害 | 树形优美，枝叶细密 | 庭阴树，行道树，园景树，盆景 |
| 337 | 小叶榉 | *Zelkova sinica* | 榆科 | 15 | 我国中部，东部（V-VI） | 喜生于石灰质土壤 | 树形优美，枝叶细密 | 庭阴树，行道树，园景树，盆景 |
| 338 | 山桐子 | *Idesia polycarpa* | 大风子科 | 15 | 华东，华中，西北，西南（V-VI） | 阳性 | 树冠端正，干皮灰白色，浆果球形，红色，秋果可观 | 庭阴树，园景树 |
| 339 | 八角 | *Illicium verum* | 八角科 | 10~15 | 华南（VII,VIII） | 耐阴，喜微酸性土壤 | 树形美观，端直高大 | 庭阴树 |
| 340 | 香椿 | *Toona sinensis* | 楝科 | 25 | 辽南至东南，西南各省（III-VI） | 喜光，喜肥沃土壤，较耐水湿，深根性，萌蘖性强 | 树干通直，冠大阴浓 | 庭阴树，行道树，特种经济树 |
| 341 | 红椿 | *Toona sureni* | 楝科 | 35 | 华南，滇南（VII,VIII） | 阳性，速生 | | 用材林 |
| 342 | 麻楝 | *Chukrasia tabularis* | 楝科 | 38 | 华南（VII,VIII） | 喜光，喜暖热气候及湿润肥沃土壤，抗风，抗大气污染，生长快 | 树冠伞形，春末夏初开花，圆锥顶生花序，花黄色带紫色 | 风景树，庭阴树，行道树 |
| 343 | 苦楝（楝树） | *Melia azedarach* | 楝科 | 15~20 | 华北南部至华南，西部（IV-VII） | 阳性，喜温暖湿润气候，对土壤适应性强，抗污染，生长快，寿命短 | 花堇紫色，5月，有香气，球形核果淡黄色，经冬不凋 | 庭阴树，行道树，防护树种 |
| 344 | 川楝 | *Melia toosendan* | 楝科 | 15~20 | 中部至西南部，华东（VI） | 阳性，喜温暖湿润气候，生长快，抗污染，速生 | | 庭阴树，行道树 |
| 345 | 南酸枣 | *Choerospondias axillaries* | 漆树科 | 30 | 长江以南及西南各地（VI-VII） | 阳性，喜温暖，耐干旱，生长快 | 冠大阴浓 | 庭阴树，行道树，用材林 |

| 序号 | 中名 | 学名 | 科名 | 高度（m） | 适用地区 | 生态习性 | 生物学特性及观赏特性 | 园林用途 |
|---|---|---|---|---|---|---|---|---|
| 346 | 黄连木 | *Pistacia chinensis* | 漆树科 | 25~30 | 华北至华南，西南（IV–VII） | 弱阳性，耐干旱瘠薄，抗污染 | 树冠开阔，枝叶茂密，秋叶橙黄或红色 | 庭阴树，行道树 |
| 347 | 黄栌 | *Cotinus coggygria* | 漆树科 | 8 | 华北，西南（III–VI） | 中性，喜温暖气候，耐寒，耐旱，怕涝 | 霜叶红艳美丽 | 庭院观赏，风景林 |
| 348 | 盐肤木 | *Rhus chinensis* | 漆树科 | 2~4 | 除东北北部的其它地区（III,VII） | 喜光，适应性强 | 秋叶红色 | 丛植观赏 |
| 349 | 火炬树 | *Rhus typhina* | 漆树科 | 8 | 东北南部，华北，西北（III,IX南部） | 阳性，适应性强，抗旱，耐盐碱 | 秋叶红色 | 风景林，防护林 |
| 350 | 茶条槭 | *Acer ginnala* | 槭树科 | 6~9 | 东北，黄河流域至长江下游（II–VI） | 弱阳性，耐旱，抗烟尘 | 秋叶红色，翅果成熟前红色 | 绿篱，行道树 |
| 351 | 拧筋槭 | *Acer triflorum* | 槭树科 | 10 | 东北 | 喜光，喜湿润肥沃土壤 | 花黄绿色，花期4–5月，秋叶红色 | 风景林 |
| 352 | 元宝枫（平基槭） | *Acer truncatum* | 槭树科 | 10 | 东北，华北至黄河流域（III,IV） | 中性，喜温凉气候及侧方庇阴，深根性，抗风力强，生长速度中等，寿命长 | 树形优美，花黄绿色，春季开花，叶形秀丽，秋叶变黄色或红色 | 庭阴树，行道树，风景林 |
| 353 | 假色槭（紫红槭） | *Acer pseudo-sieboldianum* | 槭树科 | 8 | 东北（II,III东南部） | 中性，喜温凉气候 | 花紫色，花期5–6月，翅果嫩时紫色，叶形秀丽 | 庭阴树 |
| 354 | 日本槭（舞扇槭） | *Acer japonicum* | 槭树科 | 9 | 华东，青岛（IV–VI东部） | 喜光及湿润气候 | 花较大，紫红色，早春花叶同放，秋叶红色 | 庭阴树，园景树 |
| 355 | 羽叶槭（复叶槭，糖槭） | *Acer negundo* | 槭树科 | 20 | 东北，西北，华北，华中（II–VI） | 喜光，喜肥沃土壤及凉爽湿润气候，耐烟尘，耐干冷，耐轻盐碱，耐修剪，速生 | 花先叶开放，淡紫色，4–5月，翅果淡黄色，秋叶黄色 | 庭阴树，行道树，防护林 |
| 356 | 青榨槭 | *Acer davidii* | 槭树科 | 7~15 | 黄河流域至华东，中南及西南各地（IV,VI） | 耐半阴，喜湿润溪谷 | 入秋叶色黄紫，枝干绿色平滑有白色条纹 | 风景林 |
| 357 | 三角枫 | *Acer buergerianum* | 槭树科 | 20 | 长江流域各地（VI） | 弱阳性，喜温湿气候，耐水湿，耐修剪 | 秋叶暗红色 | 庭阴树，行道树，护岸树，绿篱 |
| 358 | 五角枫 | *Acer mono* | 槭树科 | 20 | 辽南，华北至长江流域（III,VI） | 弱阳性，喜温凉湿润气候及雨量较多的地区 | 秋叶变亮黄色 | 庭阴树，行道树，风景树 |
| 359 | 鸡爪槭 | *Acer palmatum* | 槭树科 | 6~7 | 河南至长江流域（V–VI） | 阳性，喜温暖湿润气候 | 树姿优美，叶形秀丽，秋叶红艳 | 庭阴树 |
| 360 | 羽毛枫 | *Acer palmatum .Dissectum* | 槭树科 | 6~7 | 河南至长江流域（V–VI） | 中性，喜温暖气候，不耐寒 | 树冠开展，叶片细裂，秋叶深藏至橙红色，枝略下垂 | 庭院观赏，盆栽 |

| 序号 | 中名 | 学名 | 科名 | 高度（m） | 适用地区 | 生态习性 | 生物学特性及观赏特性 | 园林用途 |
|---|---|---|---|---|---|---|---|---|
| 361 | 红羽毛枫 | *Acer palmatum* 'Dissectum Ornatum' | 槭树科 | 6~7 | 河南至长江流域（IV–VI） | 中性，喜温暖气候，不耐寒，不耐水湿 | 叶古铜红色、古铜色 | 庭院观赏，盆栽 |
| 362 | 红枫 | *Acer palmatum* 'Atropurpureum' | 槭树科 | 6~7 | 河南至长江流域（IV–VI） | 中性，喜温暖气候，不耐寒，不耐水湿 | 叶常年红色或紫红色 | 庭院观赏，盆栽 |
| 363 | 三峡槭 | *Acer wilsonii* | 槭树科 | 10~15 | 长江流域至华南（VI,VII） | 中性 | 树皮暗棕色，光滑，花黄绿色，近白色 | 庭阴树，风景林 |
| 364 | 金钱槭 | *Dipteronia sinensis* | 槭树科 | 16 | 西南，华中（V,VI） | 中性，喜温暖气候，不耐寒，不耐水湿 | 翅果状似铜钱，熟时果翅变红 | 庭阴树，风景林 |
| 365 | 泡桐 | *Paulownia fortunei* | 玄参科 | 20~25 | 自辽至粤，黄河流域为分布中心（III–IV） | 阳性，喜温暖气候，不耐寒，速生，抗污染 | 花白色，花期3–4月 | 庭阴树，行道树 |
| 366 | 楸叶泡桐 | *Paulownia catalpifolia* | 玄参科 | 20 | 山东，河南（IV） | 阳性，较耐干旱瘠薄，速生 | 树冠圆锥形，花白色或淡紫色 | 庭阴树 |
| 367 | 毛泡桐（紫花泡桐） | *Paulownia tomentosa* | 玄参科 | 15~25 | 黄河中下游至淮河流域（IV,V） | 强阳性，喜温暖，较耐寒，耐盐碱，速生 | 花鲜紫色，内有紫斑及黄色纹，花期4–5月，先叶开放 | 庭阴树，行道树 |
| 368 | 木本香薷 | *Elsholtzia stauntoni* | 唇形科 | 1 | 华北，西北，(III,IV,IX) | 阳性 | 叶具薄荷香气，花淡紫色，8–10月开花 | 庭园观赏 |
| 369 | 美国木豆树（紫薇楸） | *Catalpa bignonioides* | 紫葳科 | 15~20 | 华东（V,VI） | 喜光，喜温暖湿润气候，适应性强，树势强健，生长快，怕涝 | 叶大阴浓，花白色，喉部黄色具紫斑，花期6月，有香气 | 庭阴树，行道树 |
| 370 | 灰楸 | *Catalpa fargesii* | 紫葳科 | 18 | 华北，西北，华南，西南（IV–VII,IX南部） | 喜光，稍耐阴，速生 | 花粉红色或淡紫色，喉部有红褐色及黄色条纹，春季开花 | 速生用材林 |
| 371 | 梓树 | *Catalpa ovata* | 紫葳科 | 15~20 | 黄河中下游地区 | 弱阳性，适生于温带地区，抗污染，浅根性，生长快 | 树冠球形，叶大阴浓，花淡黄色，花期5–6月，美丽 | 庭阴树，行道树，防护林 |
| 372 | 楸树 | *Catalpa bungei* | 紫葳科 | 20~30 | 黄河流域至淮河流域（IV,V） | 弱阳性，喜温和气候，抗污染，不耐干旱瘠薄和水湿 | 树冠长圆形，干直阴浓。花白色有紫斑，大而美观，花期5月 | 庭阴树，行道树，防护林 |
| 373 | 黄金树 | *Catalpa speciosa* | 紫葳科 | 25~30 | 华东（V,VI） | 阳性 | 花白色，内有紫斑及黄色条纹，花期5–6月 | 庭阴树，行道树 |
| 374 | 蓝花楹 | *Jacaranda acutifolia* | 紫葳科 | 15 | 华南（VII,VIII） | 阳性，喜高温干旱气候，抗风，耐干旱，不耐寒 | 树冠伞形，花先叶开放，花蓝色美丽，夏初和秋季两次开花 | 园景树，行道树，木本花卉 |

| 序号 | 中名 | 学名 | 科名 | 高度（m） | 适用地区 | 生态习性 | 生物学特性及观赏特性 | 园林用途 |
|---|---|---|---|---|---|---|---|---|
| 375 | 黄檗（黄波罗） | Phellodendron amurense | 芸香科 | 15~22 | 东北至华北北部（II,III） | 阳性，耐旱，深根性，抗风，萌芽力强，耐火烧，生长慢 | 树皮木栓层发达，枝叶茂密，树形美观 | 庭阴树，行道树 |
| 376 | 臭檀 | Evodia deniellii | 芸香科 | 15 | 辽南，华北至湖北，西至甘肃（III–VI,IX南部） | 阳性，耐盐碱，抗海风，深根性 | 果红色，秋叶鲜黄 | 风景林 |
| 377 | 花椒 | Zanthoxylum bungeanum | 芸香科 | 3~7 | 东北南部至华南，西北（III–VII,IX） | 喜光，喜肥沃湿润的钙质土 | 果实辛香 | 庭院刺篱，丛植 |
| 378 | 枸橘（枳） | Poncirus trifoliata | 芸香科 | 7 | 黄河流域至华南（IV–VII） | 喜光，喜温暖湿润的土壤，有一定的耐寒性，耐干旱及盐碱，耐修剪 | 花白，花期4月，果黄绿色，有香气 | 庭植，刺篱，丛植 |
| 379 | 合欢 | Albizia julibrissin | 含羞草科 | 16 | 华北至华南（III–VIII） | 阳性，耐旱，耐干旱瘠薄，不耐水湿，对有害气体及烟尘抗性强 | 树冠扁球形，花粉红色，花期6~7月，清香 | 行道树，庭阴树 |
| 380 | 楹树 | Albizia chinensis | 含羞草科 | 20~30 | 华南（VII,VIII） | 喜光，耐半阴，喜温暖湿润气候，不抗风 | 树冠开展，花冠黄绿色，春末夏初开花，叶片纤细 | 庭阴树，风景林 |
| 381 | 翅荚香槐 | Cladrastis platycarpa | 蝶形花科 | 16~20 | 长江以南至华南（VI，VII） | 喜光，喜酸性土 | 花白色，花期6~7月，荚果两侧有窄翅 | 庭阴树 |
| 382 | 紫檀 | Pterocarpus indicus | 蝶形花科 | 15~30 | 华南（VII,VIII） | 喜光，喜高温高湿气候，适应性强，耐干旱，抗风 | 树冠开阔，花黄色，芳香，春夏开花 | 园景树，庭阴树，行道树 |
| 383 | 刺桐 | Erythrina orientalis | 蝶形花科 | 10~20 | 华南（VII,VIII） | 喜光，喜高温高湿气候，耐干旱，抗海潮，抗风，抗大气污染 | 枝叶茂密，树姿扶疏，花红色，春末夏初先叶开放 | 行道树，庭阴树 |
| 384 | 紫穗槐 | Amorpha fruticosa | 蝶形花科 | 2~4 | 南北各地（III,VI） | 阳性，耐水湿，耐干旱瘠薄和轻盐碱土，抗污染 | 花暗紫，花期5~6月 | 护坡固堤，林带下木，防护林 |
| 385 | 锦鸡儿 | Caragana sinica | 蝶形花科 | 2 | 华北至长江流域（III–VI,IX） | 中性，耐寒，耐干旱瘠薄 | 花橙黄，花期4月 | 庭院观赏，岩石园，盆景 |
| 386 | 树锦鸡儿 | Caragana arborescens | 蝶形花科 | 2~5 | 东北，西南，西北（II–VI,IX,X） | 喜光，耐寒，耐干旱瘠薄，抗风沙 | 花黄色，花期5~6月 | 绿篱，庭植观赏 |
| 387 | 金雀锦鸡儿 | Caragana rosea | 蝶形花科 | 1~2 | 我国北部（II–IV,IX,X） | 喜光，耐干旱瘠薄 | 花鲜黄色，花期6月 | 绿篱，庭植观赏 |
| 388 | 小叶锦鸡儿 | Caragana microphylla | 蝶形花科 | 1~3 | 东北，华北，西北（II,III,IX,X） | 喜光，耐干旱瘠薄 | 花黄色，花期5~6月 | 绿篱，庭植观赏，水土保持树种 |
| 389 | 北京锦鸡儿 | Caragana pekinensis | 蝶形花科 | 2 | 华北（III,IV） | 喜光，耐干旱瘠薄 | 花黄色，花期5月 | 绿篱，庭植观赏 |

| 序号 | 中名 | 学名 | 科名 | 高度（m） | 适用地区 | 生态习性 | 生物学特性及观赏特性 | 园林用途 |
|---|---|---|---|---|---|---|---|---|
| 390 | 胡枝子 | *Lespedeza bicolor* | 蝶形花科 | 1~2 | 东北至黄河流域（II-IV） | 阳性，耐寒，耐干旱瘠薄 | 花紫红，花期7-9月 | 庭院观赏，护坡，林带下木 |
| 391 | 多花胡枝子 | *Lespedeza floribunda* | 蝶形花科 | 0.6~1 | 东北南部至长江流域（III-VI） | 阳性，抗风沙，耐干旱瘠薄 | 花紫红，花期8-9月 | 庭植观赏，水土保持树种 |
| 392 | 刺槐 | *Robinia pseudoacacia* | 蝶形花科 | 25 | 东北南部至长江流域，西北（III-VI,IX,X） | 阳性，适应性强，浅根性，生长快 | 树冠椭圆状，叶倒卵形，花白色，有香气，花期5月 | 庭阴树，行道树，防护林，蜜源植物 |
| 393 | 无刺刺槐 | *Robinia pseudoacacia* 'Inermis' | 蝶形花科 | 25 | 青岛，大连，沈阳（III） | 阳性，适应性强，浅根性，生长快 | 树冠扫帚状，叶倒卵形，花白色，有香气，花期五月 | 庭阴树，行道树 |
| 394 | 红花洋槐 | *Robinia pseudoacacia* 'Decaisneana' | 蝶形花科 | 15~20 | 东北南部至长江流域（III-VI） | 阳性，适应性强，浅根性，生长快 | 树冠椭圆状，叶倒卵形，花紫红色，花期5月 | 庭阴树 |
| 395 | 江南槐 | *Robinia hispida* | 蝶形花科 | 10 | 华北（III,IV） | 阳性，耐干旱瘠薄 | 花粉红色，淡紫色，花期6-7月。落叶灌木，多高接在刺槐上 | 风景林 |
| 396 | 国槐 | *Sophora japonica* | 蝶形花科 | 25 | 华北，西北至长江流域（III-VI,IX） | 阳性，耐寒，抗性强，耐修剪 | 枝叶茂密，树冠球形花黄绿色，花期7-8月 | 庭阴树，行道树 |
| 397 | 龙爪槐 | *Sophora japonica* 'Pendula' | 蝶形花科 | 2~4 | 华北，西北至长江流域（III-VI,IX） | 阳性，稍耐阴，耐寒 | 树冠伞形，枝下垂，花黄白 | 庭植 |
| 398 | 朝鲜槐（山槐） | *Maackia amurensis* | 蝶形花科 | 25 | 东北，河北，山东（II,III） | 喜光，稍耐阴，耐寒 | 花白色，花期7-8月 | 行道树，庭阴树 |
| 399 | 美国皂荚（三刺皂荚） | *Gleditsia triacanthos* | 蝶形花科 | 45 | 华东（IV-VI,IX） | 阳性，喜深厚排水良好的土壤，寿命长 | 秋叶黄色美丽 | 庭阴树，园景树 |
| 400 | 皂荚 | *Gleditsia sinensis* | 蝶形花科 | 30 | 华北至华南（III-VII） | 阳性，稍耐阴，耐旱，耐干旱，抗污染能力强，适应各种土壤 | 树冠广阔，叶密阴浓 | 庭阴树，抗污染树种 |
| 401 | 山皂荚 | *Gleditsia japonica* | 蝶形花科 | 15~20 | 东北，华北至华东（III-VI） | 阳性，耐寒，耐干旱，抗污染力强 | 树冠广阔，叶密阴浓 | 庭阴树，防护林，树篱 |
| 402 | 紫荆 | *Cercis chinensis* | 苏木科 | 2~4 | 华北，西北至华南（III-VIII,IX南部） | 阳性，耐干旱瘠薄，不耐涝 | 花紫红，花期3-4月，叶前开放，老茎生花 | 庭院观赏，丛植 |
| 403 | 红花羊蹄甲 | *Bauhinia blakeana* | 苏木科 | 5~10 | 华南（VIII） | 阳性，喜高温湿润气候，适应性强，耐干旱瘠薄，抗污染，不抗风 | 花紫红色，春秋两次盛花，不结果，夏季萌发新叶 | 风景树，行道树，庭阴树 |
| 404 | 羊蹄甲 | *Bauhinia purpurea* | 苏木科 | 10~12 | 华南（VII,VIII） | 阳性，喜暖热气候，不耐寒，耐干旱，生长快 | 常绿，花淡红色，粉红色或粉白色，10月，能结果 | 风景树，行道树，庭阴树 |

| 序号 | 中名 | 学名 | 科名 | 高度（m） | 适用地区 | 生态习性 | 生物学特性及观赏特性 | 园林用途 |
|---|---|---|---|---|---|---|---|---|
| 405 | 洋紫荆 | *Bauhinia variegata* | 苏木科 | 6~8 | 华南（VII,VIII） | 阳性，喜暖热气候，不耐寒 | 半常绿，花粉红色或暗紫色，春末，花大美丽芳香，能结果 | 风景树，行道树，庭阴树 |
| 406 | 金凤花 | *Caesalpinia pulcherrima* | 苏木科 | 5 | 华南（VIII） | 强阳性，喜高温湿润气候，不耐寒，速生抗污染，抗风 | 丛植半球形，花冠橙红色，边缘金黄色，全年可开花，花似彩蝶 | 庭植观赏，木本花卉 |
| 407 | 凤凰木 | *Delonix regia* | 苏木科 | 20 | 两广南部及滇南（VIII） | 阳性，喜暖热气候，不耐寒，速生，抗污染，抗风 | 树冠伞形，花红色美丽，花期5-8月 | 庭阴树，行道树 |
| 408 | 黄槐 | *Cassia surattensis* | 苏木科 | 7~10 | 华南（VII,VIII） | 阳性，耐半阴，喜高温多湿气候，耐旱，不抗风 | 枝叶茂密，花鲜黄色，全年开花 | 绿篱，行道树，园景树 |
| 409 | 腊肠树（阿勃勒） | *Cassia fistula* | 苏木科 | 22 | 华南（VII,VIII） | 阳性，喜暖热气候 | 初夏满树金黄色花，鲜叶开放，荚果柱形如腊肠，秋季成熟 | 风景树，庭阴树，行道树 |
| 410 | 石榴 | *Punica granatum* | 石榴科 | 2~7 | 黄河流域及其以南地区（III南部–VII,IX南部） | 阳性，耐寒，适应性强 | 花红色，花期5-6月，果红色 | 庭院观赏，果树 |
| 411 | 臭椿 | *Ailanthus altissima* | 苦木科 | 20~30 | 华北，西北至长江流域（III-VI,IX南部） | 阳性，耐干旱瘠薄，盐碱，抗污染，不耐水湿，深根性，生长快，少病虫害 | 树冠半球形，树姿雄伟，枝叶茂密，春季嫩叶紫红色，有些植株的翅果成熟前红褐色 | 庭阴树，行道树 |
| 412 | 细叶小檗 | *Berberis poiretii* | 小檗科 | 1~2 | 西北，华北，东北（II-IV,IX,X） | 喜光，耐旱，耐寒 | 花黄色，花期5-6月 | 绿篱，庭园观赏 |
| 413 | 小檗 | *Berberis thunbergii* | 小檗科 | 1.5~2 | 华北，西北，长江流域（III-V,IX） | 中性，耐寒，耐修剪 | 花淡黄，花期5月，秋果红色，秋叶红色 | 庭园观赏，绿篱 |
| 414 | 紫叶小檗 | *Berberis thunbergii* 'Atropurpurea' | 小檗科 | 0.5~1 | 华北，西北，长江流域（III-V,IX） | 中性，耐寒，要求阳光时，叶色方呈紫红色 | 叶常年紫红色，秋果红色 | 庭院观赏，丛植 |
| 415 | 金花小檗 | *Berberis wisoniae* | 小檗科 | 1 | 西南（VI南部） | 中性 | 花金黄色，花期5月，浆果红色，秋叶亮红色 | 庭植观赏 |
| 416 | 构树 | *Broussonetia papyrifera* | 桑科 | 16 | 黄河流域至西南，华南各地（III-VII） | 阳性，抗污染，耐干旱瘠薄，适应性强，不择土壤，生长迅速 | 聚花果球形，熟时橘红色，易招苍蝇 | 工矿区绿化 |
| 417 | 柘树 | *Cudrania tricuspidata* | 桑科 | 10 | 河北南部，华东，中南，西南各地（III-VI） | 阳性，，适应性强，喜钙树种，耐干旱瘠薄 | | 庭阴树，绿篱，水土保持树种 |
| 418 | 桑树 | *Morus alba* | 桑科 | 15 | 辽宁以南各地（III-VI） | 阳性，适应性强，抗污染，抗风，耐盐碱 | 秋叶黄色，果可食 | 庭阴树 |

| 序号 | 中名 | 学名 | 科名 | 高度(m) | 适用地区 | 生态习性 | 生物学特性及观赏特性 | 园林用途 |
|---|---|---|---|---|---|---|---|---|
| 419 | 龙爪桑 | *Mrous alba 'Tortulsa'* | 桑科 | 23 | 辽宁以南各地（III-VI） | 阳性，适应性强，抗污染，抗风，耐盐碱 | 枝条扭曲如游龙 | 庭植观赏 |
| 420 | 鸡桑 | *Morus australis* | 桑科 | 8 | 辽东，华北，华中，西南（III-VI） | 阳性，耐旱，耐寒，怕涝，抗风 | | 庭阴树 |
| 421 | 蒙桑 | *Morus nongolica* | 桑科 | 3~5 | 东北，华北，华中，西南（III-VI） | 阳性，耐旱，耐寒，怕涝，抗风 | | 庭阴树 |
| 422 | 无花果 | *Ficus carica* | 桑科 | 12 | 长江流域及其以南地区（V-VIII） | 中性，喜温暖气候，不耐寒，抗污染 | 树冠球形，叶果美丽 | 庭院观赏，高篱 |
| 423 | 黄葛树（大叶榕） | *Ficus virens var. sublanceolata* | 桑科 | 10~25 | 华南，西南（VI西部，VII,VIII） | 阳性，喜温暖至高温湿润气候，耐瘠薄，抗风，抗大气污染 | 树冠宽阔，夏秋叶色翠绿 | 庭阴树，行道树，风景树 |
| 424 | 无患子 | *Sapindus mukorossi* | 无患子科 | 20~25 | 长江流域及其以南地区（V-VIII） | 弱阳性，喜温湿，不耐寒，深根性，抗风，不耐修剪，生长快，寿命长，抗 $SO_2$ | 树冠广圆形，树阴稠密，秋叶金黄 | 庭阴树，行道树 |
| 425 | 栾树 | *Koelreuteria paniculata* | 无患子科 | 15 | 辽宁，华北至长江下游（III-VI） | 阳性，较耐寒，耐干旱，抗烟尘，耐短期水浸 | 花金黄，花期6-8月，果橘红色，9月，秋叶橙黄色 | 庭阴树，行道树 |
| 426 | 复羽叶栾树 | *Koelreuteria bipinnata* | 无患子科 | 20 | 中南及西南（VI） | 喜光，喜温暖湿润气候，深根性，适应性强，耐干旱，抗风，抗大气污染，速生 | 树冠伞形，花黄色，花期7-9月。蒴果秋天变红色，艳丽 | 庭阴树，风景树 |
| 427 | 全缘叶栾树 | *Koelreuteria bipinnata var. integrifoliola* | 无患子科 | 17 | 长江以南地区（VI,VII） | 喜光，喜温暖湿润气候，深根性，速生 | 花黄色，花期8-9月，蒴果秋天变淡红色 | 庭阴树，风景树 |
| 428 | 文冠果 | *Xanthoceras sorbifolia* | 无患子科 | 3~5 | 东北，西北，华北（II,III,IX） | 喜光，耐严寒，耐干旱及盐碱，不耐水湿，深根性，萌蘖力强 | 4-5月白花满树，与秀丽绿叶相称 | 庭院观赏 |
| 429 | 紫花文冠果 | *Xanthoceras sorbifolia 'Purpurca'* | 无患子科 | 3~5 | 东北，西北，华北（II,III,IX） | 喜光，耐严寒，耐干旱及盐碱，不耐水湿，深根性，萌蘖力强 | 4-5月开紫花 | 庭院观赏 |
| 430 | 牡丹 | *Paeonia suffruticosa* | 芍药科 | 2 | 西北，华北至长江流域（III-VI,IX南部） | 中性，耐寒，要求排水良好的土壤 | 花白，粉，红，紫等色，花期4-5月 | 庭院观赏 |
| 431 | 悬铃木（英桐） | *Platanus acerifolia* | 悬铃木科 | 30~35 | 华北南部至长江流域（IV-VI） | 阳性，喜温暖，抗污染，耐修剪 | 树冠阔球形，冠大阴浓 | 庭阴树，行道树 |
| 432 | 杜仲 | *Eucommia ulmoides* | 杜仲科 | 20 | 华北南部至长江流域（III南部-VI） | 阳性，喜温暖湿润气候，较耐寒，适应性强，不择土壤 | 树冠球形，枝叶茂密 | 庭阴树，行道树 |

| 序号 | 中名 | 学名 | 科名 | 高度（m） | 适用地区 | 生态习性 | 生物学特性及观赏特性 | 园林用途 |
|---|---|---|---|---|---|---|---|---|
| 433 | 大花溲疏 | *Deutzia grandiflora* | 山梅花科 | 2~3 | 长江流域各地（V,VI） | 弱阳性，喜温暖，耐寒性不强 | 花白色，花期5~6月 | 庭院观赏，丛植花篱 |
| 434 | 溲疏 | *Deutzia scabra* | 山梅花科 | 1~2 | 华北南部至长江流域（IV-VI） | 喜光稍耐阴，喜温暖湿润气候，萌蘖性强，耐修剪 | 花白色，花期6~7月 | 花篱，基础种植，岩石园 |
| 435 | 香茶藨子 | *Ribes odoratum* | 茶藨子科 | 1~2 | 东北，华北（II,III） | 弱阳性，耐寒，喜肥沃土壤 | 花黄色，4~5月，浆果球形，黑色 | 庭园观赏 |
| 436 | 东陵八仙花 | *Hydrangea bretschneideri* | 八仙花科 | 4 | 黄河流域（IV） | 喜光，稍耐阴，喜酸性土 | 伞房花序，初开时白色，后变淡紫色，6~7月 | 庭植观赏 |
| 437 | 大花园锥绣球 | *Hydrangea paniculata* 'Grandiflora' | 八仙花科 | 10 | 华北至长江流域（II-VI） | 喜阴湿 | 花大，初开时为白色后变成浅粉色，花期8~9月 | 庭植观赏 |
| 438 | 山梅花 | *Philadelphus incanus* | 山梅花科 | 3~5 | 华北，华中，西北（III,IV,IX） | 弱阳性，较耐寒，耐寒，怕水湿 | 花白色，花期5~6月 | 庭院观赏，丛植，花篱 |
| 439 | 太平花 | *Philadelphus pekinensis* | 山梅花科 | 1~3 | 东北南部，华北，西北（III,IV,IX） | 弱阳性，耐寒，怕涝 | 花白色，花期5~7月 | 庭院观赏，丛植，花篱 |
| 440 | 白鹃梅 | *Exochorda racemosa* | 蔷薇科 | 5 | 华北至长江流域（III-VI） | 弱阳性，适应性强，耐干旱瘠薄，较耐寒 | 枝叶秀丽，4~5月开花，洁白美丽 | 庭院观赏，丛植 |
| 441 | 笑靥花 | *Spiraea prunifolia* | 蔷薇科 | 3 | 长江流域及其以南地区（V,VI,VII） | 阳性，喜温暖湿润气候 | 花小，白色美丽，花叶同放 | 庭院观赏，丛植 |
| 442 | 珍珠花 | *Spiraea thunbergii* | 蔷薇科 | 1.5 | 东北南部，华北至华南（III-VII） | 阳性，喜湿润排水良好的土壤 | 花小，白色美丽，3~4月花叶同放，早春繁华满枝，秋季叶变橘红色 | 庭院观赏，丛植 |
| 443 | 珍珠绣球 | *Spiraea blumei* | 蔷薇科 | 2 | 自辽宁，内蒙古至两广（III-VII,IX） | 喜光，耐干旱，喜肥沃湿润沙壤土 | 花白色，伞形花序，花期4~5月 | 庭院丛植 |
| 444 | 柳叶绣线菊 | *Spiraea salicifolia* | 蔷薇科 | 2 | 东北，内蒙古及河北（III,IX） | 喜光，耐寒，喜肥沃湿润土壤，不耐干旱瘠薄 | 花粉红色，花期6~8月 | 庭院观赏 |
| 445 | 麻叶绣线菊 | *Spiraea cantoniensis* | 蔷薇科 | 1.5 | 我国东部及南部（III,VI） | 中性，喜温暖气候 | 花小，白色美丽，花期4~5月， | 庭植，花篱，地被 |
| 446 | 金焰绣线菊 | *Spiraea bumalda* 'Goldflame' | 蔷薇科 | 0.4~0.6 | 东北南部，华北（III） | 阳性，稍耐阴，耐寒，耐盐碱，耐寒，耐修剪，怕涝 | 花小，风红色，花期6~9月。树冠上部叶红色，下部叶片黄绿色 | 庭植，花篱，地被 |
| 447 | 金山绣线菊 | *Spiraea bumalda* 'Goldmoun' | 蔷薇科 | 0.4~0.6 | 自东北南部至华东（III-VI） | 喜光，耐干燥气候，耐盐碱，忌水涝 | 花小，粉红色，花期6~9月，叶金黄色 | 庭植，花篱，地被 |

| 序号 | 中名 | 学名 | 科名 | 高度（m） | 适用地区 | 生态习性 | 生物学特性及观赏特性 | 园林用途 |
|---|---|---|---|---|---|---|---|---|
| 448 | 菱叶绣线菊 | *Spiraea vanhouttei* | 蔷薇科 | 2 | 华北至华南，西南（III–VII） | 中性，喜温暖气候，较耐寒 | 花小，白色，美丽，花期4–5月 | 庭园观赏，丛植 |
| 449 | 粉花绣线菊 | *Spiraea japonica* | 蔷薇科 | 1.5 | 华北南部至长江流域（III–VI） | 阳性，喜温暖气候 | 花粉红色，花期6–7月 | 庭园观赏，花篱，丛植，花境 |
| 450 | 贴梗海棠 | *Chaenomeles speciosa* | 蔷薇科 | 2 | 我国东部，中部至西南部(III–VI) | 阳性，喜温暖气候，较耐寒，耐瘠薄，不耐水湿 | 花粉，红或白色，3–4月，先叶开放，簇生枝间。秋果黄色，有香气 | 庭院观赏，花篱，基础种植 |
| 451 | 木瓜 | *Chaenomeles sinensis* | 蔷薇科 | 10 | 长江流域至华南（IV–VII） | 阳性，喜温暖，不耐水湿和盐碱土 | 花粉红，花期4–5月，秋果黄色，8–10月，浓香 | 庭院观赏 |
| 452 | 平枝枸子 | *Cotoneaster horizontalis* | 蔷薇科 | 1~1.5 | 华北，西北至长江流域（III–VI,IX） | 阳性，耐寒，适应性强 | 匍匐状，秋冬果鲜红 | 基础种植，岩石园 |
| 453 | 多花枸子（水枸子） | *Cotoneaster multiflorus* | 蔷薇科 | 4~5 | 华北，东北，西北，西南（III–VI西部，IX） | 阳性，耐干旱瘠薄，耐修剪 | 花白色，花期5–6月，秋果红色 | 果实能吸引鸟类，丛植，孤植 |
| 454 | 甘肃山楂 | *Crataegus kansuensis* | 蔷薇科 | 2.5~8 | 西北，西南(II,III,IX,XI) | 喜光，较耐干旱 | 花白色，花期5月，果橘红色，9月 | 丛植 |
| 455 | 山楂 | *Crataegus pinnatifida* | 蔷薇科 | 2.5~8 | 东北南部，华北，华中（III–V） | 弱阳性，耐寒，耐干旱瘠薄土壤，抗污染 | 花白色，顶生伞房花序，花期5–6月，秋红果 | 庭院观赏，园路树，果树 |
| 456 | 金露梅 | *Potentilla fruticosa* | 蔷薇科 | 0.5~1.5 | 东北，西北，西南（II,III,VI西部，IX） | 阳性，耐寒，耐旱 | 花金黄色，花期6–7月 | 岩石园，丛植 |
| 457 | 山荆子 | *Malus baccata* | 蔷薇科 | 6~14 | 东北至黄河流域（II–IV,IX） | 喜光，耐寒，耐旱，深根性，寿命长 | 花白色或淡粉色，花期4–5月。果熟时亮红色或黄色，9–10月 | 庭阴树 |
| 458 | 花红 | *Malus asiatica* | 蔷薇科 | 6 | 西北，东北至长江流域(II–VI,IX) | 阳性，喜温凉气候及肥沃土壤，耐寒，耐碱 | 花粉红色，开后变白，果黄色，可食 | 果树，庭阴树 |
| 459 | 垂丝海棠 | *Malus halliana* | 蔷薇科 | 5 | 华北南部至长江流域，西南（III–VI） | 阳性，喜温暖湿润，耐寒性不强 | 花鲜玫瑰红色，朵朵下垂，甚为美丽，花期4–5月 | 庭院观赏，丛植 |
| 460 | 海棠果 | *Malus prunifolia* | 蔷薇科 | 8 | 东北，华北，西北（II–IV,IX） | 阳性，耐旱，耐寒，耐碱，较耐水湿，生长快，深根性 | 花白，花期4–5月，果红或黄，9月成熟 | 庭阴树，果树 |
| 461 | 海棠花 | *Malus spectabilis* | 蔷薇科 | 9 | 西北，华北，华中，华东(II–VI,IX) | 喜光，耐寒，耐旱，忌水湿 | 树态峭立，枝条红褐色，花在蕾时粉红色，开后淡粉红至近白色，花期4–5月，果黄色 | 园景树 |
| 462 | 西府海棠 | *Malus micromalus* | 蔷薇科 | 5 | 辽宁，华北，西北（III,IV,IX） | 喜光，耐寒，抗旱，较耐盐碱和水湿 | 树态峭立，花粉红色，花期4–5月，8–9月果熟 | 庭院观赏 |

| 序号 | 中名 | 学名 | 科名 | 高度（m） | 适用地区 | 生态习性 | 生物学特性及观赏特性 | 园林用途 |
|---|---|---|---|---|---|---|---|---|
| 463 | 湖北海棠 | *Malus hapehensis* | 蔷薇科 | 8~12 | 我国中部，西部（IV-VI） | 喜光，喜暖湿气候，根系浅，较耐水湿 | 花蕾时红色，开后白色，有香气，花期4-5月，果黄绿色稍带红晕 | 庭园观赏，嫩叶可代茶 |
| 464 | 苹果 | *Malus pumila* | 蔷薇科 | 15 | 华北南部至长江流域（III-VI,IX） | 阳性，喜冷凉干燥气候及肥沃深厚而排水良好的土壤 | 花白色带红晕，花期4-5月 | 果树，庭阴树 |
| 465 | 杏 | *Prunus armeniaca* | 蔷薇科 | 10 | 东北，华北至长江流域（II-VI） | 阳性，耐寒，耐干旱，不耐涝，抗盐性较强 | 花粉红，花期3-4月，果黄色，6月成熟 | 庭院观赏，风景树，果树 |
| 466 | 紫叶李 | *Prunus cerasifera* 'Atropurpurea' | 蔷薇科 | 4 | 华北至华中，华东（III-VII） | 阳性 | 叶紫红色，花淡粉红色，花期3-4月 | 庭院观赏，丛植 |
| 467 | 麦李 | *Prunus glandulosa* | 蔷薇科 | 1.5~2 | 华北至长江流域（III-VI） | 阳性，较耐寒，适应性强 | 花粉、白色，花期4月，果红色 | 庭院观赏，丛植 |
| 468 | 粉红重瓣麦李 | *Prunus glandulosa* 'Rosea Plena' | 蔷薇科 | 1.5~2 | 华北至长江流域（III-VI） | 阳性，较耐寒，适应性强 | 花粉红色，重瓣 | 庭院观赏，丛植 |
| 469 | 郁李 | *Prunus japonica* | 蔷薇科 | 1.5 | 东北，华北至华南（II-VII） | 阳性，耐寒，耐干旱，较耐水湿，根系发达 | 花粉、白色，春天花叶同放，果深红色 | 丛植，果实可招引鸟类 |
| 470 | 毛樱桃 | *Prunus tomentosa* | 蔷薇科 | 2~3 | 我国北部至西南（II-VI,IX） | 喜光，稍耐阴，性强健，耐寒耐干旱瘠薄 | 花粉、白色，花期4月。花叶同放，果红色 | 果实可招引鸟类，丛植 |
| 471 | 日本晚樱 | *Prunus lannesiana* | 蔷薇科 | 10 | 华北至长江流域（III-VI） | 阳性，喜温暖气候，较耐寒 | 花粉、红、白色，有香气，花期4月 | 庭院观赏，风景林，行道树 |
| 472 | 山桃稠李 | *Prunus maackii* | 蔷薇科 | 10~16 | 东北，华北，西北（II,III,IX） | 喜光，稍耐阴，耐寒性强 | 树干红褐色至亮黄色，花白色，有清香，花期5月，果熟时亮黑色，8月 | 风景林 |
| 473 | 稠李 | *Prunus padus* | 蔷薇科 | 13~15 | 东北，华北，西北（II,III,IX） | 喜光，稍耐阴，耐寒性强，喜肥沃湿润排水良好的土壤，根系发达 | 花序长而美丽，花白色，有清香，花期4-5月，果熟时亮黑色，8-9月，秋叶黄红色 | 果实可招引鸟类，庭阴树 |
| 474 | 李 | *Prunus salicina* | 蔷薇科 | 7 | 东北南部，华北至华中（III-VI） | 喜光，适应性强 | 花白色，叶前开放 | 庭院观赏 |
| 475 | 东京樱花 | *Prunus yedoensis* | 蔷薇科 | 15 | 华北南部至长江流域（IV-VI） | 阳性，不耐烟，对有害气体抗性较强 | 花粉、红、白色，花期4-5月 | 庭阴树，行道树 |
| 476 | 樱花 | *Prunus serrulata* | 蔷薇科 | 10~15 | 东北，华北至长江流域（III-VI） | 阳性，较耐寒，不耐粉尘和毒气 | 花粉白，花期4月 | 庭院观赏，丛植，园路树 |

| 序号 | 中名 | 学名 | 科名 | 高度（m） | 适用地区 | 生态习性 | 生物学特性及观赏特性 | 园林用途 |
|---|---|---|---|---|---|---|---|---|
| 477 | 桃 | *Prunus persica* | 蔷薇科 | 3~5 | 东北南部至广东，西北，西南（III-VIII） | 阳性，较耐寒，不耐水湿，寿命短 | 花粉红色，花期3-4月，先叶开放 | 果树，庭阴树 |
| 478 | 碧桃 | *Prunus persica* 'Duplex' | 蔷薇科 | 3~5 | 东北南部至广东，西北，西南（III-VIII） | 阳性，较耐寒，不耐水湿 | 花粉红色，重瓣 | 观花灌木 |
| 479 | 白碧桃 | *Prunus persica* 'Alba Plena' | 蔷薇科 | 3~5 | 东北南部至广东，西北，西南（III-VIII） | 阳性，较耐寒，不耐水湿 | 花大，白色，近于重瓣 | 观花灌木 |
| 480 | 红碧桃 | *Prunus persica* 'Rubra Plena' | 蔷薇科 | 3~5 | 东北南部至广东，西北，西南（III-VIII） | 阳性，较耐寒，不耐水湿 | 同一树上有红白色相间的花朵、花瓣或条纹，近于重瓣 | 观花灌木 |
| 481 | 绛桃 | *Prunus persica* 'Camelliaeflora' | 蔷薇科 | 3~5 | 东北南部至广东，西北，西南（III-VIII） | 阳性，较耐寒，不耐水湿 | 花深红色，半重瓣 | 观花灌木 |
| 482 | 绯桃 | *Prunus persica* 'Magnifica' | 蔷薇科 | 3 | 东北南部至广东，西北，西南（III-VII） | 阳性，较耐寒，不耐水湿 | 花鲜红色，重瓣，花期略晚 | 观花灌木 |
| 483 | 紫叶桃 | *Prunus persica* 'Atropurpurea' | 蔷薇科 | 3 | 东北南部至广东，西北，西南（III-VII） | 阳性，较耐寒，不耐水湿 | 叶紫红色，花单瓣或重瓣，花色丰富 | 观花灌木 |
| 484 | 垂枝桃 | *Prunus persica* 'Pendula' | 蔷薇科 | 2~3 | 东北南部至广东，西北，西南（III-VII） | 阳性，较耐寒，不耐水湿 | 枝条下垂，花多重瓣，有白、粉、红等颜色 | 观花灌木 |
| 485 | 山桃 | *Prunus davidiana* | 蔷薇科 | 6~10 | 辽南至华北地区（III,IX） | 阳性，耐旱，耐寒，较耐盐碱，忌水湿 | 早春叶前开花，花粉白色，树皮暗紫色有光泽 | 早春观花灌木 |
| 486 | 榆叶梅 | *Prunus triloba* | 蔷薇科 | 2~3 | 东北南部，华北，西北（III,IX） | 阳性，稍耐阴，耐寒，耐干旱，忌涝 | 花粉红色，单瓣或重瓣，密集于枝条，先叶开放，4月 | 庭院观赏，丛植列植 |
| 487 | 梅 | *Prunus mune* | 蔷薇科 | 15 | 长江流域及以南地区（V,VI） | 阳性，喜温暖气候，较耐旱，怕涝，寿命长 | 花红、粉、白、芳香，花期2-3月 | 庭院观赏，片植，盆景 |
| 488 | 垂枝梅 | *Prunus mume* var. *Pendula* | 蔷薇科 | 3 | 长江流域及以南地区（V,VI） | 阳性，喜温暖气候，较耐旱，怕涝，寿命长 | 枝自然下垂或斜垂，花有红、粉、白各色 | 庭院观赏，片植，盆景 |
| 489 | 白梨 | *Pyrus bretschneideri* | 蔷薇科 | 8 | 东北南部，华北，西北（III,IV,IX） | 阳性，喜干冷气候，耐寒，耐水湿 | 花白色，花期4月 | 庭院观赏，果树 |
| 490 | 沙梨 | *Pyrus pyrifolia* | 蔷薇科 | 15 | 长江流域至华南，西南（VI,VII） | 喜光，喜温暖湿润气候，耐旱，耐水湿 | 花白色，3-4月，果球形，黄褐色 | 庭院观赏，果树 |
| 491 | 杜梨 | *Pyrus betulaefolia* | 蔷薇科 | 10 | 东北南部至长江流域（III-VI） | 喜光，抗旱，耐寒，耐水湿，较耐盐碱，深根性，寿命长 | 花白色，繁密，花期4-5月 | 庭阴树，防护林 |

| 序号 | 中名 | 学名 | 科名 | 高度（m） | 适用地区 | 生态习性 | 生物学特性及观赏特性 | 园林用途 |
|---|---|---|---|---|---|---|---|---|
| 492 | 鸡麻 | *Rhodotypos scandens* | 蔷薇科 | 2~3 | 辽宁至华中，西北至华东（III-V,IX） | 中性，喜温暖气候，较耐寒 | 花白色，花期4-5月 | 庭园观赏，丛植 |
| 493 | 珍珠梅 | *Sorbaria kirilowii* | 蔷薇科 | 2~3 | 东北南部，华北，西北（III-V,IX） | 耐阴，耐寒，对土壤要求不严，萌蘖性强 | 花小而密，白色，花期6-8月 | 庭园观赏，丛植 |
| 494 | 东北珍珠梅 | *Sorbaria sobifolia* | 蔷薇科 | 2~3 | 东北，内蒙古（II,IX北部） | 弱阳性，耐寒性强，耐修剪 | 花小而密，白色，花期6-9月 | 庭园观赏，丛植 |
| 495 | 黄刺玫 | *Rosa huagonis* | 蔷薇科 | 3 | 华北，西北，东北南部（III,IX） | 阳性，耐寒，耐干旱 | 花黄色，花期4-5月，果红色 | 庭园观赏，丛植 |
| 496 | 月季 | *Rosa chinese* | 蔷薇科 | 2 | 东北南部至华南，西南（III-VII） | 阳性，喜温暖气候，较耐寒 | 花红、紫色，花期5-10月 | 庭植，丛植，盆栽 |
| 497 | 现代月季 | *Rosa hybrida* | 蔷薇科 | 1 | 东北南部至华南，西南（III-VII） | 阳性，喜温暖气候，较耐寒 | 花色丰富，花期5-10月 | 庭植，专类园，盆栽 |
| 498 | 丰花月季 | *Rosa hybrida Floribunda Roses* | 蔷薇科 | 1~2 | 东北南部至华南，西南（III-VII） | 阳性，喜温暖气候，较耐寒 | 花色丰富，花期长，耐寒性较强，耐粗放管理 | 丛植 |
| 499 | 藤本月季 | *Rosa hybrida Climbing Roses* | 蔷薇科 | | 东北南部至华南，西南（III-VII） | 阳性，喜温暖气候 | 枝条长，蔓性或攀援，花色丰富，花期5，10月 | 攀援围栏，棚架 |
| 500 | 杂种香水月季 | *Rosa hybrida Hybrid Tea Roses* | 蔷薇科 | 1~2 | 东北南部至华南，西南（III-VII） | 阳性，喜温暖气候 | 花大，色彩丰富，芳香，生长季中开花不断，多为灌木，少有藤本 | 专类园，木本花卉 |
| 501 | 白玉棠 | *Rosa multiflora 'Ablo-plena'* | 蔷薇科 | 1~2 | 华北、西北（III、IX) | 阳性，耐寒，耐干旱，适应性强 | 花繁密，白色，重瓣，芳香 | 庭院观赏，丛植，花篱 |
| 502 | 玫瑰 | *Rosa rugosa* | 蔷薇科 | 2 | 东北、华北至长江流域（III） | 阳性，耐寒，耐干旱，不耐积水 | 花紫红色，花期5-6月，芳香 | 庭院观赏，丛植，花篱 |
| 503 | 水榆花楸 | *Sorbus alnifolia* | 蔷薇科 | 20 | 东北至长江中下游及陕、甘南部（II-VI、IX南部） | 中性，耐阴，喜湿润排水良好的微酸性或中性土壤，耐寒 | 花白色，5月，梨果椭球形，红色或橙黄色，9-10月果熟，秋叶变红色或金黄色 | 风景林，园景树，庭阴树 |
| 504 | 棣棠 | *Kerria japonica* | 蔷薇科 | 1~2 | 华北至华南、西南（III-VII） | 中性，喜温暖湿润气候，较耐寒 | 花金黄色，花期4-5月，枝干绿色 | 丛植，花篱，庭植 |
| 505 | 连香树 | *Cercidiphyllum japanicum* | 连香树科 | 30~40 | 我国中部（IV-VI） | 喜光，喜温凉气候及肥沃土壤 | 幼叶紫色，秋叶黄色或橙色 | 风景林，庭阴树，园景树 |

| 序号 | 中名 | 学名 | 科名 | 高度（m） | 适用地区 | 生态习性 | 生物学特性及观赏特性 | 园林用途 |
|---|---|---|---|---|---|---|---|---|
| 506 | 腊梅（蜡梅） | *Chimonanthus praecox* | 腊梅科 | 3~4 | 华北南部至长江流域（III–VI） | 阳性，喜温暖，耐干旱，忌水湿，耐修剪 | 花蜡黄色，浓香，花期1–2月 | 庭院观赏，盆栽 |
| 507 | 丝绵木 | *Euonymus bungeanus* | 卫矛科 | 6 | 东北南部至长江流域（III–VI） | 中性，耐寒，耐水湿，抗污染 | 树冠圆球形，小枝细长，绿色，枝叶秀丽，花盘肥大，蒴果粉红色，秋季成熟 | 庭阴树，水边绿化 |
| 508 | 枳椇（拐枣） | *Hovenia dulcis* | 鼠李科 | 25 | 黄河流域及其以南地区（IV–VII） | 阳性，喜温暖气候 | 叶大阴浓，花淡绿色，花期6月，果10月 | 行道树，庭阴树 |
| 509 | 鼠李 | *Rhamnus davurica* | 鼠李科 | 10 | 东北、华北（II–IV） | 耐阴，抗寒，耐瘠薄，适应性强 |  | 庭植观赏 |
| 510 | 枣树 | *Ziziphus jujuba* | 鼠李科 | 10 | 东北及内蒙古南部至华南（III–VII、IX南部） | 阳性，适应性强，寿命长 |  | 果树、蜜源植物，庭阴树 |
| 511 | 龙爪枣 | *Zizuphus jujuba Tortuosa* | 鼠李科 | 5~8 | 东北及内蒙古南部至华南（III–VII、IX南部） | 阳性 | 小枝卷曲如游龙 | 庭植观赏 |
| 512 | 雀梅藤 | *Sageretia theezans* | 鼠李科 | 2~3 | 长江流域及其以南地区（V–VIII） | 喜光，稍耐阴，喜温暖气候，耐修剪 | 落叶攀援灌木 | 绿篱，盆景 |
| 513 | 马甲子 | *Paliurus ramosissimus* | 鼠李科 | 2~3 | 华东、中南、西南、陕西（V、VI） | 中性 |  | 绿篱 |
| 514 | 紫椴 | *Tilia amurensis* | 椴树科 | 15~25 | 华北、东北（II、III） | 中性，耐寒性强，抗污染，深根性 | 树姿优美，枝叶茂密 | 行道树，庭阴树 |
| 515 | 蒙椴 | *Tilia Mongolia* | 椴树科 | 6~10 | 东北、华北、内蒙(II、III、IX北部) | 中性，喜冷凉湿润气候，耐寒 | 树姿优美，树皮红褐色，枝叶茂密，嫩叶红色，秋叶亮黄色。花期6–7月，果9月 | 园景树 |
| 516 | 糠椴 | *Tilia mandshurica* | 椴树科 | 20 | 东北、华北（II、III） | 弱阳性，喜冷凉湿润气候，耐寒，深根性，不耐碱，怕污染 | 树姿优美，叶大阴浓，嫩叶红色，花黄色，7月，芳香，果9月 | 庭阴树，行道树 |
| 517 | 欧洲大叶椴 | *Tilia platyphylla* | 椴树科 | 32 | 青岛（III东部） | 中性，喜凉爽湿润气候 | 树冠半球形，叶大阴浓，花黄白色 | 庭阴树 |
| 518 | 心叶椴 | *Tilia cordata* | 椴树科 | 20~30 | 华东、新疆（III–VI、X） | 喜光，耐寒，抗烟能力强 | 树冠圆球形，花黄白色，芳香 | 庭阴树，行道树 |
| 519 | 南京椴 | *Tilia miqucliana* | 椴树科 | 12~20 | 华东（VI东部） | 中性，喜温暖气候 | 树姿优美 | 庭阴树 |
| 520 | 木姜子 | *Litsea cubeba* | 樟科 | 8~10 | 长江以南地区（VI–VIII） | 喜光，稍耐阴，浅根性 | 花夏季，果黑色 | 丛植观赏 |

| 序号 | 中名 | 学名 | 科名 | 高度（m） | 适用地区 | 生态习性 | 生物学特性及观赏特性 | 园林用途 |
|---|---|---|---|---|---|---|---|---|
| 521 | 檫木 | Sassafras tzumu | 樟科 | 35 | 长江以南地区（Ⅵ-Ⅶ） | 喜光，喜温暖湿润气候及深厚肥沃、排水良好的酸性土壤，不耐旱，忌水湿，深根性，生长快 | 花小，黄色，微香，核果球形，蓝黑色，秋叶红色 | 用材林，风景林 |
| 522 | 柽柳 | Tamarix chinensis | 柽柳科 | 2~5 | 辽宁至全国各地（Ⅲ-Ⅶ、Ⅸ-Ⅺ） | 阳性，耐干旱、水湿，抗风沙、盐碱，抗有害气体能力强，耐修剪 | 枝叶细小柔软，花粉红色，花期5-8月 | 庭植，绿篱，海防林，防护树 |
| 523 | 枫香 | Liquidambar formosana | 金缕梅科 | 30 | 长江流域及其以南地区（Ⅵ-Ⅷ） | 阳性，喜温暖湿润气候，耐干旱瘠薄，幼树略耐阴，抗风，抗大气污染 | 秋、冬叶色红艳，树干端直高耸，树冠广卵形或略扁 | 庭阴树，行道树，风景树 |
| 524 | 金缕梅 | Hamamelis mollis | 金缕梅科 | 10 | 长江流域（Ⅵ） | 阳性，稍耐阴 | 花红黄色，芳香，早春叶前开放，秋叶黄色 | 庭植观赏 |
| 525 | 蜡瓣花 | Corylopsis sinensis | 金缕梅科 | 5 | 长江流域及其以南各地（Ⅵ-Ⅷ） | 阳性 | 花柠檬黄色，芳香，春天叶前开花 | 庭植观赏 |
| 526 | 乌桕 | Sapium sebiferum | 大戟科 | 15 | 黄河以南各地（Ⅳ-Ⅷ） | 阳性，喜温暖湿润气候，耐水湿，抗风，抗性较强 | 树冠球形，秋叶紫红，缀以白色种子 | 行道树，庭阴树 |
| 527 | 山麻杆 | Alchornea davidii | 大戟科 | 1~2 | 长江流域（Ⅴ、Ⅵ） | 阳性 | 早春嫩叶及秋叶紫红色，叶常带红褐色 | 庭植观赏 |
| 528 | 重阳木 | Bischofia polycarpa | 大戟科 | 15 | 长江流域及其以南各地（Ⅴ-Ⅷ） | 阳性，稍耐阴，喜温暖湿润气候，耐水湿，抗风 | 春叶、秋叶红色 | 庭阴树，行道树，护堤树 |
| 529 | 铁海棠（虎刺梅） | Euphorbia pulcherrima | 大戟科 | 1 | 华南（Ⅶ、Ⅷ） | 喜光 | 花红色，秋冬季为盛花期 | 木本花卉 |
| 530 | 油桐 | Vernica fordii | 大戟科 | 12 | 长江流域及其以南地区（Ⅳ-Ⅷ） | 喜光，喜温暖湿润气候，不耐水湿，生长快，寿命短 | 树冠圆整，叶大阴浓，花白色，春季花叶同放，大而美丽 | 庭阴树，行道树 |
| 531 | 梧桐（青桐） | Firmiana simplex | 梧桐科 | 15~20 | 华北南部至长江流域（Ⅳ-Ⅵ） | 阳性，喜温暖湿润，抗污染，怕涝 | 枝干青翠，叶大阴浓，干皮绿色 | 庭阴树，行道树 |
| 532 | 沙棘 | Hippophae rhamnoides | 胡颓子科 | 1~2 | 华北、西北、西南（Ⅲ、Ⅸ-Ⅺ） | 喜光，耐寒，抗风沙，适应性强 | 花淡黄色，叶前开放，核果球形，橙黄色 | 刺篱，果篱 |
| 533 | 秋胡颓子 | Elaeagnus umbellata | 胡颓子科 | 4 | 长江流域及其以北地区（Ⅲ、Ⅳ、Ⅸ） | 阳性，喜温暖气候，不耐寒 | 花黄白色，花期5-6月，芳香，果橙红色，9-10月 | 庭院观赏，防护林下木 |
| 534 | 沙枣（桂香柳） | Elaeagnus angustifolia | 胡颓子科 | 7~12 | 西北、华北、东北（Ⅲ、Ⅳ、Ⅸ） | 阳性，耐干旱、低湿及盐碱 | 叶银白色，花黄色7月，有香气，果8-10月 | 庭植，绿篱，防护林 |
| 535 | 红瑞木 | Cornus alba | 山茱萸科 | 1~3 | 东北、华北（Ⅱ-Ⅳ） | 弱阳性，耐寒，耐湿，耐干旱瘠薄 | 茎枝红色美丽，花白色或黄白色，花期6-7月，果白色，秋叶红色 | 庭院观赏，丛植 |

| 序号 | 中名 | 学名 | 科名 | 高度（m） | 适用地区 | 生态习性 | 生物学特性及观赏特性 | 园林用途 |
|---|---|---|---|---|---|---|---|---|
| 536 | 灯台树 | Cornus controversa | 山茱萸科 | 12~20 | 辽宁、华北、西北至华南、西南（III–VII、IX南部） | 阳性，喜湿润，生长快 | 树形整齐美观，花白色美丽，花期5–6月 | 庭阴树，行道树 |
| 537 | 车梁木（毛梾木） | Cornus walteri | 山茱萸科 | 6~15 | 黄河流域、华东、西南（IV–VI） | 阳性，较耐干旱瘠薄，不择土壤，深根性 | 花白色，有香气，花期5月，果黑色，9–10月 | 庭阴树 |
| 538 | 偃伏梾木 | Cornus stolonifera | 山茱萸科 | 2~3 | 东北（II） | 喜光，耐寒，生长快，抗性强 | 枝条鲜红色，花白色，花期5–6月，核果白色，9月 | 丛植 |
| 539 | 四照花 | Dendrobenthamia japonica | 山茱萸科 | 8 | 华北南部至长江流域（IV–VI） | 中性，喜温暖气候，耐寒性不强 | 花黄白色，花期5–6月，秋果粉红，9–10月 | 庭院观赏 |
| 540 | 山茱萸 | Macrocapium officinale | 山茱萸科 | 10 | 华东（V、VI） | 喜光，性强健，耐寒，耐旱 | 花金黄色，3–4月，叶前开花，果红色，8–9月果成熟，秋叶红色或黄色 | 庭植、盆景 |
| 541 | 刺五加 | Acanthopanax senticosus | 五加科 | 3~5 | 东北、华北（II、III） | 喜光，稍耐阴，喜湿润气候和肥沃土壤 | 花紫黄色，花期7–8月，果黑色，8–9月 | 庭植观赏 |
| 542 | 辽东楤木 | Aralia elata | 五加科 | 1.5~4 | 东北（II、III） | 阴性，喜湿润肥沃土壤 | 叶形肥大可观，顶生圆锥花序，花黄白色，花期8月，果黑色 | 庭植观赏 |
| 543 | 刺楸 | Kalopanax septemlobus | 五加科 | 20~30 | 东北南部至华南、西南（III–VII） | 弱阳性，适应性强，深根性，速生，少病虫害 | 顶生圆锥花序，花白色，花期7–8月 | 庭阴树，行道树 |
| 544 | 大果冬青 | Ilex macrocarpa | 冬青科 | 15 | 西南、中南（VI） | 喜光 | 花白色，芳香，果球形，黑色 | 庭阴树 |
| 545 | 柿 | Diospyros kaki | 柿树科 | 15 | 东北南部至华南、西南（III–VII） | 阳性，喜温暖，耐寒，耐干旱瘠薄，不耐水湿和盐碱，深根性，寿命长 | 秋叶红色，果橙黄色 | 果树，庭阴树，行道树 |
| 546 | 瓶兰花 | Diospyros armata | 柿树科 | 8 | 浙江、湖北（VI） | 阳性 | 花冠乳白色，芳香，花期4–5月，果球形，黄色 | 盆景，庭植观赏 |
| 547 | 乌柿 | Diospyros cathayensis | 柿树科 | 2~4 | 华中至华南（V–VIII） | 阳性 | 花白色，花期4月，枝近黑色，果球形，黄色 | 盆景，庭植观赏 |
| 548 | 老鸦柿 | Diospyros rhombifolia | 柿树科 | 2~4 | 华东（VI） | 阳性 | 花白色，花期4月，果红色，10月熟 | 绿篱，庭植观赏 |
| 549 | 君迁子 | Diospyros lotus | 柿树科 | 14 | 东北南部至华南、西南（III–VI、IX） | 阳性，耐寒、耐干旱瘠薄，抗污染，深根性，寿命长 | 果熟时，由黄变成蓝黑色 | 果树，庭阴树，行道树 |
| 550 | 白檀 | Symplocos paniculata | 山矾科 | 12 | 除西北地区，全国都有分布（III–VII） | 阳性，适应性强，深根性 | 花黄白色，花期5月，繁密，微香，核果卵球形，熟时蓝色，经久不凋 | 庭植观赏 |

| 序号 | 中名 | 学名 | 科名 | 高度（m） | 适用地区 | 生态习性 | 生物学特性及观赏特性 | 园林用途 |
|---|---|---|---|---|---|---|---|---|
| 551 | 流苏树 | *Chionanthus* | 木犀科 | 6~20 | 黄河中下游及其以南地区（IV-VI） | 阳性，喜温暖，耐寒，生长慢 | 花白色美丽，花期5月，花期满树雪白，核果蓝黑色，9月下旬成熟 | 庭植观赏 |
| 552 | 雪柳 | *Fontanesia fortuner* | 木犀科 | 4~6 | 东北南部至长江中下游（III-VI、IX） | 中性，耐寒，适应性强，耐修剪 | 花小，白色，花期5-6月 | 绿篱，丛植，林带下木 |
| 553 | 连翘 | *Forsythia suspensa* | 木犀科 | 3 | 南北各地（II-V） | 阳性，耐半阴，耐寒，抗旱，不耐水渍 | 花金黄色，叶前开放，花期4-5月，枝条弯曲下垂 | 庭植，花篱，坡地河岸栽植 |
| 554 | 金钟花 | *Forsythia viridissima* | 木犀科 | 1.5~3 | 华北及长江流域（IV-VI） | 阳性，喜温暖气候，较耐寒 | 花金黄色，花期4-5月，叶前开放 | 庭植观赏，丛植 |
| 555 | 白蜡 | *Fraxinus chinesis* | 木犀科 | 15 | 东北、华北、西北、长江流域（III-VI、IX） | 弱阳性，耐寒，对土壤适应性强，耐低湿，抗烟尘，深根性，耐修剪 | 树冠卵圆形，秋叶黄色 | 庭阴树，行道树，堤岸树 |
| 556 | 绒毛白蜡 | *Fraxinus velutina* | 木犀科 | 8~15 | 华北（III、IV） | 阳性，耐干旱瘠薄，耐低注、盐碱地，抗污染，生长快，落叶较晚 | | 庭阴树，行道树 |
| 557 | 洋白蜡 | *Fraxinus pennsylvanica* | 木犀科 | 20 | 东北南部、华北（III） | 阳性，耐寒，耐低湿 | 枝叶茂密，叶色深绿而有光泽，发叶迟，落叶早 | 行道树，防护林 |
| 558 | 水曲柳 | *Fraxinus mandshurica* | 木犀科 | 30 | 东北（II） | 阳性，耐寒，喜肥沃湿润土壤，生长快，抗风力强，耐水湿 | 树冠卵形 | 庭阴树，行道树，风景林 |
| 559 | 花曲柳 | *Fraxinus rhynchophylla* | 木犀科 | 15 | 东北至黄河流域（II-IV） | 喜光，耐寒 | 树冠卵形，干直 | 庭阴树，行道树，风景林 |
| 560 | 迎春 | *Jasiminum nudiflorum* | 木犀科 | 2~3 | 华北至长江流域（III-VI） | 阳性，稍耐阴，怕涝 | 花黄色，早春叶前开放 | 庭院观赏，花篱，地被植物 |
| 561 | 云南黄馨 | *Jasiminum mesnyi* | 木犀科 | 3~4.5 | 长江流域至华南、西南（VI-VIII） | 中性，喜温暖，不耐寒，适应性强 | 枝拱垂，花黄色，春季开花 | 庭院观赏，花篱 |
| 562 | 什锦丁香 | *Syringa chinensis* | 木犀科 | 3 | 华北、辽东半岛（III） | 阳性，喜温湿气候，耐干旱瘠薄，耐寒，怕涝 | 花序大，花香，淡紫红色或粉红色，花期5月 | 庭院观赏，丛植 |
| 563 | 西南丁香（喜马拉雅丁香） | *Syringa emodi* | 木犀科 | 3~4 | 哈尔滨、西藏（II、IX） | 喜光，畏夏季湿热 | 花粉红色，紧密，花期5月中旬 | 庭院观赏，丛植 |
| 564 | 匈牙利丁香 | *Syringa josikaea* | 木犀科 | 3~5 | 哈尔滨（II） | 喜光，喜湿润气候，抗性强 | 花淡紫色，芳香，花期5-6月 | 庭院观赏，丛植 |
| 565 | 西蜀丁香 | *Syringa komarovii* | 木犀科 | 3~5 | 云南、四川西部（III、VI西部） | 喜光，耐寒，耐旱，喜土壤湿润且排水良好 | 花粉红色，花期5-6月 | 庭院观赏，丛植 |

| 序号 | 中名 | 学名 | 科名 | 高度（m） | 适用地区 | 生态习性 | 生物学特性及观赏特性 | 园林用途 |
|---|---|---|---|---|---|---|---|---|
| 566 | 小叶丁香 | *Syringa microphylla* | 木犀科 | 2 | 辽南、华北、华中、西北（III、IV、IX） | 喜光，耐寒，抗旱 | 花淡紫红色,5月,7-8月两次开花 | 庭院观赏，丛植 |
| 567 | 蓝丁香 | *Syringa meyeri* | 木犀科 | 0.8~1.5 | 华北（III、IV） | 喜光，耐寒，耐干旱，适应性强 | 花蓝紫色，花期4-5月 | 庭院观赏，丛植 |
| 568 | 紫丁香 | *Syringa oblata* | 木犀科 | 4~5 | 东北南部，华北、西北（III、IV、IX） | 阳性，稍耐阴，耐寒,耐旱,忌低湿 | 花堇紫色，花期4-5月，芳香 | 庭院观赏，丛植 |
| 569 | 白丁香 | *Syringa oblata var. alba* | 木犀科 | 4~5 | 东北南部、华北、西北（III、IV、IX） | 阳性，稍耐阴，耐寒,耐旱,忌低湿 | 花白色，花期4-5月，芳香 | 庭院观赏，丛植 |
| 570 | 北京丁香 | *Syringa pekinensis* | 木犀科 | 10 | 中国北部（III、IV、IX） | 阳性，耐旱 | 花白，花期5-6月，有异香 | 庭阴树，园路树 |
| 571 | 暴马丁香 | *Syringa reticulata var.mandshuica* | 木犀科 | 10 | 东北、华北（II-IV、IX） | 阳性，耐旱 | 花白，花期5-6月，有异香 | 庭阴树，园路树 |
| 572 | 波斯丁香 | *Syringa X persia* | 木犀科 | 2 | 西北、东北、华北（III、IX南部、XI） | 喜光，稍耐阴，喜温暖湿润气候，耐寒，耐旱 | 花淡紫色，花期5月 | 庭院观赏，丛植 |
| 573 | 羽叶丁香 | *Syringa pinnatifolia* | 木犀科 | 3 | 华北、华中、西南（III、IV、VI西部） | 阳性，耐寒，耐旱，喜湿润气候 | 花白色或淡粉红色，花期5月 | 庭院观赏，丛植 |
| 574 | 毛叶丁香 | *Syringa pubescens* | 木犀科 | 1~3 | 东北南部至黄河流域（III、IV、IX南部） | 阳性，耐寒，耐旱，耐瘠薄 | 花紫色或淡紫色，具浓香，花期5月 | 庭院观赏，丛植 |
| 575 | 垂丝丁香 | *Syringa reflexa* | 木犀科 | 4 | 东北南部、华北,原产川东、鄂西的高山上（III、VI北部） | 阳性，喜湿润气候，耐寒，耐旱 | 花冠外粉红色，内白色，花期5月 | 庭院观赏，丛植 |
| 576 | 四川丁香 | *Syringa sweiginzowii* | 木犀科 | 3 | 原产于川西的高山上，辽宁有栽培（III、XI西部） | 喜光，耐半阴，喜空气、土壤湿润，耐干旱，耐寒 | 花淡红色，有香气，花期5月下旬 | 庭院观赏，丛植 |
| 577 | 关东丁香 | *Syringa velutina* | 木犀科 | 3 | 辽宁、吉林（III） | 喜光，稍耐阴，耐寒，耐干旱 | 花白色或淡紫色，花期5月 | 庭院观赏，丛植 |
| 578 | 欧丁香 | *Syringa vulgaris* | 木犀科 | 7 | 全国各地(III-VI) | 喜光，稍耐阴，耐干旱，耐寒 | 花淡紫色，芳香，花期5月 | 庭院观赏，丛植 |
| 579 | 红丁香 | *Syringa villosa* | 木犀科 | 3 | 辽宁、华北、西北（III、IX南部） | 喜光，稍耐阴，喜冷凉湿润气候，耐干旱，耐寒 | 花淡粉色至白色，花期5-6月 | 庭院观赏，丛植 |
| 580 | 辽东丁香 | *Syringa wolfi* | 木犀科 | 5 | 东北、内蒙古、河北、山西（III） | 喜光，喜土壤湿润而排水良好，耐寒 | 花青紫色，淡紫色，花期6月 | 庭院观赏，丛植 |

| 序号 | 中名 | 学名 | 科名 | 高度（m） | 适用地区 | 生态习性 | 生物学特性及观赏特性 | 园林用途 |
|---|---|---|---|---|---|---|---|---|
| 581 | 金叶女贞 | *Ligustrum vicaryi* | 木犀科 | 1~2 | 华北南部至华东（III-VI） | 喜光，喜温暖湿润气候，耐高温 | 半常绿性，花白色，花期夏季 | 观叶植物，绿篱，色带 |
| 582 | 小叶女贞 | *Ligustrum quihoui* | 木犀科 | 2~3 | 华北至长江流域（III-VI） | 中性，喜温暖气候，较耐寒 | 半常绿性，花小，白色，花期8-9月，有香气，果黑色 | 庭院观赏，绿篱 |
| 583 | 小蜡 | *Ligustrum sinese* | 木犀科 | 3~6 | 长江流域及其以南地区（V-VIII） | 中性，喜温暖，较耐寒，耐修剪 | 半常绿性，花白色，花期5-6月，生长慢 | 庭院观赏，绿篱 |
| 584 | 水蜡 | *Ligustrum obtusifolium* | 木犀科 | 2~3 | 长江以北地区（III-V） | 喜光，稍耐阴，耐寒，适应性强，耐修剪 | 花白色，花期6月，芳香。果9-10月，黑色 | 绿篱，造型树 |
| 585 | 大叶醉鱼草 | *Buddleia davidii* | 醉鱼草科 | 1~3 | 长江流域（VI） | 阳性，喜温暖气候，耐修剪，性强健，耐旱 | 花色丰富，有紫、红、暗红、白色等品种，芳香，花期6-9月 | 庭院观赏，丛植，招引蝴蝶 |
| 586 | 密蒙花 | *Buddleia officinalis* | 醉鱼草科 | 1~3 | 中国西南、中南部（VI） | 阳性 | 花淡紫色至白色 | 庭植观赏，药用 |
| 587 | 枸杞 | *Lycium chinese* | 茄科 | 1 | 辽宁以南地区（III-VI、IX南部） | 阳性，耐阴，耐碱 | 花紫色，花期5-10月，果红色 | 庭植、桩景 |
| 588 | 紫珠 | *Callicarpa dichotoma* | 马鞭草科 | 1.5~2 | 我国东部及中南部（III-VI） | 中性，喜温暖气候，较耐寒 | 花淡紫色，花期6-7月，核果球形，亮紫色 | 庭院观赏，丛植 |
| 589 | 海州常山 | *Clerodendrum trichotomum* | 马鞭草科 | 3~8 | 华北至长江流域（III-VI） | 喜光，稍耐阴，喜温暖气候，耐干旱，耐水湿，抗污染 | 花白色带粉红色，花期7-8月，紫红色萼片，宿存。蓝果，9-10月 | 庭院观赏，丛植 |
| 590 | 荆条 | *Vitex negundo var. heterophylla* | 马鞭草科 | 1~2 | 东北南部、华北、西北、华东、西南（III-VI） | 喜光，耐寒，耐干旱瘠薄 | 花蓝紫色，有香气，花期夏季 | 盆景 |
| 591 | 龙吐珠 | *Clerodendrum thomsonae* | 马鞭草科 | 2~5 | 华南（VIII） | 喜光，喜高温、高湿气候，不耐寒，生长迅速 | 蔓性木质藤本，花萼白色，花鲜红色，夏至秋季开花 | 庭院观赏 |
| 592 | 赪桐（荷包花） | *Clerodendrum japonicum* | 马鞭草科 | 1~4 | 长江流域以南地区（VI-VIII） | 喜光，耐半阴，喜温暖多湿气候，耐湿又耐旱，生长快 | 花鲜红色，花期夏至秋季 | 庭院观赏 |
| 593 | 糯米条 | *Abelia chenensis* | 忍冬科 | 1.5~2 | 华北南部至华南（III-VII） | 中性，喜温暖，耐干旱瘠薄，耐修剪，根系发达 | 花白色，花期7-9月，芳香，花后宿存叶片变红 | 庭院观赏，花篱 |
| 594 | 大花六道木 | *Abelia grandiflora* | 忍冬科 | 2 | 华北至华南（III-VII） | 耐半阴，耐寒，耐旱，生长快，耐修剪 | 花粉红色，7-9月花开不断 | 丛植，花篱 |
| 595 | 美丽忍冬 | *Lonicera bella* | 忍冬科 | 1.5 | 华北、东北（III） | 喜光，耐半阴，喜湿润气候，耐寒 | 初开花白色或粉色，后变成黄色，浆果红色 | 庭植观赏 |

| 序号 | 中名 | 学名 | 科名 | 高度（m） | 适用地区 | 生态习性 | 生物学特性及观赏特性 | 园林用途 |
|---|---|---|---|---|---|---|---|---|
| 596 | 黄花忍冬 | *Lonicera chrysantha* | 忍冬科 | 4 | 华北、东北、西北（III、IX） | 喜光，耐半阴，耐旱，耐寒 | 花黄白色后变为红黄色，6月，浆果红色，8–9月 | 庭植观赏 |
| 597 | 金银木 | *Lonicera maackii* | 忍冬科 | 6 | 南北各省(II–VII) | 喜光，耐半阴，耐旱，耐寒 | 花白色后变黄，花期4–5月，浆果红色 | 庭植观赏，防护林，蜜源植物 |
| 598 | 紫枝忍冬 | *Lonicera maximowiczii* | 忍冬科 | 2~3 | 东北、西北（II、III、IX) | 耐阴，耐寒 | 花紫红色，花期5–6月，浆果红色，8月 | 庭植观赏 |
| 599 | 长白忍冬 | *Lonicera ruprechtiana* | 忍冬科 | 3~5 | 东北（II、III) | 喜光，耐阴，耐旱，喜湿润 | 花初开为白色后变成黄色，5–6月，浆果红色，8–9月 | 庭植观赏 |
| 600 | 桃色忍冬（鞑靼忍冬） | *Lonicera tatarica* | 忍冬科 | 3 | 西北、华北、东北(II、III、IX、X) | 喜光，稍耐阴，耐旱，耐寒 | 花粉、红、白色，花期5–6月，浆果红色，9月熟 | 庭植观赏 |
| 601 | 藏花忍冬 | *Lonicera tatarinowii* | 忍冬科 | 2 | 东北南部至华北（III） | 耐半阴，耐寒，喜湿润气候 | 花暗紫色，花期5–6月，浆果球形，红色8–9月 | 庭植观赏 |
| 602 | 锦带花 | *Weigela florida* | 忍冬科 | 1~3 | 东北，华北，华中（II南部–VI） | 阳性，耐寒，耐干旱，怕涝 | 花玫瑰红色，花期4–5月 | 庭植观赏，丛植，花篱 |
| 603 | 花叶锦带 | *Weigela florida* 'Variegata' | 忍冬科 | 1~2 | 华北（III,IV） | 阳性，较耐阴，耐寒，耐旱，怕积水，耐修剪 | 植株紧密，叶边缘淡黄白色，花粉白色，花期4–5月 | 丛植 |
| 604 | 红王子锦带花 | *Weigela florida* 'Red Prince' | 忍冬科 | 1~2 | 华北（III,IV） | 喜光，耐寒 | 花鲜红色，极其繁茂，花期4–5月 | 丛植，花篱 |
| 605 | 白锦带花 | *Weigela florida f.alba* | 忍冬科 | 1~3 | 华北，东北（III,IV） | 阳性，较耐阴，耐寒，耐旱，怕积水，耐修剪 | 花白色，花期4–5月 | 丛植 |
| 606 | 早锦带花 | *Weigela praecox* | 忍冬科 | 1~2 | 东北南部至华北(III,IV） | 喜光，稍耐阴，耐寒，耐瘠薄 | 花粉红色，花期5月 | 观花灌木 |
| 607 | 美丽锦带花 | *Weigela nikkoensis* | 忍冬科 | 1~1.5 | 华北至华东（III–V） | 阳性，耐寒，耐旱，怕积水 | 花紫红色，花期6–10月 | 观花灌木 |
| 608 | 接骨木 | *Sambucus williamsii* | 忍冬科 | 6 | 南北各地（III–VII） | 弱阳性，喜温暖，抗有毒气体，适应性强 | 花小，白色，花期4–5月，秋果红色7–9月 | 庭院观赏 |
| 609 | 海仙花 | *Weigela coraeensis* | 忍冬科 | 5 | 华北，华东，华中（IV–VI） | 弱阳性，喜温暖，颇耐寒 | 花初开时黄白色后渐变为紫红色，花期5–6月 | 庭院观赏，丛植 |
| 610 | 木本绣球 | *Viburnum macrocephalum* | 忍冬科 | 4 | 华北南部至闽，川（IV–VII） | 阳性，稍耐阴 | 花白，5–6月，花序大，形如绣球 | 庭院观赏 |

| 序号 | 中名 | 学名 | 科名 | 高度（m） | 适用地区 | 生态习性 | 生物学特性及观赏特性 | 园林用途 |
|---|---|---|---|---|---|---|---|---|
| 611 | 天目琼花 | *Viburnum sargentii* | 忍冬科 | 3 | 东北，华北至长江流域（II,III–VI） | 中性，较耐寒 | 花白色，花期5–6月，秋果红色 | 庭植观花，观果 |
| 612 | 荚蒾 | *Viburnum dilatatum* | 忍冬科 | 3 | 华北南部至华南各地（IV–VII） | 中性 | 花白色，花期5–6月，核果红色，9–10月 | 庭院观赏 |
| 613 | 香荚蒾 | *Vibumum farreri* | 忍冬科 | 3 | 华北，西北（III,IX） | 中性，耐干旱，耐寒 | 花红色，芳香，花期4月，果椭球形，紫红色 | 庭植观花 |
| 614 | 蝴蝶树 | *Vibumum plicatum f.tomentosum* | 忍冬科 | 3 | 华北南部以南地区（IV–VII） | 阳性，稍耐阴 | 花白色，花期4–5月，秋日观红果 | 庭植观赏 |
| 615 | 猬实 | *Kolkwitzia amabills* | 忍冬科 | 3 | 华北，西北，华中（III,IV,IX南部） | 阳性，颇耐寒，耐干旱贫瘠 | 花粉红，花期5月，果似刺猬 | 庭植观赏，花篱 |
| 616 | 紫薇 | *Lagerstromia indica* | 千屈菜科 | 3~6 | 华北南部至华南，西南（III–VIII） | 喜光，耐半阴，喜温暖气候，耐旱，不耐严寒，不耐涝，抗大气污染 | 花紫、红、白色，花期6–9月，秋色也可观 | 庭院观赏，园路树 |
| 617 | 大花紫薇 | *Lagerstromia speciosa* | 千屈菜科 | 16~20 | 华南（VII,VIII） | 喜光，耐半阴，喜暖热气候，耐干旱瘠薄，不耐寒 | 树冠半球形，花淡紫红色，夏季开花。果宿存至冬，冬季落叶是叶色变红或橙红色 | 庭阴树，园景树，行道树 |
| 618 | 南紫薇 | *Lagerstromia subcostata* | 千屈菜科 | 2~8 | 我国南部，西部（VI,VII） | 喜光 | 花小白色 | 丛植观赏 |
| 619 | 黄薇 | *Heimia myrtifolia* | 千屈菜科 | 1~2 | 华东（VI） | 喜光，喜温暖，耐干旱 | 花金黄色，夏秋开花 | 丛植观赏 |
| 620 | 木棉 | *Bombax mala* | 木棉科 | 10~40 20 | 华南（VII,VIII） | 阳性，喜暖热气候，耐干旱瘠薄，抗风，抗大气污染，不耐水湿，速生 | 花大，红色，花期2–3月，春季先叶开放 | 园景树，行道树 |
| 621 | 吉贝（爪哇木棉） | *Ceiba pentandra* | 木棉科 | 10~20 | 华南（VIII） | 阳性，喜高温多湿气候，抗大气污染，须排水良好，不耐旱 | 树冠近似塔形，花大，淡红色或白色，春末夏初开花 | 庭阴树，园景树 |
| 622 | 美人树 | *Cebia insignis* | 木棉科 | 10~15 | 华南（VIII） | 强阳性，喜高温多湿气候，生长迅速，抗风，不耐旱 | 树冠伞形，叶色青翠，成年树干呈酒瓶状，冬季开紫红色花 | 庭阴树，园景树 |
| 623 | 七叶树 | *Aesculus chinese* | 七叶树科 | 25 | 黄河中下游至华东（IV–VI） | 弱阳性，喜温暖湿润气候，不耐寒，深根性，生长慢，寿命长 | 树冠开阔，叶大阴浓，白花绚烂，花期5–6月 | 园景树，行道树 |
| 624 | 天师栗 | *Aesculus wilsonii* | 七叶树科 | 30 | 豫西与粤北，华中，西南（IV–VI） | 弱阳性，喜温暖湿润气候，不耐寒，深根性，生长慢，寿命长 | 花白色，芳香 | 园景树 |
| 625 | 木芙蓉 | *Hibiscus mutabilis* | 锦葵科 | 2~5 | 长江流域及其以南地区（V–VII） | 中性偏阴，喜温暖气候及酸性土 | 花白、粉、紫红色，花期9–10月，花朵大，鲜艳 | 庭院观赏，丛植，列植 |

| 序号 | 中名 | 学名 | 科名 | 高度（m） | 适用地区 | 生态习性 | 生物学特性及观赏特性 | 园林用途 |
|---|---|---|---|---|---|---|---|---|
| 626 | 木槿 | *Hibiscus syriacus* | 锦葵科 | 2~6 | 东北南部至华南（III–VII） | 阳性，喜温暖气候，不耐寒 | 花淡紫、白粉色，花期7~9月 | 丛植，花篱，庭植观赏 |
| 627 | 金丝桃 | *Hypericum monogynum* | 金丝桃科 | 1 | 长江流域及其以南地区（V–VIII） | 阳性，耐半阴，喜温暖气候，较耐干旱 | 半常绿性，花金黄色，6~7月 | 庭院观赏，丛植 |
| 628 | 金丝梅 | *Hypericum patulum* | 金丝桃科 | 1 | 长江流域及其以南地区（V–VIII） | 阳性，不耐积水 | 半常绿性，花金黄色，4~8月 | 庭植观赏，丛植 |
| 629 | 结香 | *Edgeworthia chrysanthia* | 瑞香科 | 1~2 | 中部及西南各地（IV–VI） | 喜半阴及湿润环境，耐水湿 | 花黄色，3~4月先叶开放，芳香 | 庭院观赏 |
| 630 | 芫花 | *Daphne genkwa* | 瑞香科 | 1 | 黄河中下游至长江流域（IV–VI） | 阳性，颇耐寒 | 花淡紫色，春天叶前开放，花期3月，核果白色，5~6月成熟 | 庭院观赏 |
| 631 | 蓝果树 | *Nyssa sinensis* | 蓝果科 | 30 | 长江以南地区（VI） | 阳性，喜温暖湿润气候，耐干旱瘠薄，生长快 | 秋叶红艳 | 庭阴树，行道树 |
| 632 | 珙桐 | *Davidia involucrata* | 蓝果科 | 20 | 鄂西，川中南，贵北，滇北（VI） | 阳性，略耐半阴，喜温凉湿润气候及肥沃土壤 | 花序苞片奇特美丽，状如飞鸽 | 庭阴树，行道树 |
| 633 | 喜树 | *Camptotheca acuminata* | 蓝果科 | 30 | 长江以南地区（VI–VIII） | 阳性，喜温暖，不耐寒，浅根性，生长快 | 树冠圆形或卵形，树干端直 | 庭阴树，行道树 |
| 634 | 杜鹃（映山红） | *Rhododendron simsii* | 杜鹃花科 | 2~3 | 长江流域及其以南地区（VI,VII） | 中性，喜温湿气候及酸性土 | 花深红色，4~6月，还有橙红、粉红、白色等品种 | 庭院观赏，盆栽，花篱 |
| 635 | 锦绣杜鹃 | *Rhododendron pulchrum* | 杜鹃花科 | 1~2 | 长江以南（VI–VIII） | 喜温暖湿润气候，耐阴，忌阳光暴晒 | 半常绿，花紫色，有香气 | 庭院观赏，林带下木 |
| 636 | 满山红 | *Rhododendron mariesii* | 杜鹃花科 | 1~3 | 长江下游至闽，台（VI–VIII） | 中性 | 花玫瑰红带紫色，4月 | 强酸性土指示植物，庭院观赏 |
| 637 | 石岩杜鹃 | *Rhododendron obtusum* | 杜鹃花科 | 1 | 华东（V,VI） | 喜光，耐半阴，耐热 | 花橙红色至亮红色，4~5月，盛开时盖满树冠 | 庭院观赏，丛植 |
| 638 | 毛白杜鹃 | *Rhododendron mucronatum* | 杜鹃花科 | 2~3 | 长江流域（V,VI） | 中性，喜温暖气候，耐热，抗有害气体能力强 | 花白色，芳香，4~5月开花 | 庭院观赏，丛植 |
| 639 | 鸡蛋花 | *Plumeria rubra* 'Acutifolia' | 夹竹桃科 | 5 | 华南（VII,VIII） | 中性，耐湿 | 花冠漏斗状，外白内黄，芳香 | 庭植观赏 |
| 640 | 香果树 | *Emmenopterys henryi* | 茜草科 | 26 | 我国西南部及长江流域（VI） | 喜温暖气候及肥沃湿润土壤，速生 | | 庭阴树，园景树 |

| 序号 | 中名 | 学名 | 科名 | 高度（m） | 适用地区 | 生态习性 | 生物学特性及观赏特性 | 园林用途 |
|------|------|------|------|----------|----------|----------|----------------------|----------|
| 641 | 榄仁（法国枇杷） | *Terminalis catappa* | 使君子科 | 10~20 | 华南（VII,VIII） | 喜光，耐半阴，喜高温湿润性气候，深根性，抗风，抗污染、寿命长 | 树冠伞形，冬季叶色变红 | 风景林，行道树 |
| 642 | 箬竹 | *Indocalamus latifolius* | 禾本科 | 1 | 中部至长江流域（III–VI） | 中性，喜温暖湿润气候，不耐寒 | 秆丛状散生 | 庭园观赏，地被 |
| 643 | 孝顺竹（观音竹） | *Bambusa multiplex* | 禾本科 | 2~4 | 长江以南地区（VI–VIII） | 中性，喜温暖湿润气候，不耐寒 | 秆丛生，枝叶秀丽 | 庭园观赏 |
| 644 | 凤尾竹 | *Bambusa multiplex car.nana* | 禾本科 | 1~2 | 长江以南地区（VI–VIII） | 中性，喜温暖湿润气候，不耐寒 | 秆丛生，枝叶细密秀丽 | 庭园观赏，绿篱，造型 |
| 645 | 花孝顺竹 | *Bambusa mulitiplex f.alphonsekarri* | 禾本科 | 1~2 | 长江以南地区（VI–VIII） | 中性，喜温暖湿润气候，不耐寒 | 竹秆金黄色节间有绿色纵条纹 | 庭院观赏 |
| 646 | 青皮竹 | *Bambusa textilis* | 禾本科 | 9~10 | 华南（VII,VIII） | 阳性，喜高温多湿气候，抗风 | 丛生竹，秆亮绿色，节间较长，幼时被毛和白粉 | 庭院观赏 |
| 647 | 钓丝单竹 | *Bambusa variostiata* | 禾本科 | 10~20 | 广东（VII,VIII） | 阳性，喜高温多湿气候 | 丛生竹，竹秆下部节间幼时绿色，有黄绿色条纹 | 庭院观赏 |
| 648 | 粉单竹 | *Bambusa chungii* | 禾本科 | 15~20 | 广东，广西（VII.VIII） | 阳性，喜温湿气候及肥沃疏松土壤 | 丛生竹，竹秆粉绿色，被白色蜡粉 | 庭院观赏 |
| 649 | 佛肚竹 | *Bambusa ventricosa* | 禾本科 | 10 | 华南（VII,VIII） | 阳性，喜肥沃排水良好的壤土或沙壤土 | 节间膨大，状如佛肚，干幼时深绿色，老后橄榄黄色 | 庭院观赏 |
| 650 | 黄金间碧竹 | *Bambusa vulgaris var.striata* | 禾本科 | 10~20 | 华南（VII,VIII） | 阳性，喜肥沃排水良好的壤土或沙壤土 | 丛生竹，竹秆鲜黄色，具显著绿色纵条纹 | 庭院观赏 |
| 651 | 罗汉竹 | *Phyllostachys aurea* | 禾本科 | 5~8 | 华北南部至长江流域（IV–VI） | 阳性，喜温暖湿润气候，稍耐寒 | 竹秆下部节间肿胀或节环交互歪斜 | 庭院观赏 |
| 652 | 桂竹 | *Phyllostachys bambusoides* | 禾本科 | 20 | 淮河流域至长江流域（IV–VI） | 阳性，喜温暖湿润气候，稍耐寒，耐盐碱，适应性强 | 秆散生 | 庭院观赏 |
| 653 | 斑竹 | *Phyllostachys bambussoides* 'Tanakae' | 禾本科 | 10~20 | 华北南部至长江流域（IV–VI） | 阳性，喜温暖湿润气候，稍耐寒 | 竹秆有紫褐色斑 | 庭院观赏 |
| 654 | 刚竹 | *Phyllostachys virdis* | 禾本科 | 10~15 | 华北南部至长江流域（IV–VI） | 阳性，喜温暖湿润气候，稍耐寒 | 秆直，淡绿色，枝叶青翠 | 庭院观赏 |
| 655 | 绿皮黄筋竹 | *Phyllostachys viridis* 'Houzeauana' | 禾本科 | 10 | 长江流域（VI） | 阳性，喜温暖湿润气候 | 竹秆之纵槽淡黄色 | 庭院观赏 |

| 序号 | 中名 | 学名 | 科名 | 高度（m） | 适用地区 | 生态习性 | 生物学特性及观赏特性 | 园林用途 |
|---|---|---|---|---|---|---|---|---|
| 656 | 黄皮绿筋竹 | *Phyllostachys viridis cv. Youngii* | 禾本科 | 10 | 长江流域（VI） | 阳性，喜温暖湿润气候 | 秆小，金黄色，节下有绿色环带，节间有少数绿色纵条纹 | 庭院观赏 |
| 657 | 粉绿竹 | *Phyllostachys glauca* | 禾本科 | 5~10 | 华中至长江流域（V，VI） | 阳性，喜温暖湿润气候，稍耐寒 | 新秆布满白粉，老秆仅节下有白粉环 | 庭院观赏，科于编织 |
| 658 | 毛竹 | *Phyllostachys pubescens* | 禾本科 | 10~25 | 山东，河南以南地区（IV~VI） | 阳性，喜温暖湿润气候，不耐寒 | 秆散生，高大 | 庭园观赏，风景林 |
| 659 | 龟甲竹（人面竹） | *Phyllostachys pubescens var. heterocycla* | 禾本科 | 10 | 长江中下游（VI） | 阳性，喜温湿气候及肥沃疏松土壤 | 下部节间异形，形如脸谱 | 庭园观赏 |
| 660 | 紫竹 | *Phyllostachys nigra* | 禾本科 | 3~5 | 长江流域及其以南地区（V~VIII） | 阳性，喜温暖湿润气候，稍耐寒 | 新秆绿色，老秆紫黑色 | 庭园观赏 |
| 661 | 淡竹（毛金竹） | *Phyllostachys nigra var. henonis* | 禾本科 | 7~18 | 长江流域及其以南地区（V~VIII） | 阳性，喜温暖湿润气候 | 秆灰绿色 | 庭园观赏 |
| 662 | 早园竹 | *Phyllostachys propinqua* | 禾本科 | 4~10 | 华北至长江流域（III~VI） | 阳性，喜温暖湿润气候，稍耐寒 | 枝叶青翠 | 庭园观赏 |
| 663 | 黄槽竹 | *Phyllostachys aureosulcata* | 禾本科 | 3~5 | 华北（III） | 阳性，喜温暖湿润气候，稍耐寒 | 秆绿色或黄绿色，竹秆节间纵槽内黄色 | 庭园观赏 |
| 664 | 苦竹 | *Pleioblastus amarus* | 禾本科 | 3~7 | 华北南部至长江流域，西南（IV~VI） | 阳性，喜温暖湿润气候，稍耐寒 | 秆散生 | 庭园观赏 |
| 665 | 菲白竹 | *Pleioblastus argenteo-striatus* | 禾本科 | 1 | 长江中下游地区（VI） | 中性，喜温暖湿润气候，不耐寒 | 叶有白色纵条纹 | 绿篱，地被，盆栽，庭植观赏 |
| 666 | 茶秆竹 | *Pseudosasa amabilis* | 禾本科 | 6~15 | 长江流域以南至华南（VI~VIII） | 阳性，喜温暖湿润气候，稍耐寒 | 秆坚硬挺直，老秆被蜡质斑块 | 庭园观赏 |
| 667 | 慈竹 | *Dendrocalamus affinnis* | 禾本科 | 5~10 | 华中，西南（VI） | 阳性，喜温湿气候及肥沃疏松土壤 | 秆丛生，枝叶茂盛 | 庭园观赏，防风，护堤林 |
| 668 | 方竹 | *Chimonnbambusa quadrangularis* | 禾本科 | 3~8 | 华东，华南（VI~VIII） | 阳性，喜肥沃排水良好的壤土货沙壤土 | 丛生，竹秆有4钝棱 | 庭院观赏，造型 |
| 669 | 炮仗花 | *Pyrostegia ignea* | 紫葳科 | | 华南，滇南（VIII） | 阳性，喜暖热，不耐寒 | 常绿性，花橙红色，花期1~6月 | 攀援棚架，墙垣，山石等 |
| 670 | 蒜香藤 | *Saritaea magnifica* | 紫葳科 | | 华南（VII，VIII） | 喜光 | 常绿性，花紫红色至白色，春秋开花，叶揉搓有蒜香味 | 攀援棚架，围栏 |

| 序号 | 中名 | 学名 | 科名 | 高度(m) | 适用地区 | 生态习性 | 生物学特性及观赏特性 | 园林用途 |
|---|---|---|---|---|---|---|---|---|
| 671 | 美国凌霄 | *Campsis radicans* | 紫葳科 | | 华北及其以南各地 (III,VIII) | 中性, 喜温暖, 耐寒 | 落叶性, 花橘红色, 花期7-8月 | 攀援墙垣, 山石, 棚架 |
| 672 | 凌霄 | *Campsis grandiflora* | 紫葳科 | | 华北及其以南各地 (III,VIII) | 喜光, 中性, 喜温暖, 稍耐寒 | 落叶性, 花大, 橘红、红色, 花期7-9月 | 攀援墙垣, 山石等 |
| 673 | 北五味子 | *Schisandra chinensis* | 五味子科 | | 东北, 华北, 华中 (II-VI) | 中性, 耐寒性强, 浅根性, 不耐旱和水湿 | 落叶性, 花乳白色或粉红色, 芳香, 花期5月, 果红色, 8-9月 | 攀援篱垣, 棚架, 山石 |
| 674 | 南五味子 | *Kadsura longipedunculata* | 五味子科 | | 华东, 中南, 西南 (III) | 中性, 喜温湿气候 | 常绿性, 花黄色, 芳香, 浆果深红至暗蓝色 | 庭院观赏 |
| 675 | 云实 | *Caesalpinia decapetala* | 苏木科 | | 长江以南各地 (V-VI) | 喜光, 适应性强 | 落叶性, 花黄色, 花期5月 | 攀援墙垣, 围栏 |
| 676 | 鸡血藤 | *Millettia reticulata* | 蝶形花科 | | 华东, 中南, 西南 (VI) | 阳性 | 常绿性, 花暗紫色, 花期5-8月 | 攀援墙垣, 棚架 |
| 677 | 紫藤 | *Wisteria sinensis* | 蝶形花科 | | 辽宁以南地区 (VII) | 阳性, 略耐阴, 耐寒, 适应性强, 落叶 | 落叶性, 花堇紫色, 花期4月, 芳香 | 攀援棚架, 枯树等 |
| 678 | 多花紫藤 | *Wisteria floribunda* | 蝶形花科 | | 长江流域及其以南地区 (VI-VIII) | 喜光, 喜排水良好的土壤 | 落叶性, 花紫色或蓝紫色, 花期5月, 芳香 | 攀援棚架, 老树干 |
| 679 | 常春油麻藤 | *Mucuna sempervirens* | 蝶形花科 | | 我国西南至东南部 (III-VI) | 耐阴, 喜温暖湿润气候, 耐干旱 | 常绿性, 花大, 暗紫色, 花期4月 | 攀援棚架, 岩石 |
| 680 | 铁线莲 | *Clematis florida* | 毛茛科 | | 华东, 华中 (IV-VI) | 阳性, 稍耐阴 | 落叶性, 花白色, 夏季 | 攀援篱垣, 棚架, 山石 |
| 681 | 转子莲 | *Clematis patens* | 毛茛科 | | 华北, 东北 (II.III) | 阳性, 喜排水良好的土壤 | 落叶性, 花白色或淡黄色, 大而美丽, 5-6月开花 | 攀援篱垣, 棚架, 垂直绿化材料 |
| 682 | 薜荔 | *Ficus pumila* | 桑科 | | 长江流域及其以南地区 (VI-VIII) | 耐阴, 喜温暖气候, 不耐寒 | 常绿性 | 攀援山石, 墙垣, 树干等 |

| 序号 | 中名 | 学名 | 科名 | 高度（m） | 适用地区 | 生态习性 | 生物学特性及观赏特性 | 园林用途 |
|---|---|---|---|---|---|---|---|---|
| 683 | 南蛇藤 | *Celastrus prbiculatus* | 卫矛科 | | 东北，华北至长江流域（III-VI） | 中性，耐寒，性强健 | 落叶性，花黄绿色，秋叶红，黄色，蒴果鲜黄，开裂后更为美丽 | 攀援棚架，墙垣 |
| 684 | 爬行卫矛 | *Euomymus fortunei var.radicans* | 卫矛科 | | 华北以南地区（III-VII） | 耐阴，喜温暖气候，不耐寒 | 常绿性，叶较小，入秋常变红色，攀援能力较强 | 攀援墙面，山石，老树干 |
| 685 | 胶东卫矛 | *Euonymus kiautschovicus* | 卫矛科 | | 我国东部及中部（III-VI） | 耐阴，喜温暖气候，稍耐寒 | 半常绿性，花淡绿色，花期8月，蒴果扁球形，粉红色，11月，果熟 | 攀援墙面，山石，老树干 |
| 686 | 扶芳藤 | *Euonymus fortunei* | 卫矛科 | | 华北以南地区（III-VII） | 耐阴，喜温暖气候，不耐寒，常绿 | 常绿性，入秋常变红，攀援能力强 | 攀援墙面，山石，老树干 |
| 687 | 木香 | *Rosa banksiae* | 蔷薇科 | | 华北至长江流域（IV-VI） | 阳性，喜温暖，较耐寒，耐水湿 | 半常绿性，花白或淡黄，芳香，花期4-5月 | 攀援篱架，篱栅 |
| 688 | 多花蔷薇 | *Rosa multiflora* | 蔷薇科 | | 华北南部至华南各地（III-VIII） | 喜光，耐寒，耐水湿 | 落叶性，花白、黄、粉，芳香，花期5-6月 | 攀援棚架，篱栅 |
| 689 | 十姐妹 | *Rosa multiflora .Platyphylla* | 蔷薇科 | | 华北南部至华南各地（III-VIII） | 喜光，耐寒，耐水湿 | 落叶性，花重瓣，深红色 | 攀援棚架，篱栅 |
| 690 | 木通 | *Akebia quinata* | 木通科 | | 长江流域至华南（V,VI） | 中性，喜温暖，不耐寒 | 落叶性，花暗紫色，花期4月，10月果熟，紫色 | 攀援篱垣，棚架，山石 |
| 691 | 三叶木通 | *Akebia trifoliata* | 木通科 | | 华北至长江流域（III-VI） | 中性，喜温暖，较耐寒 | 落叶性，花暗紫色，花期5月 | 攀援篱垣，棚架，山石 |
| 692 | 杠柳 | *Periploca sepium* | 杠柳科 | | 除东北北部的全国各地（II-VI） | 阳性，耐寒，耐旱 | 落叶性 | 垂直绿化 |
| 693 | 大血藤 | *Sergentodoxa cuneata* | 大血藤科 | | 长江流域（VI） | 阳性 | 落叶性，花黄绿色，浆果暗蓝色 | 攀援篱垣，棚架 |
| 694 | 中国地锦（爬山虎） | *Parthenocissus tricuspidata* | 葡萄科 | | 南北各地（III-VIII,IX) | 喜阴湿，攀援能力强，适应性强 | 落叶性，秋叶黄色，橙黄色 | 攀援山石，棚架，墙壁 |

| 序号 | 中名 | 学名 | 科名 | 高度（m） | 适用地区 | 生态习性 | 生物学特性及观赏特性 | 园林用途 |
|------|------|------|------|----------|----------|----------|---------------------|----------|
| 695 | 美国地锦（五叶地锦） | *Parthenocissus quinquefolia* | 葡萄科 | | 东北南部至全国各地（III–VIII） | 较耐阴，喜温湿气候，攀援能力弱，抗污染 | 落叶性，秋叶红艳或橙黄色 | 攀援山石，棚架，墙壁 |
| 696 | 葡萄 | *Vitis vinifera* | 葡萄科 | | 南北各地（III–VII,IX,X） | 阳性，耐干旱，怕涝 | 落叶性，果紫红色或黄白，花期8-9月 | 攀援棚架，篱栅，果树 |
| 697 | 盘叶忍冬 | *Lonicera tragophylla* | 忍冬科 | | 华中，华东地区（IV–VI） | 耐阴 | 落叶性，花黄色，橙黄色，花期6-9月，果熟时深红色，9-10月 | 攀援棚架，篱栅 |
| 698 | 金银花 | *Lonicera japonica* | 忍冬科 | | 华北至华南，西南（III–VIII） | 喜光，耐阴，耐寒，抗污染 | 半常绿性，花黄，白色，芳香，花期5-7月 | 攀援小型棚架，墙垣，山石 |
| 699 | 贯叶忍冬 | *Lonicera sempervirens* | 忍冬科 | | 华东（VI） | 喜光，不耐寒，怕涝 | 半常绿性，花橘红色至深红色，晚春至秋陆续开放，浆果红色 | 攀援园墙，拱门，篱栅 |
| 700 | 台尔曼忍冬 | *Lonicera tellmanniana* | 忍冬科 | | 东北南部至华北（III） | 喜光，耐半阴，喜土壤湿润排水良好的生态环境 | 落叶性，花橙色，花期长 | 攀援园墙，拱门，篱栅 |
| 701 | 猕猴桃 | *Actinidia chinensis* | 猕猴桃科 | | 我国中部及南部（II,III） | 阳性，稍耐阴 | 落叶性，花黄白色，6月，有香气，果黄褐色，9月 | 庭植观赏，攀援棚架 |
| 702 | 软枣猕猴桃（猕猴梨） | *Actinedia arguta* | 猕猴桃科 | | 东北，西北，长江流域（II–VI） | 中性，耐寒 | 落叶性，花乳白色，6月，果熟时暗绿色 | 攀援棚架，篱垣 |
| 703 | 狗枣猕猴桃（深山木蓼） | *Actinedia kolomikta* | 猕猴桃科 | | 东北，华北，西南（II–VI） | 阳性 | 落叶性，花白色，芳香，雄株之叶上半部常改变白色或粉红色，可观 | 攀援棚架，篱垣 |
| 704 | 葛枣猕猴桃（天木蓼） | *Actinedia polygama* | 猕猴桃科 | | 东北，华北，西南，华中（II–VI） | 中性 | 落叶性，花白色，芳香，浆果黄色 | 攀援棚架，篱垣 |
| 705 | 中华常春藤 | *Hedera nepalensis var.sinensis* | 五加科 | | 我国中部至南部，西南（IV–VIII） | 阴性，喜阴湿温暖气候，不耐寒 | 常绿性，枝叶浓密，花淡黄白色，8-9月，果黄色或红色，3月 | 攀援墙垣，山石 |
| 706 | 鹅掌藤 | *Scheffera arboricola* | 五加科 | | 华南（VII,VIII） | 蔓性灌木 | 常绿性，花淡黄绿色，秋冬开花，浆果红黄色，春季成熟 | 观叶植物 |

| 序号 | 中名 | 学名 | 科名 | 高度（m） | 适用地区 | 生态习性 | 生物学特性及观赏特性 | 园林用途 |
|---|---|---|---|---|---|---|---|---|
| 707 | 常春藤 | *Hedera helix* | 五加科 | | 长江流域及其以南地区（V-VIII） | 阴性，喜温暖，不耐寒 | 常绿性，花淡黄白色，花期8-9月，果黄色或红色，3月 | 攀援墙垣，山石，盆栽 |
| 708 | 软枝黄蝉 | *Allemanda cathartica* | 夹竹桃科 | | 华南（VII,VIII） | 喜光，喜高温多湿气候，喜湿润土壤 | 常绿性，花黄色，花期10月 | 攀援花架，阴棚 |
| 709 | 络石 | *Trachelospermum jasminoides* | 夹竹桃科 | | 长江流域各地（V,VI） | 耐阴，喜温暖，不耐寒 | 常绿性，花白色,芳香，花期5月 | 攀援墙垣，山石，盆栽 |
| 710 | 长春蔓 | *Vinca major* | 夹竹桃科 | | 华东至华南（V-VII） | 中性 | 常绿性，花蓝紫色，花期5-7月 | 地被植物 |
| 711 | 使君子 | *Quisqualis indica* | 使君子科 | | 华南（VII,VIII） | 喜光，耐半阴，喜高温多湿气候 | 落叶性，花大，有香气，初开时为白色，后变为淡红色至红色，夏至秋季开花 | 攀援花架，阴棚，墙垣 |
| 712 | 叶子花（三角花） | *Bougainvillea spectabilis* | 紫茉莉科 | | 华南，滇南（VIII） | 阳性，喜暖热气候，不耐寒 | 常绿性，花红、黄、紫色，冬春开花 | 攀援山石，园墙，廊柱 |
| 713 | 麒麟尾 | *Epipremnum pinnatum* | 天南星科 | | 华南（VII,VIII） | 喜半阴，喜温暖多湿气候，稍耐干旱，忌阳光暴晒 | 常绿性，肉穗花序淡白色，佛焰苞外黄内白 | 攀援山石 |
| 714 | 龟背竹 | *Monstera deliciosa* | 天南星科 | | 华南（VII,VIII） | 喜半阴，喜温暖多湿气候，忌阳光直射 | 常绿性，叶似龟背，气根长而垂，肉穗花序淡黄色，佛焰苞外黄内白 | 观叶植物 |
| 715 | 春羽 | *Phildendron selloum* | 天南星科 | | 华南（VII,VIII） | 喜半阴，喜温暖多湿气候 | 常绿性 | 观叶植物 |
| 716 | 心叶蔓绿绒 | *Philodendron scandens* | 天南星科 | | 华南（VII,VIII） | 喜半阴，喜温暖多湿气候，忌阳光暴晒 | 常绿性，肉质藤本，攀援性强 | 观叶植物 |
| 717 | 西番莲 | *Passiflora coerulea* | 西番莲科 | | 华南（VII,VIII） | 喜光，喜温暖至高温湿润气候 | 常绿性，攀援性强 | 攀援花架，阴棚 |

## 地被植物

| 序号 | 中名 | 学名 | 科名 | 适用地区 | 生态习性 | 生物学特性及观赏特性 | 园林用途 |
|---|---|---|---|---|---|---|---|
| 1 | 扫帚草（地肤） | *Kochia scoparia* | 藜科 | 全国各地 | 阳性，耐干旱瘠薄，耐碱，不耐寒 | 自然丛植、花坛边缘、绿篱、盆栽 | 攀援墙面，山石，老树干 |
| 2 | 五色苋(红绿草) | *Alternanthera bettzichiana* | 苋科 | 全国各地 | 阳性，喜暖畏寒，宜高燥，耐修剪 | 模纹花坛材料 | 攀援墙面，山石，老树干 |
| 3 | 三色苋(雁来红) | *Amaranthus tricolor* | 苋科 | 全国各地 | 阳性，喜湿润及通风环境，忌湿热积水，耐旱，耐碱，耐寒 | 丛植、花境背景、基础栽植 | 攀援篱架，篱栅 |
| 4 | 鸡冠花 | *Celosia cristata* | 苋科 | 全国各地 | 阳性，喜干热，不耐寒，喜肥忌涝 | 花坛、盆栽、干花、花境 | 攀援棚架，篱栅 |
| 5 | 凤尾鸡冠 | *Celosia cristata var. pyramidalis* | 苋科 | 全国各地 | 阳性，喜干热，不耐寒，喜肥忌涝 | 花坛、盆栽 | 攀援棚架，篱栅 |
| 6 | 千日红 | *Gomphrena globosa* | 苋科 | 全国各地 | 阳性，喜干热，不耐寒，不择土壤 | 花坛、盆栽、干花、切花 | 攀援篱垣，棚架，山石 |
| 7 | 紫茉莉 | *Mirabilis jalapa* | 紫茉莉科 | 全国各地 | 阳性，稍耐阴，喜温暖湿润，不耐寒，直根性 | 林缘、草坪边缘、庭院 | 攀援篱垣，棚架，山石 |
| 8 | 半支莲 | *Portulaca grandiflora* | 马齿苋科 | 全国各地 | 喜暖畏寒，耐干旱瘠薄 | 花坛镶边、盆栽 | 垂枝绿化 |
| 9 | 须苞石竹 | *Dianthus barbatus* | 石竹科 | 长江流域及其以北地区 | 阳性，耐寒，喜肥，要求通风好 | 花坛、花境、切花 | 攀援篱垣，棚架 |
| 10 | 锦团石竹 | *Dianthus chinensis var.heddeuigii* | 石竹科 | 长江流域及其以北地区 | 阳性，耐寒，喜肥，要求通风好 | 花坛、岩石园 | 攀援山石，棚架，墙壁 |
| 11 | 矮雪轮 | *Silene pendula* | 石竹科 | 全国各地 | 阳性，性健壮，喜肥，耐寒，耐湿 | 花深粉红色，花期4-6月 | 花坛、地被 |
| 12 | 飞燕草 | *Consolida ajacis* | 毛茛科 | 全国各地 | 阳性，喜高燥凉爽，较耐寒，忌涝，直根性 | 花蓝紫色、粉红及白色，花期5-6月，花序长 | 花带、切花 |
| 13 | 花菱草 | *Eschscholtzia californica* | 罂粟科 | 全国各地 | 阳性，耐寒，喜冷凉干燥气候，忌高温，怕涝 | 叶秀花繁，花多黄色，花期5-6月 | 花带、花坛、花境、盆栽 |
| 14 | 虞美人 | *Papaver rhoeas* | 罂粟科 | 全国各地 | 阳性，喜干燥，忌湿热，耐寒，直根性 | 花有白、红、粉红、紫红、玫红等色，花期5-6月 | 花坛、花丛、盆栽、庭植 |
| 15 | 银边翠 | *Euphorbia marginata* | 大戟科 | 全国各地 | 阳性，喜温暖，耐旱，直根性 | 梢叶白或镶白边 | 林缘地被或切花 |

| 序号 | 中名 | 学名 | 科名 | 适用地区 | 生态习性 | 生物学特性及观赏特性 | 园林用途 |
|---|---|---|---|---|---|---|---|
| 16 | 凤仙花 | *Impatiens balsamina* | 凤仙花科 | 全国各地 | 阳性，喜暖畏寒，宜疏松肥沃土壤 | 花白色或红色，花期6–7月 | 花坛、花境、花篱、盆栽 |
| 17 | 三色堇 | *Viola tricolor* | 堇菜科 | 全国各地 | 阳性，稍耐半阴，耐寒，喜凉爽 | 每朵花有蓝、黄、白三种颜色，花期4–6月 | 花坛、花径、镶边 |
| 18 | 月见草 | *Oenothera biennis* | 柳叶菜科 | 全国各地 | 喜光照充足，地势高燥 | 花黄色，芳香，6–9月 | 丛植、花坛、地被 |
| 19 | 待宵草（月见草） | *Oenothera odorata* | 柳叶菜科 | 全国各地，我国中东部、南部可露地越冬 | 喜光照充足，地势高燥 | 花黄色，傍晚至夜间开放，芳香，7–9月 | 丛植、花坛、地被、香花园 |
| 20 | 大花牵牛 | *Ipomoea nil* | 旋花科 | 全国各地 | 阳性，不耐寒，较耐旱，直根蔓性 | 花色丰富，6–10月 | 攀援棚架、篱垣、盆栽 |
| 21 | 圆叶牵牛 | *Ipomoea purpurea* | 旋花科 | 全国各地 | 阳性，喜温暖，不耐寒，耐干旱瘠薄 | 缠绕草木，花有白、桃红、堇紫、紫等色，花期6–10月 | 攀援棚架、篱垣 |
| 22 | 茑萝 | *Ipomoea quamoclit* | 旋花科 | 全国各地 | 阳性，喜温暖，不耐寒，耐干旱瘠薄，直根蔓性 | 花猩红、粉、白色，夏秋开花 | 攀援棚架、篱垣、矮篱 |
| 23 | 福禄考 | *Phlox drummondii* | 花葱科 | 全国各地 | 阳性，喜凉爽，耐寒力弱，忌碱涝 | 花有白、粉红、红、深红、紫红、蓝紫等色，花期5–6月 | 花坛、岩石园、花境、切花 |
| 24 | 美女樱 | *Verbena hybrida* | 马鞭草科 | 全国各地 | 阳性，喜湿润肥沃排水良好的土壤，较耐寒 | 花除橙、黄两色外各色均有，花期4–10月 | 花坛、地被、花境、自然栽植 |
| 25 | 醉蝶花 | *Cleome spinosa* | 白花菜科 | 全国各地 | 喜肥沃向阳，耐半阴，宜直播 | 花粉红、白色，6–9月 | 花坛、丛植、切花 |
| 26 | 羽衣甘蓝 | *Brassica oleracea var.acephala f.tricolor* | 十字花科 | 全国各地 | 阳性，耐寒，喜凉爽 | 叶色美，有蓝、紫红、粉红、牙黄、蓝绿等色 | 凉爽季节花坛、盆栽 |
| 27 | 香雪球 | *Lobularia maritima* | 十字花科 | 全国各地 | 阳性，喜凉忌热，稍耐寒，耐旱 | 花白或紫色，6–10月 | 花坛、岩石园 |
| 28 | 紫罗兰 | *Matthiola incana* | 十字花科 | 全国各地 | 阳性，耐半阴，喜冷凉气候肥沃土壤，忌燥热、耐寒 | 花淡紫或深粉红色，芳香，4–5月 | 花坛、切花、盆栽 |
| 29 | 桂竹香 | *Cheiranthus cheiri* | 十字花科 | 全国各地 | 阳性，耐寒，喜冷凉干燥气候，畏涝忌热 | 花橙黄、黄褐色或两色混杂，芳香，4–6月 | 花坛、花境、盆栽 |

| 序号 | 中名 | 学名 | 科名 | 适用地区 | 生态习性 | 生物学特性及观赏特性 | 园林用途 |
|---|---|---|---|---|---|---|---|
| 30 | 一串红 | *Salvia splendens* | 唇形科 | 全国各地 | 阳性，稍耐半阴，不耐寒，喜肥沃 | 花红色，有白、紫色及矮型变种，花期 7—10 月 | 花坛、花带、盆栽 |
| 31 | 矮牵牛 | *Petunia hybrida* | 茄科 | 全国各地 | 阳性，喜温暖干燥，畏寒，忌涝 | 花大，有白粉、红、紫、堇紫等色，花期 6—9 月 | 花坛、花境、自然式栽植、盆栽、花丛 |
| 32 | 金鱼草 | *Antirrhinum majus* | 玄参科 | 全国各地 | 阳性，耐半阴，较耐寒，喜凉爽，喜肥沃，稍耐石灰质土壤 | 花色除紫色外各色均有，花期 5—6 月 | 初夏花坛、盆栽、切花 |
| 33 | 心叶藿香蓟 | *Agerathum houstonianum* | 菊科 | 全国各地 | 阳性，适应性强 | 花蓝色，花期夏秋 | 花坛、花径、丛植、地被 |
| 34 | 雏菊 | *Bellis perennis* | 菊科 | 全国各地 | 阳性，较耐寒，喜冷凉气候 | 花白、粉、紫色，花期 4—6 月 | 花坛、花境、盆栽 |
| 35 | 金盏菊 | *Calendula officinalis* | 菊科 | 全国各地 | 阳性，较耐寒，喜凉爽 | 花黄至橙色，花期 4—6 月 | 春花坛、盆栽 |
| 36 | 翠菊 | *Callistephus chinesis* | 菊科 | 全国各地 | 阳性，喜肥沃湿润，忌连作和水涝 | 花有白、粉、红、黄、蓝紫色，花期 6—10 月 | 宜各种花卉布置和切花 |
| 37 | 矢车菊 | *Centaurea cyanus* | 菊科 | 全国各地 | 阳性，喜冷凉气候，忌炎热，直根性 | 花蓝、紫、粉红、白等色，5—8 月 | 花坛、切花、盆栽 |
| 38 | 蛇目菊 | *Coreopsis tinctoria* | 菊科 | 全国各地 | 阳性，耐寒，喜冷凉，忌过肥土壤 | 花黄、红褐或复色，7—10 月 | 花坛、花境、地被 |
| 39 | 波斯菊 | *Cosmos bipinnatus* | 菊科 | 全国各地 | 阳性，耐干旱瘠薄，性强健，肥水多易倒伏，开花少 | 花有白、粉、红、紫等色，花期 8—10 月 | 花丛、花篱、地被、花坛、花境 |
| 40 | 万寿菊 | *Tagetes erecta* | 菊科 | 全国各地 | 阳性，喜温暖，抗早霜，抗逆性强，对土壤要求不严 | 花黄、橙色，6—10 月 | 花坛、篱垣、花丛、花境 |
| 41 | 孔雀草 | *Tagetes patula* | 菊科 | 全国各地 | 阳性，喜温暖，抗早霜，耐移植 | 花黄带褐斑，6—10 月 | 花坛、镶边、地被、花境 |
| 42 | 百日草 | *Zinnia elegans* | 菊科 | 全国各地 | 阳性，耐半阴，耐旱，不择土壤，喜肥沃，排水好 | 花大色艳，花期 6—10 月 | 花坛、丛植、切花、丛植 |

| 序号 | 中名 | 学名 | 科名 | 适用地区 | 生态习性 | 生物学特性及观赏特性 | 园林用途 |
|---|---|---|---|---|---|---|---|
| 43 | 瞿麦 | *Dianthus superbus* | 石竹科 | 华北至华中 | 阳性，耐寒，喜肥沃，排水好 | 花白色、浅粉或紫红色，有香气，花期5-6月 | 花坛、花境、丛植 |
| 44 | 常夏石竹 | *Dianthus plumarius* | 石竹科 | 长江流域及其以北地区 | 阳性，耐半阴，耐寒，喜肥，要求通风好 | 植株丛生，茎叶细，被白粉，花粉红、深粉红、白色，有香气，初夏开花 | 丛植、花坛、地被 |
| 45 | 皱叶剪秋罗 | *Lychnis chalcedonica* | 石竹科 | 长江流域及其以北地区 | 阳性，耐阴，耐寒，喜凉爽湿润 | 花序半球状，砖红色，花期4-6月 | 花境、花坛、地被 |
| 46 | 石碱花 | *Saponaria officinalis* | 石竹科 | 华北 | 阳性，性强健，不择干湿，地下茎发达，有自播习性 | 花白、淡红、鲜红色，7-9月 | 地被 |
| 47 | 耧斗菜 | *Aquilegia vulgaria* | 毛茛科 | 全国各地 | 炎夏宜半阴，耐寒，喜湿润排水好的土壤 | 花紫色或蓝白色，花期5-7月 | 自然式栽植、花境、花坛、岩石园 |
| 48 | 翠雀（飞燕草） | *Delphinium grandiflorum* | 毛茛科 | 我国北部 | 阳性，耐半阴，性强健，耐干旱，耐寒，喜冷凉气候，忌炎热 | 花蓝色，花期5-7月 | 自然式栽植、花境、花坛、岩石园 |
| 49 | 芍药 | *Paeonia lactiflora* | 芍药科 | 除华南以外的地区 | 阳性，耐寒，喜冷凉气候及深厚肥沃沙壤土 | 花色、花型丰富，花期5月 | 专类园、花境、群植、切花 |
| 50 | 荷包牡丹 | *Dicentra spetabilis* | 罂粟科 | 全国各地 | 喜侧阴，湿润，耐寒，惧热，怕旱 | 花粉红，花期4-6月 | 丛植、花境、疏林地被、盆栽 |
| 51 | 费菜 | *Sedum kamtschaticum* | 景天科 | 华北、西北 | 阳性，耐寒，忌水湿 | 多浆类，花橙黄色，花期6-7月 | 花境、岩石园、地被 |
| 52 | 八宝 | *Sedum spectabile* | 景天科 | 华北、华东 | 阳性，耐寒，忌水湿 | 多浆类，花淡红色，花期7-9月 | 花境、岩石园、地被 |
| 53 | 蜀葵 | *Althaea rosea* | 锦葵科 | 全国各地 | 阳性，耐寒，喜冷凉气候，耐半阴，宜肥沃排水良好土壤 | 花有红、白、紫红、粉红等色，花期6-8月 | 花坛、花境、花带背景 |
| 54 | 芙蓉葵（秋葵） | *Hibiscus moscheutos* | 锦葵科 | 华北、华东 | 阳性，喜温暖湿润，耐寒，排水好 | 花粉色、紫色或白色，6-8月 | 丛植、花境背景 |
| 55 | 宿根福禄考 | *Phlox paniculata* | 花葱科 | 华北、华东、西北 | 阳性，耐寒，宜温和气候，喜排水良好，稍耐石灰质土壤 | 花色多，6-9月 | 花坛、花境、切花、地被、盆栽 |
| 56 | 随意草 | *Physostegia virginiana* | 唇形科 | 华北 | 阳性，耐寒，喜疏松肥沃，排水好 | 花白、粉紫色，7-9月 | 花坛、花境 |

| 序号 | 中名 | 学名 | 科名 | 适用地区 | 生态习性 | 生物学特性及观赏特性 | 园林用途 |
|---|---|---|---|---|---|---|---|
| 57 | 桔梗 | *Platycodon grandiflorus* | 桔梗科 | 全国各地 | 阳性，喜凉爽湿润，排水良好 | 花蓝、白色，6-9月 | 花坛、花境、岩石园 |
| 58 | 千叶蓍 | *Achillea millefolium* | 菊科 | 东北、西北、华北 | 阳性，耐半阴，耐寒，宜排水好 | 舌状花白色，筒状花黄色、粉红色或紫红色，花期6-8月 | 花境、群植、切花、地被 |
| 59 | 木茼蒿 | *Argyranthemum frutescens* | 菊科 | 全国各地 | 阳性，喜凉惧热，畏寒 | 常绿亚灌木，舌状花白色或淡黄色，管状花黄色，周年开花，盛花期2-4月 | 花坛、花篱、切花、盆栽、暖地可露地栽培 |
| 60 | 荷兰菊 | *Aster novi-belgii* | 菊科 | 全国各地 | 阳性，耐寒，喜湿润肥沃排水良好土壤 | 花莲紫、白色，花期8-9月 | 花坛、花境、盆栽 |
| 61 | 大金鸡菊 | *Coreopsis lanceolata* | 菊科 | 华北、华东 | 阳性，耐寒，不择土壤，逸为野生 | 花黄色，6-8月 | 花坛、花境、切花 |
| 62 | 菊花 | *Dendranthema X grandiflora* | 菊科 | 全国各地 | 阳性，耐寒，多短日性，喜凉爽气候及肥沃湿润土壤 | 花色繁多，10-11月 | 花坛、花境、盆栽 |
| 63 | 大天人菊 | *Gaillardia aristata* | 菊科 | 东北、华北、华东 | 阳性，要求排水良好 | 花黄或瓣基褐色，6-10月 | 花坛、花境 |
| 64 | 牛眼菊 | *Leucanthemum vulgare* | 菊科 | 华北、西北、东北 | 阳性，耐寒，喜肥沃，排水好 | 花白色，5-9月 | 花坛、花境、丛植 |
| 65 | 黑心菊 | *Rudbeckia hybrida* | 菊科 | 东北、华北、华东 | 阳性，耐寒，耐干旱，喜肥沃土壤，通风好 | 花金黄或瓣基暗红色，5-9月 | 花境、自然丛植 |
| 66 | 吉祥草 | *Reineckea carnea* | 百合科 | 长江以南地区 | 喜温暖湿润及半阴环境，畏烈日 | 花小而多，芳香，粉红色，浆果熟时鲜红色，有银边吉祥草 | 地被 |
| 67 | 万年青 | *Rohdea japonica* | 百合科 | 长江以南地区 | 喜温暖湿润及半阴环境，宜微酸性沙壤土 | 花白色至淡绿色，5-6月球形浆果，红色至桔红色，9-10月 | 观果、观叶植物 |
| 68 | 龙舌兰 | *Agave americana* | 龙舌兰科 | 华南 | 喜光，喜温暖湿润气候，耐半阴，耐干旱瘠薄，适应性强 | 植丛呈莲座状 | 观叶植物 |
| 69 | 兰花类 | *Cymbidium spp* | 兰科 | 长江以南地区 | 喜阴湿及通风良好的环境，喜排水良好而含腐殖质的沙土 | 叶姿优美，花香袭人 | 盆栽、温暖地区可做林下地被 |
| 70 | 萱草 | *Hemerocallis fulva* | 百合科 | 我国大部地区 | 阳性，耐半阴，耐寒，耐旱，适应性强 | 花橘红至橘黄色，具香味，花期6-8月 | 丛植、花境、疏林地被 |

| 序号 | 中名 | 学名 | 科名 | 适用地区 | 生态习性 | 生物学特性及观赏特性 | 园林用途 |
|---|---|---|---|---|---|---|---|
| 71 | 玉簪 | *Hosta plantaginea* | 百合科 | 全国各地 | 喜阴，耐寒，宜湿润，排水好 | 花白色，具芳香，花期7-9月，叶基成丛 | 林下地被 |
| 72 | 火炬花 | *Kniphofia uvaria* | 百合科 | 华北、华东 | 耐半阴，耐寒，宜排水好 | 花黄、晕红色，夏季开花 | 花坛、花境、切花 |
| 73 | 阔叶麦冬 | *Liriope palatyphylla* | 百合科 | 我国中部及南部 | 喜阴湿温暖，稍耐寒 | 常绿性，株丛低矮，叶多簇生，线形，浓绿色 | 地被、花坛、花境边缘、盆栽 |
| 74 | 沿阶草 | *Ophiopogon japonicus* | 百合科 | 我国中部及南部 | 喜阴湿温暖，稍耐寒 | 常绿性，株丛低矮，叶丛生，狭线形 | 地被、花坛、花境边缘、盆栽 |
| 75 | 德国鸢尾 | *Iris germanica* | 鸢尾科 | 全国各地 | 阳性，耐寒，喜湿润而排水好 | 花有纯白、白黄、姜黄、桃红、淡紫、深紫等色，花期5-6月 | 花坛、花境、切花 |
| 76 | 鸢尾 | *Iris tectorum* | 鸢尾科 | 全国各地 | 阳性，耐半阴，耐寒，耐旱，喜湿润而排水好 | 花蓝紫色，4-5月 | 花坛、花境、丛植 |
| 77 | 花毛茛 | *Ranunculus asiaticus* | 毛茛科 | 华东、华中、西南 | 阳性，喜凉忌热，宜肥沃而排水好土壤，怕旱，畏积水 | 花有红、白、橙、黄等色，4-5月 | 丛植、切花 |
| 78 | 大丽花 | *Dahlia pinnata* | 菊科 | 全国各地 | 阳性，畏寒忌热，宜高燥凉爽 | 花型、花色丰富，夏秋开花 | 盆栽、花坛、花境、切花 |
| 79 | 卷丹 | *Lilium tigrinum* | 百合科 | 全国各地 | 阳性，稍耐阴，宜湿润肥沃，忌连作 | 花橙色，7-8月 | 丛植、花坛、花境、切花 |
| 80 | 葡萄风信子 | *Muscari botryoides* | 百合科 | 华北、华东 | 耐半阴，喜凉爽气候，喜肥沃湿润排水良好的土壤 | 株矮，花蓝色，春花3-4月 | 疏林地被、丛植、切花 |
| 81 | 郁金香 | *Tulipa gesneriana* | 百合科 | 全国各地 | 阳性，喜凉爽湿润气候及疏松、肥沃土壤 | 花大，花有鲜红、橙、黄、白、褐、单色或复色品种，花期3-4月 | 花境、花坛、切花 |
| 82 | 石蒜 | *Lycoris radiata* | 石蒜科 | 华北至长江流域 | 喜半阴，也耐暴晒，喜凉爽湿润气候，较耐寒，喜疏松排水良好的土壤 | 花鲜红色，花期7-9月 | 林下地被、丛植、切花 |
| 83 | 喇叭水仙 | *Narcissus pseudonarcissus* | 石蒜科 | 华东、华中、华北 | 阳性，耐阴，喜温暖湿润，肥沃而排水好 | 叶姿清秀，花大，花有白、黄色等色，芳香，花期4月 | 花坛、花境、疏林地被 |
| 84 | 晚香玉(夜来香) | *Polianthes tuberosa* | 石蒜科 | 全国各地 | 阳性，喜温暖湿润，肥沃，忌积水 | 花白色，芳香，7-11月 | 切花、夜花园、岩石园 |

| 序号 | 中名 | 学名 | 科名 | 适用地区 | 生态习性 | 生物学特性及观赏特性 | 园林用途 |
|---|---|---|---|---|---|---|---|
| 85 | 葱兰 | *Zephyranthes candida* | 石蒜科 | 全国各地 | 阳性，耐半阴和低湿，宜肥沃而排水好 | 花白色，夏秋 | 花坛镶边、疏林地被、花径 |
| 86 | 唐菖蒲 | *Gladiolus hybridus* | 鸢尾科 | 全国各地 | 阳性，喜通风好，忌闷热湿冷 | 叶剑形，花大，色彩绚丽，品种多，花色丰富，夏秋开花 | 切花、花坛、盆栽 |
| 87 | 西班牙鸢尾 | *Iris xiphium* | 鸢尾科 | 华东，华北（稍保护） | 阳性，稍耐半阴，喜凉忌热，宜排水好，秋冬生长，早春开花，夏季休眠 | 花蓝紫色，有丰富的花型和花色变种，春花5月 | 早春花坛、花境、丛植、切花 |
| 88 | 美人蕉 | *Canna generalis* | 美人蕉科 | 全国各地 | 阳性，喜温暖湿润，肥沃而排水好 | 花色变化丰富，夏秋 | 花坛、列植 |
| 89 | 荷花 | *Nelumbo nucifera* | 睡莲科 | 全国各地 | 阳性，耐寒，喜温暖而多有机质处 | 花色多，6-9月 | 美化水面、盆栽或切花 |
| 90 | 萍蓬草 | *Nuphar pumilum* | 睡莲科 | 东北、华东、华南 | 阳性，喜生浅水中，较耐寒 | 花黄色，花期4-9月 | 美化水面和盆栽 |
| 91 | 睡莲类 | *Nymphaea spp.* | 睡莲科 | 全国各地 | 阳性，喜温暖通风之静水，宜肥土 | 花有白、黄、粉色，花期6-8月 | 美化水面、盆栽或切花 |
| 92 | 菖蒲类 | *Acorus spp.* | 天南星科 | 长江流域以南地区 | 喜阴湿，稍耐寒，性强健 | 叶丛美丽，植株或花具香气 | 地被植物、水边绿化 |
| 93 | 千屈菜 | *Lythrum salicaria* | 千屈菜科 | 全国各地 | 阳性，耐寒，通风好，浅水或地植 | 花玫红色，7-9月 | 花境、浅滩、沼泽地被 |
| 94 | 水葱 | *Scirpus tabernaemontani* | 莎草科 | 全国各地 | 阳性，夏宜半阴，喜湿润凉爽通风 | 株丛挺立，花淡黄褐色，花期6-8月 | 湿地、沼泽地、岸边绿化、盆栽 |
| 95 | 芦竹（狄芦竹） | *Arundo donax* | 禾本科 | 华北南部 | 阳性，喜温暖，喜水湿，耐寒性不强 | 茎粗壮丛生，叶片条状披针形，顶生圆锥花序大而长，花期9-12月 | 水边观赏 |
| 96 | 凤眼莲 | *Eichhirnia crassipes* | 雨久花科 | 全国各地 | 阳性，宜温暖而富有机质的静水 | 叶鲜绿色，花蓝紫色，花期7-9月 | 美化水面、盆栽、切花 |
| 97 | 二月兰 | *Orychophragmus violaceus* | 十字花科 | 东北南部至华东 | 宜半阴，耐寒，喜湿润 | 花淡蓝紫色，花期3-5月 | 疏林地被、林缘绿化 |
| 98 | 白车轴草（白三叶） | *Trifolium repens* | 豆科 | 东北，华北至长江流域 | 耐半阴，耐寒，耐旱，耐践踏，喜温湿 | 花白色，花期4-6月 | 地被、固土护坡 |

| 序号 | 中名 | 学名 | 科名 | 适用地区 | 生态习性 | 生物学特性及观赏特性 | 园林用途 |
|---|---|---|---|---|---|---|---|
| 99 | 连钱草 | *Glechoma longituba* | 唇形科 | 全国各地 | 喜阴湿，阳处亦可生长，耐寒，忌涝 | 花淡蓝至紫色，花期3-4月 | 疏林地被 |
| 100 | 匍匐剪股颖 | *Agrostis stolonifera* | 禾本科 | 华北、华东、华中 | 稍耐阴，耐寒，湿润肥沃，忌旱碱 | 绿色期长 | 潮湿地区或疏林下草坪 |
| 101 | 地毯草（大叶油草） | *Axonopus compressus* | 禾本科 | 华南 | 阳性，要求温暖湿润，侵占力强 | 宽叶低矮 | 庭园、运动场、固土护坡草坪 |
| 102 | 野牛草 | *Buckloe dactyloides* | 禾本科 | 我国北方广大地区 | 阳性，耐半阴，耐寒，耐瘠薄干旱，不耐湿 | 叶细，色灰绿 | 为我国北方应用最多的暖季型草坪 |
| 103 | 狗牙根(爬根草) | *Cynodon dactylon* | 禾本科 | 长江流域及其以南地区 | 阳性，喜湿耐热，不耐阴，不耐阴，不耐寒，蔓延快 | 叶绿低矮，匍匐茎蔓延能力强，分枝多 | 游憩、运动场草坪 |
| 104 | 草地早熟禾 | *Poa pratensis* | 禾本科 | 华北、华东、华中 | 喜光亦耐阴，宜温湿，忌干热，耐寒 | 绿色期长 | 潮湿地区草坪 |
| 105 | 结缕草 | *Zoysia japonica* | 禾本科 | 东北、华北、华南 | 阳性，耐阴，耐热，耐寒，耐旱，耐践踏 | 叶宽硬，具匍匐茎 | 游憩、运动场、高尔夫球场草坪 |
| 106 | 细叶结缕草（天鹅绒） | *Zoysia tenuifolia* | 禾本科 | 长江流域及其以南地区 | 稍耐阴，耐湿，不耐寒，耐践踏 | 叶极细，低矮，匍匐茎发达 | 观赏游憩、固土护坡草坪 |
| 107 | 羊胡子草（白颖苔草） | *Carex rigescens* | 莎草科 | 我国北方广大地区 | 稍耐阴，耐寒，耐干旱瘠薄，耐踏性差 | 叶鲜绿 | 观赏、或人流少的庭园草坪 |
| 108 | 羊茅 | *Festuca ovina* | 禾本科 | 全国大部地区 | 阳性，不耐阴，耐寒，耐旱，耐热，不耐践踏，不择土壤 | 草丛低矮平整，纤细美观 | 高尔夫场草坪，花坛、花境的镶边植物，岩石园 |
| 109 | 黑麦草类 | *Lolium spp.* | 禾本科 | 全国大部地区 | 阳性，不耐阴，喜温暖湿润气候，极易践踏，不耐旱、寒，繁殖侵占能力强 | 叶片质地柔软，根状茎细弱，须根稠密 | 先锋绿化草种，快速绿化草种 |
| 110 | 假俭草(蜈蚣草) | *Eremochloa ophiuroides* | 禾本科 | 长江流域以南 | 喜光，耐阴，耐干旱，较耐践踏 | 叶线形，具贴地生长的匍匐茎 | 运动场草坪、固土护坡 |
| 111 | 红花酢浆草 | *Oxalis rubra* | 酢浆草科 | 我国亚热带地区 | 喜向阳，湿润肥沃土壤 | 株矮，叶基生，叶有白晕，花玫瑰红、粉红，花期4-11月 | 河岸边、岩石园 |
| 112 | 马蹄金 | *Dichondra repens* | 旋花科 | 长江流域以南 | 喜光及温暖湿润气候，耐低温，耐践踏 | 株高5-15cm，具匍匐茎，侵占力强 | 庭院地被、固土护坡 |

#### 阳性植物（喜光植物）

马尾松、油松、赤松、黑松、落叶松、金钱松、水松、水杉、落羽杉、池杉、南洋杉、火炬松、白杨、刺槐、桦木、银杏、板栗、苦楝、麻栎、栓皮栎、小叶栎、槲栎、漆树、黄连木、火炬树、泡桐、旱柳、刺楸、无患子、盐肤木、梓树、白蜡树、紫薇、木芙蓉、合欢、凌霄、核桃楸、乌桕、悬铃木、臭椿、相思树、桉树、紫藤、平枝栒子、杏树、蜡梅、桃树、海棠、金钟花、连翘、黄刺玫等。

#### 阴性植物（喜阴植物、耐阴植物）

紫杉、罗汉松、香榧、冷杉、云杉、铁杉、竹柏、粗榧、南方红豆杉、福建柏、山茶、紫楠、大叶楠、苦槠、甜槠、绵槠、栲树、青冈栎、枸骨、珊瑚树、大叶黄杨、海桐、蚊母树、桂花、交让木、桃叶珊瑚、朱砂根、厚皮香、椤木石楠、南天竹、棕榈、丝兰、马银花、马醉木、络石、接骨木、地锦、杜鹃、栀子、天目琼花、八角金盘、玉簪、十大功劳、常春藤、六月雪等。

#### 中性植物

杉木、柳杉、圆柏、柏木、杜松、刺柏、华山松、日本五针松、连香树、榔榆、朴树、榉树、七叶树、枳、五角枫、元宝枫、枫杨、香樟、竹类、杜鹃、葱兰、紫羊茅、万年青、马蹄金等。

#### 耐干旱植物

马尾松、油松、黑松、赤柏、雪松、刺柏、白皮松、铅笔柏、圆柏、落叶松、黄檀、臭椿、榔榆、构树、小檗、化香、棠梨、山胡椒、旱柳、麻栎、栓皮栎、枫香、黄连木、檵木、石楠、火棘、合欢、山槐、苦楝、乌桕、蜡梅、盐肤木、芫花、君迁子、槐树、白榆、朴树、榉树、糙叶树、山麻杆、马甲子、紫穗槐、紫藤、石榴、柽柳、枣树、木槿、胡颓子、紫薇、赤杨、刺槐、白蜡树、丝棉木、山楂、楸树、泡桐、桃树、栾树、三角枫、白桦、山杨、雪柳、枸杞、六月雪、六道木、柿树、夹竹桃、结楼草、百喜草等。

#### 耐水湿植物

湿地松、水松、水杉、池杉、落羽杉、圆柏、河柳、垂柳、旱柳、杞柳、龙爪柳、枫杨、苦楝、乌桕、柽柳、重阳木、雪柳、白蜡树、夹竹桃、水曲柳、女贞、水杨梅、蚊母树、喜树、桑树、丝棉木、龙爪槐、薄壳山核桃、桉树、辛夷、杜梨、榔榆、木芙蓉、垂丝海棠、青桐、栀子、皂荚、合欢、赤杨、紫薇、丝兰、蜡瓣花、棕榈、水竹、接骨木、白桦、朴树、广玉兰、龙舌兰、细叶苔草等。

#### 水生植物

荷花、睡莲、水葱、菖蒲、菱白、芦苇、王莲、凤眼莲等。

#### 耐贫瘠植物

马尾松、黑松、侧柏、刺柏、杜松、圆柏、铅笔柏、罗汉松、黄檀、臭椿、豆梨、胡颓子、构树、山楂、化香、刺槐、麻栎、华桑、枫香、黄连木、赤杨、山槐、桤木、枣树、合欢、紫薇、旱柳、石楠、火棘、木槿、山皂荚、紫穗槐、蜡梅、白蜡树、苦楝、三角枫、白桦、山杨、银白杨、锦鸡儿、卫矛、黄荆、小檗、朴树、白榆、女贞、柳树、枸骨、硬羊茅、结缕草等。

**耐盐碱植物**

柽柳、苦楝、皂荚、杞柳、沙枣、南天竹、旱柳、刺槐、臭椿、枣树、枫杨、桑树、青桐、合欢、紫穗槐、丁香、花楸、黄连木、侧柏、泡桐、紫荆、悬铃木、元宝枫、月桂、卫矛、槐树、丝兰、白榆、海桐、黑松、夹竹桃、铅笔柏、水曲柳、海棠、罗汉松、刺柏、无花果、棕榈等。

**喜酸性土植物**

马尾松、云南松、湿地松、金钱松、华山松、罗汉松、香榧、紫杉、杉木、池杉、油茶、山茶、南山茶、茶树、杜鹃、乌饭树、赤楠、檵木、越橘、马醉木、吊钟花、九里香、栀子、樟树、桉树、冬青、杨梅、柑橘、茉莉、白兰花、含笑、石楠、油棕、苏铁等。

**钙质土树种**

侧柏、黄檀、青檀、榉树、刺榆、铜钱树、云实、黄连木、五角枫、三角枫、黄荆、南天竹、南酸枣、棠梨、鸡麻、山胡椒、锦鸡儿、苦参、鼠李、臭椿、刺槐、栾树、雪柳、白蜡树、山麻杆、枸杞、金银木、野山楂等。

**抗污染植物（抗性植物）**

抗二氧化硫（$SO_2$）：龙柏、圆柏、侧柏、铅笔柏、花柏、白皮松、华山松、日本柳杉、罗汉松、杜松、粗榧、樟树、女贞、大叶黄杨、海桐、小叶女贞、枸骨、冬青、白蜡树、丁香、十大功劳、蚊母树、棕榈、夹竹桃、凤尾兰、丝兰、枇杷、金橘、无花果、白榆、枫杨、旱柳、卫矛、枸杞、悬铃木、构树、枸橘、石楠、桂花、广玉兰、珊瑚树、栀子、青桐、臭椿、苦楝、朴树、榉树、毛白杨、丝棉木、木槿、泡桐、合欢、槐树、银杏、刺槐、乌桕、连翘、金银木、紫荆、皂荚、山楂、麻栎、紫穗槐、梓树、黄金树、香椿、枔木、板栗、无患子、玉兰、八仙花、地锦、蜡梅、榕树、桃树、红背桂、杧果、菩提树、鹰爪枫、石榴、银桦、人心果、苹果、核桃、蝴蝶果、木麻黄、蓝桉、黄槿、蒲桃、米仔兰、木波罗、石栗、沙枣、印度榕、高山榕、苏铁、厚皮香、鹅掌楸等。

**抗氟化氢（HF）**

龙柏、圆柏、侧柏、云杉、杜松、罗汉松、棕榈、大叶黄杨、海桐、蚊母树、山茶、黄杨、凤尾兰、构树、朴树、石榴、桑树、香椿、丝棉木、夹竹桃、刺槐、合欢、白榆、细叶香桂、杜仲、厚皮香、油茶、女贞、玉兰、珊瑚树、无花果、垂柳、桂花、枣树、樟树、青桐、木槿、苦楝、枳橙、臭椿、白蜡树、柽柳、泡桐、鹅掌楸、厚朴、含笑、紫薇、沙枣、槐树、皂荚、华北卫矛、五叶地锦、柿树、乌桕、山楂、黄连木、竹叶椒、月季、丁香、李树、樱花、银桦、蓝桉、小叶女贞、胡颓子等。

**抗氯气（$CL_2$）**

云杉、龙柏、圆柏、杜松、侧柏、大叶黄杨、海桐、蚊母树、夹竹桃、女贞、珊瑚树、凤尾兰、棕榈、天竺桂、构树、丝棉木、木槿、臭椿、紫藤、无花果、樱花、枸骨、杜仲、厚皮香、白蜡树、桑树、旱柳、枸杞、小叶女贞、樟树、广玉兰、紫荆、栀子、苦楝、朴树、紫穗槐、板栗、桂花、石榴、紫薇、刺槐、白榆、悬铃木、毛白杨、石楠、榉树、泡桐、鹅掌楸、合欢、青桐、槐树、卫矛、皂荚、沙枣、柽柳、柿树、枣树、梓树、接骨木、地锦、细叶榕、蒲桃、人心果、米仔兰、蓝桉、李、鹰爪枫、杧果、蝴蝶果、菩提树、银桦、君迁子、月桂等。

（1）树木与架空电力线路导线的最小垂直距离应符合表8-1的规定。

（2）树木与地下管线外缘的最小水平距离宜符合本页表8-2的规定；行道树绿带下方不得敷设管线。

（3）当遇到特殊情况不能达到本页（表8-2）中规定的标准时，其绿化树木根颈中心至地下管线外缘的最小距离可采用本页（表8-3）的规定。

（4）树木与其他设施的最小水平距离应符合本页表（表8-4，表8-5）的规定。

表8-1 树木与架空电力线路导线的最小垂直距离

| 电压（kv） | 1~10 | 35~110 | 154~220 | 330 |
|---|---|---|---|---|
| 最小垂直距离（m） | 1.5 | 3.0 | 3.5 | 4.5 |

表8-3 树木根颈中心至地下管线外缘的最小距离

| 管线名称 | 距乔木根颈中心距离（m） | 距灌木根颈中心距离（m） |
|---|---|---|
| 电力电缆 | 1.0 | 1.0 |
| 电信电缆（直埋） | 1.0 | 1.0 |
| 电信电缆（管道） | 1.5 | 1.0 |
| 给水管道 | 1.5 | 1.0 |
| 雨水管道 | 1.5 | 1.0 |
| 污水管道 | 1.5 | 1.0 |

表8-2 树木与地下管线外缘最小水平距离

| 管线名称 | 距乔木中心距离（m） | 距灌木中心距离（m） |
|---|---|---|
| 电力电缆 | 1.0 | 1.0 |
| 电信电缆（直埋） | 1.0 | 1.0 |
| 电信电缆（管道） | 1.5 | 1.0 |
| 给水管道 | 1.5 | / |
| 雨水管道 | 1.5 | / |
| 污水管道 | 1.5 | / |
| 燃气管道 | 1.2 | 1.2 |
| 热力管道 | 1.5 | 1.5 |
| 排水盲沟 | 1.0 | / |

表8-4 树木与其他设施的最小水平距离

| 设施名称 | 至乔木中心距离（m） | 至灌木中心距离（m） |
|---|---|---|
| 低于2m的围墙 | 1.0 | / |
| 挡土墙 | 1.0 | / |
| 路灯杆柱 | 2.0 | / |
| 电力、电信杆柱 | 1.5 | / |
| 消防龙头 | 1.5 | 2.0 |
| 测量水准点 | 2.0 | 2.0 |

表 8-5 绿化植物与建筑物、构筑物的平面间距

| 建筑物、构筑物名称 | 距乔木中心<br>不小于（m） | 距灌木<br>边缘（m） |
|---|---|---|
| 建筑物外墙：有窗无窗 | 2.00~4.00 | 0.50 |
| 挡土墙顶内和墙角外 | 1.00 | 0.50 |
| 高 | 1.00 | 0.50 |
| 高 | 2.00 | 0.50 |
| 标准轨距铁路中心线 | 5.00 | 3.50 |
| 道路路面边缘 | 1.00 | 0.50 |
| 人行道路面边缘 | 2.00 | 2.00 |
| 体育用场地 | 3.00 | 3.00 |
| 电杆中心 | 2.00 | 0.75 |
| 路旁变压器边缘、交通灯柱 | 3.00 | 不宜种 |
| 警亭 | 3.00 | 不宜种 |
| 路牌、交通指示牌、车站标志 | 1.20 | 不宜种 |
| 消防龙头、邮筒 | 1.20 | 不宜种 |
| 测量水准点 | 2.00 | 2.00 |
| 天桥边缘 | 3.50 | 不宜种 |
| 排水沟边缘 | 1.00 | 0.50 |
| 冷却塔边缘 | 1.5 | 不限 |
| 冷却池边缘 | 40.00 | 不限 |

# 屋顶绿化

## 1. 屋顶绿化定义

屋顶绿化是指在一切建筑物构筑物的顶部、桥梁、天台、露台、停车场地上或是大型人工假山山体等之上所进行的绿化装饰及造园活动。

## 2. 类型及特征

（1）简单式屋顶绿化：即采用低矮灌木或草坪地被植物绿化，一般不允许游人入内，通常土层厚度 100~200mm（图 9-1）。

（2）花园式屋顶绿化：即选择小型乔木、低矮灌木和草坪、地被植物绿化，设置园路、座椅，提供一定游览和休憩活动空间，一般土层厚度 200~600mm（图 9-2）。

（3）地下室（或首层）屋顶绿化：一般覆土较厚，大于或等于600mm。可种植灌木、乔木，并配座椅、汀步、园林小品、水池等（图9-3）。

图 9-1 简单式屋顶绿化

图 9-2 花园式屋顶绿化

图 9-3 地下室屋顶绿化（中庭）

**种植屋面工程技术规程 JGJ155-2007 强制性条文**

（1）新建种植屋面工程结构承载力设计，必须包括种植荷载。即使建筑屋面改造成种植屋面时，荷载必须在屋面结构承载力允许范围内。

（2）种植屋面防水层的合理使用年限不应少于 15 年。应采用 2 道或 2 道以上防水层设防，最上面防水层必须采用耐根穿刺防水材料。防水层的材料应相容。

（3）花园式屋面种植的布局应与屋面结构相适应；乔木类植物和亭台、水池、假山等荷载较大的设施，应设在梁、柱的位置。

（4）屋面防水材料和保温隔热材料，应按规定抽样复验，提供检验报告。严禁使用不合格材料。

**北京市地方标准《种植屋面防水施工技术规程》DB11/366-2006 强制性条文**

（1）种植屋面必须根据屋面的结构和荷载能力，在建筑物整体荷载允许范围内实施，并不得降低建筑结构的耐久性及抗震性能。

（2）种植屋面防水设防应符合下列规定：

简单式种植屋面，1 道或 2 道防水设防，（一道防水设防应选用耐根穿刺防水层）；

花园式种植屋面，2 道或 2 道以上防水设防（包括一道耐根穿刺防水层）；

地下建筑顶板覆土种植，2 道或 2 道以上防水设防（包括一道耐根穿刺防水层）。

（3）进入现场的防水材料及耐根穿刺材料应按规定的项目进行见证取样、现场抽样、复验。复验合格后使用。

（4）种植屋面防水层及耐根穿刺必须做蓄水或淋水试验，蓄水时间 24h 以上，淋水时间 2h 以上，应无渗漏。

## 1. 定义

荷载是衡量屋顶单位面积上承受重量的指标，也是建筑物安全及屋顶绿化成功与否的保障。不同建筑物的承载能力决定了屋顶花园的性质、园林工程的做法、材料、体量及其尺度。

## 2. 活荷载的确定

建筑屋顶一般可以分为上人屋顶和不上人屋顶。

①不上人屋顶：活荷载为 50kg/m²，它仅考虑施工检修和屋顶少量积水的荷载；在积雪荷载较大的地区，屋顶荷载达到 70~80kg/m²。

②上人屋顶：当屋顶没有被设计为屋顶花园只是少量居民的休息和晒衣场所活荷载为 150kg/m²，如果在屋顶建造花园用来休闲娱乐及聚会等，此时屋顶活荷载至少为 200kg/m²，如果屋顶花园为悬挑式其荷载不应小于 250kg/m²。

## 3. 屋顶花园的恒荷载

屋顶花园的恒荷载较为复杂，它包括：种植区荷载、盆花和花池荷载、园林水体荷载、假山和雕塑荷载、小品及园林建筑物荷载。其中，后四种荷载的确定可根据实际情况，现行规范取值。以种植区荷载确定为例：一般地被式绿化的土层厚 6–10cm，荷载重 200kg/m²；种植式绿化土层厚 20–30cm，荷载 400kg/m²；花园式绿化的土层厚 25–35cm，荷载 500kg/m²。土层干湿情况影响很大，一般可增加 25%–50% 左右。还要考虑施工时局部堆土。

## 4. 减少屋顶荷载的方法

①种植层常选用以下几种轻基质：

a. 用泡沫有机树脂制品（容重 30kg/m²）加入腐殖土，约占总体积的 50%；

b. 海绵状开孔泡沫塑料（容重 23kg/m²）加入腐殖土，约占总体积的 70%~80%；

c. 膨胀珍珠岩（容重 60~100kg/m²，吸水后重 3~9 倍）加入腐殖土，约占总体积的 50%；

d. 蛭石、煤渣、谷壳混合基质（300kg/m²）；

e. 空心小塑料颗粒加腐殖土；

f. 木屑腐殖土。

②种植层基质的厚度：

a. 地被植物栽培土深 16cm；

b. 灌木栽培土深 40~50cm；

c. 乔木栽培土深 75~80cm。

③过滤层、排水层、防水层重量的减轻

a. 用玻璃纤维布做过滤层比粗纱要轻。

b. 排水层的材料有下列几种，可代替鹅卵石和砾石：

火山渣排水层，容重 850kg/m²，保水性 8%~17%，粒径 1.2~5cm；

膨胀黏土排水层，容重 430kg/m²，保水性 40%~50%，最小厚度 5cm；

空心砖排水层，为 40cm×25cm×3cm 加肋排水砖，还可以用塑料排水板。

④构筑物、构建重量的减轻

a. 构筑物小品采用轻质材料如空心管、塑料片、竹片、轻型混凝土、竹、木、铝材、玻璃钢等材料；

b. 用塑料材质制作排灌系统及种植池；

c. 合理布置承重，将重物安排在建筑物的主梁、柱、承重墙等主要承重构件上，使结构构件能够有足够的承载能力承受屋顶花园传下来的荷载，以利用荷载传递提高安全系数；

d. 在进行大面积硬质铺装时，为了达到设计标高，可以采用架空的结构设计以减轻重量。

## 1. 种植介质

种植介质是指屋顶花园的植物赖以生长的土壤层。要求所选用的种植介质应具有自重轻、不板结、保水保肥、适宜植物生长、施工简便和经济环保等性能。选用种植土：草炭、膨胀蛭石和膨胀珍珠岩、细砂以及经过发酵处理的有机肥等材料，按一定的比例混合配置而成。其中草炭和发酵后的有机肥可为植物生长提供有机质、腐植酸和缓效的积肥；膨胀蛭石和膨胀珍珠岩不但可以减小种植介质的堆积密度，而且有利于保水、透气、预防植物烂根、促进植物生长还能及时补充植物生长所需的铁、镁、钾等元素，也是种植介质中 pH 值的缓冲剂和调节剂。也可直接选用堆积密度仅为 450 ks/m³ 的人工合成的无机栽培材料作种植介质。种植介质的厚度根据介质和植物的种类而定，草坪为 150~250 mm；小灌木 300~400 mm；大灌木为 500~600mm；小乔木 800 ~1000mm。

## 2. 隔离过滤层

在种植介质层与排水层之间，应采用重量不低于 250g/m² 聚酯纤维土工布作一道隔离过滤层，以起到保水和滤水的作用。其目的是将种植介质层中因下雨或浇水后多余的水及时通过过滤后排出去，以防止植物根烂，同时可将植物介质保留下来，以免发生流失。

## 3. 排水层

隔离过滤层的下部为排水层，排水层可采用专用的，留有足够空隙并有一定承载能力的塑料排水板、橡胶排水板或粒径为 20~40mm，厚度为 80mm 以上的卵石组成。其作用是将通过过滤层的水，迅速地从排水层的空隙中汇集到排水孔排出去。

## 4. 耐根穿刺防水层

各种植物的根系均具有很强的穿刺能力，许多传统的防水材料都容易被植物的根系所穿透，从而导致屋顶发生渗漏。为此在屋顶种植时，必须在一般的柔性防水层之上，空铺或粘贴一道具有足够耐根系穿刺功能的材料，诸如高密度聚乙烯 (HDPE) 土工膜、低密度聚乙烯 (LDPE) 土工膜、聚氯乙烯 (PVC) 卷材、聚烯烃 (TPO) 卷材和铝合金 (PSS) 卷材等作耐根系穿刺防水层。（关于防水层的内容参见第十章 [9] 防水材料）为确保植物根系不但不能穿透材料本体，也不得穿透材料的接缝部位，因此，要求耐根系穿刺防水层的接缝均应采用焊接法施工，必须使焊接牢固，密闭严实，搭接宽度为 60 mm，其有效焊接宽度不应小于 25mm；采用双缝焊接时，搭接宽度为 80 mm，其有效焊接宽度为 10 mm ×2 + 空腔宽度，铝合金卷材的接缝，应采用专业的焊条和工具进行焊接。该防水层施工完成后，应进行 24 小时蓄水检验，经检验无渗漏后，应尽快进行铺设排水层、隔离层、种植介质层的施工，在进行上述施工中均不得损坏防水层，以免留下渗漏隐患。

## 5. 卷材或涂膜防水层

在种植屋顶施工工程中，除采用耐根系穿刺的防水层外，尚应在其下部再铺设 1、2 道具有耐水耐腐蚀、耐霉烂和对基层伸缩或开裂变形适应性较强的卷材（聚酯胎改沥青防水卷材、合成高分子防水材料等）或涂料（双组分或单组分聚氨酯防水材料等）作柔性防水层。当采用卷材作防水层时，应优先采用空铺法、点粘法和条粘进行施工，但卷材的接缝以及卷材防水层的四周边应粘满。种植屋顶的四周应砌筑挡墙，挡墙下部应留置泄水孔，泄水孔的位置应准确，并与水落口连通，不得有堵塞现象，以便及时排除种植屋顶的积水。

## 6. 找平层、找坡层

为便于铺设柔性防水层，在找坡层时应做水泥砂浆找平层。找平层应压实平整，待找平层收水后，再进行第 2 次抹平压光和充分保湿养护，不得有酥松、起砂、起皮和空鼓现象。为便于迅速排除屋顶积水，确保植物正常生长，屋面宜采用结构找坡。当不能采用结构找坡而需用材料找坡时应选用一定强度的轻质材料（如陶粒、加气混凝土、泡沫玻璃等）做找坡层，其坡度宜为 1%-3%。

典型构造

| 编号及类别 | 名称 | 用料及分层做法 | 附注 |
|---|---|---|---|
| 1<br>塑料凸片排水板<br>（无保温层） | 种植土 | 1. D 厚种植土，厚度按工程设计 D=910–1500；<br>2. 过滤布（土工布）；<br>3. 塑料（或橡胶）排水凸片，凸点向上；<br>4. 防水层；<br>5. 20 厚 DS 砂浆找平层；<br>6. 最薄 40 厚加气碎块混凝土找 2% 坡，厚度超过 120 时，先铺干加气碎块震压拍实，再覆 50 厚加气碎块混凝土；<br>7. 钢筋混凝土屋面板 | <br>种植土<br>过滤布(土工布)<br>塑料凸片排水层<br>保湿毯<br>防根刺防水卷材<br>底层防水卷材<br>找坡层 |
| 1A<br>塑料凸片排水板<br>（无保温层） | 消防通道 | 1. 120 厚 c25 混凝土随打随抹，配筋：双向 8@250，分缝 12 宽，双向中距 3000，缝填粗砂先铺 0.6 厚塑料布一层；<br>2. D–300 厚种植土；<br>3. 过滤布（土工布）；<br>4. 塑料（或橡胶）排水凸片，凸点向上；<br>5. 防水层；<br>6. 20 厚 DS 砂浆找平层；<br>7. 最薄 40 厚加气碎块混凝土找 2% 坡，厚度超过 120 时，先铺干加气碎块震压拍实，再覆 50 厚加气碎块混凝土；<br>8. 钢筋混凝土屋面板 | |
| 2<br>聚丙烯网排水板<br>（无保温层） | 种植土 | 1. D 厚种植土，厚度按工程设计 D=910–1500；<br>2. 过滤布（土工布）；<br>3. 塑料（或橡胶）聚丙烯树脂渗排水网板；<br>4. 防水层；<br>5. 20 厚 DS 砂浆找平层；<br>6. 最薄 40 厚加气碎块混凝土找 2% 坡，厚度超过 120 时，先铺干加气碎块震压拍实，再覆 50 厚加气碎块混凝土；<br>7. 钢筋混凝土屋面板 | <br>种植土<br>过滤布<br>（土工布）<br>聚丙烯树脂渗排水网板<br>防根刺防水卷材<br>底层防水卷材<br>找坡层 |
| 2A<br>聚丙烯网排水板<br>（无保温层） | 消防通道 | 1. 120 厚 c25 混凝土随打随抹，配筋：双向 8@250，分缝 12 宽，双向中距 3000，缝填粗砂先铺 0.6 厚塑料布一层；<br>2. D–300 厚种植土；<br>3. 过滤布（土工布）；<br>4. 塑料（或橡胶）聚丙烯树脂渗排水网板；<br>5. 防水层；<br>6. 20 厚 DS 砂浆找平层；<br>7. 最薄 40 厚加气碎块混凝土找 2% 坡，厚度超过 120 时，先铺干加气碎块震压拍实，再覆 50 厚加气碎块混凝土；<br>8. 钢筋混凝土屋面板 | |

| 编号及类别 | 名称 | 用料及分层做法 | 附注 |
|---|---|---|---|
| 3<br>塑料凸片排水板<br>（有保温层） | 种植土 | 1. D厚种植土，厚度按工程设计，灌木D=350-600，小乔木D≧600；<br>2. 过滤布（土工布）；<br>3. 20-30塑料（或橡胶）排水凸片，凸点向上；<br>4. 保湿毯（也可取消此层）；<br>5. 防水层；<br>6. 40厚C20细石混凝土，随打随用DS砂浆抹平；<br>7. 50厚挤塑聚苯板（或40厚硬泡聚氨酯板）；<br>8. 20厚DS砂浆找平层；<br>9. 最薄40厚加气碎块混凝土找2%坡，厚度超过120时，先铺干加气碎块震压拍实，再覆50厚加气碎块混凝土；<br>10. 钢筋混凝土屋面板 | |
| 4<br>聚丙烯网排水板<br>（有保温层） | 消防通道 | 1. D厚种植土，厚度按工程设计，灌木D=350-600，小乔木D≧600；<br>2. 过滤布（土工布）；<br>3. 20-30厚聚丙烯树脂渗排水网板；<br>4. 保湿毯及PE聚乙烯滑动膜（也可取消此层）；<br>5. 防水层；<br>6. 40厚C20细石混凝土，随打随用DS砂浆抹平；<br>7. 50厚挤塑聚苯板（或40厚硬泡聚氨酯板）；<br>8. 20厚DS砂浆找平层；<br>9. 最薄40厚加气碎块混凝土找2%坡，厚度超过120时，先铺干加气碎块震压拍实，再覆50厚加气碎块混凝土；<br>10. 钢筋混凝土屋面板 | |

| 编号及类别 | 名称 | 用料及分层做法 | 附注 |
|---|---|---|---|
| 5<br>蓄排水盘毯 钢筋混凝土基层 | 种草坪 | 1. 100 厚种植土；<br>2. 15（30）厚蓄排水盘毯；<br>3. 0.6 厚塑料隔离层或聚酯纤维隔离层；<br>4. 防水层；<br>5. 40 厚 C20 细石混凝土，随打随用 DS 砂浆抹平；<br>6. 50 厚挤塑聚苯板（或 40 厚硬泡聚氨酯板）；<br>7. 20 厚 DS 砂浆找平层；<br>8. 最薄 40 厚加气碎块混凝土找 2% 坡，厚度超过 120 时，先铺干加气碎块震压拍实，再覆 50 厚加气碎块混凝土；<br>9. 钢筋混凝土屋面板 | |
| 6<br>蓄排水盘毯 钢结构基层 | 种草坪 | 1. 100 厚种植土；<br>2. 15（30）厚蓄排水盘毯；<br>3. 0.6 厚塑料隔离层或聚酯纤维隔离层；<br>4. 防水层；<br>5. 50 厚挤塑聚苯板（或 40 厚硬泡聚氨酯板）；<br>6. 压型钢板屋面基层； | |
| 7<br>坡屋面屋面坡度 20°～30° | 挤塑聚苯板保温（或无保温） | 1. 50-200 厚种植用营养土；<br>2. 400x400L 形或 T 形穿孔塑料挡土条，中距 1000（屋面 20° 以下），中距 600（屋面坡度 20°-30°）；<br>3. 30 x 4 扁钢拉结顺水条，中距 800，钻孔与塑料挡土条绑扎；<br>4. 10 厚钢丝网双面包无纺布排水毯；<br>5. 根阻防水卷材；<br>6. DS 砂浆找平；<br>7. 50 厚挤塑聚苯板用 DEA 砂浆粘贴（或无此层）；<br>8. 钢筋混凝土屋面板（板面不平时用砂浆找平） | 图 9-4 |

扁钢带钻孔与挡土条绑扎

30x4 扁钢顺水拉结带

4厚根阻铜复合
胎基改性沥青防水卷材

镀锌钢丝网槽内铺卵石或陶粒,与
屋面伸出的ΦΦ16钢筋绑牢

200~300

40x40 L形
穿孔塑料挡土条

Ⓐ

排水保护毡

12 通长钢筋
与扁钢带焊

Φ16钢筋预埋在钢筋混凝土板
内,伸出屋面300,中距800

40x40 L形穿孔塑料挡土条

-30x4 扁钢顺水拉结带
钻钻Φ5 孔用16号镀锌
钢丝绑 塑料挡土条

Ⓐ

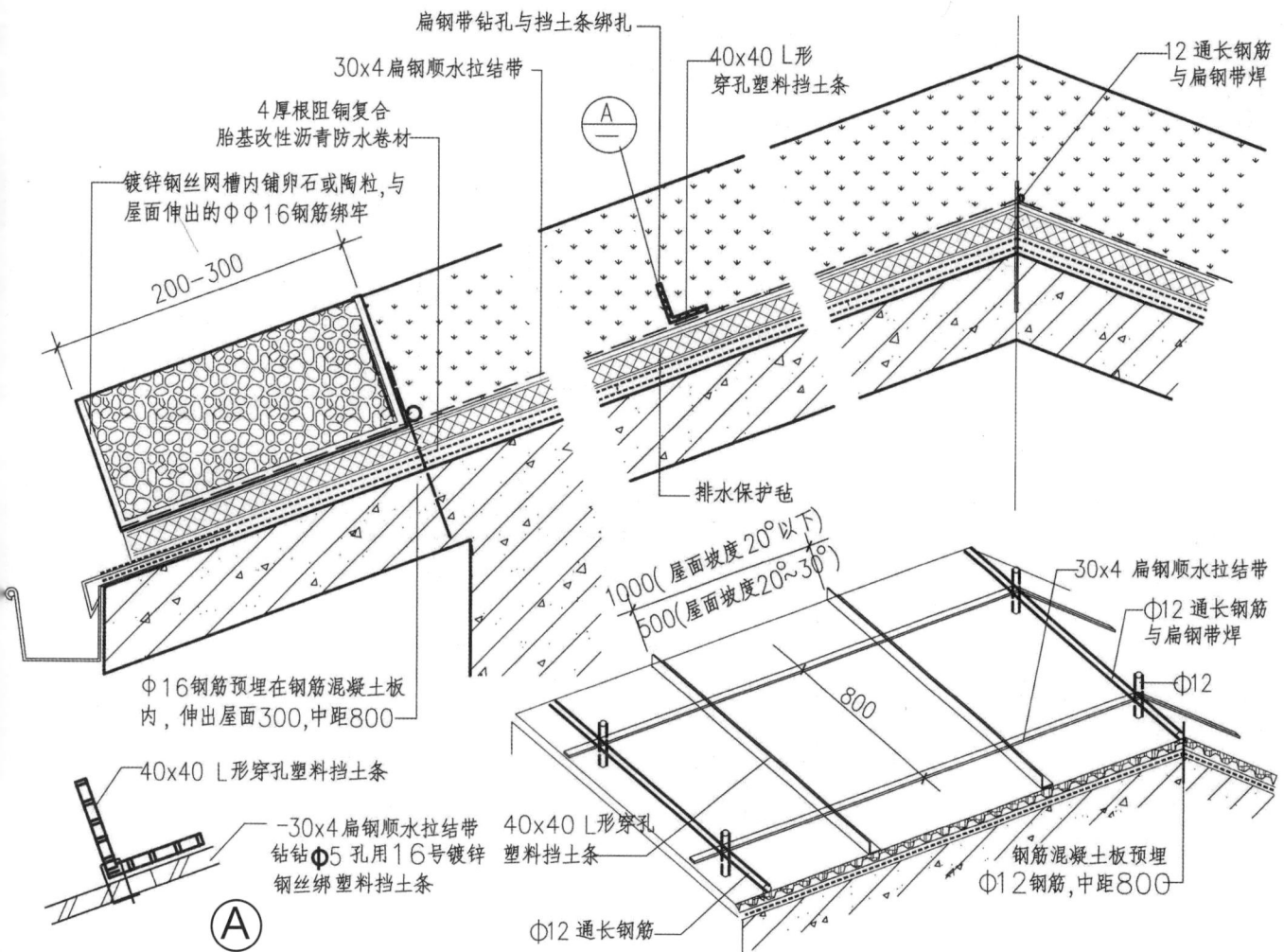

图 9-4 坡屋面施工图

1000(屋面坡度20°以下)
500(屋面坡度20~30°)

800

30x4 扁钢顺水拉结带

Φ12 通长钢筋
与扁钢带焊

Φ12

40x40 L形穿孔
塑料挡土条

Φ12 通长钢筋

钢筋混凝土板预埋
Φ12钢筋,中距800

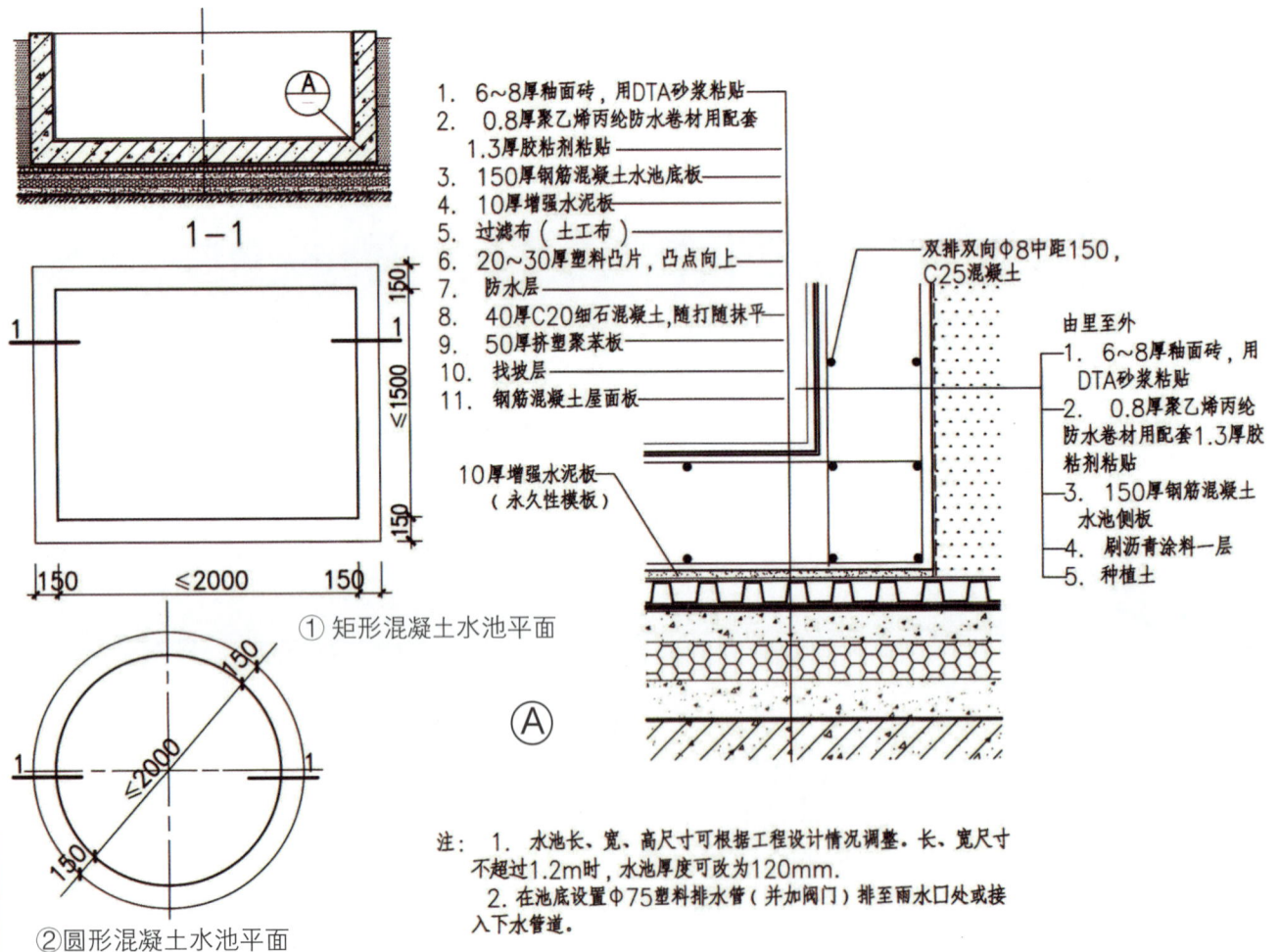

1—1

① 矩形混凝土水池平面

② 圆形混凝土水池平面

图9-5 钢筋混凝土水池

1. 6~8厚釉面砖，用DTA砂浆粘贴
2. 0.8厚聚乙烯丙纶防水卷材用配套
   1.3厚胶粘剂粘贴
3. 150厚钢筋混凝土水池底板
4. 10厚增强水泥板
5. 过滤布（土工布）
6. 20~30厚塑料凸片，凸点向上
7. 防水层
8. 40厚C20细石混凝土，随打随抹平
9. 50厚挤塑聚苯板
10. 找坡层
11. 钢筋混凝土屋面板

10厚增强水泥板
（永久性模板）

双排双向Φ8中距150，
C25混凝土

由里至外
1. 6~8厚釉面砖，用
   DTA砂浆粘贴
2. 0.8厚聚乙烯丙纶
   防水卷材用配套1.3厚胶
   粘剂粘贴
3. 150厚钢筋混凝土
   水池侧板
4. 刷沥青涂料一层
5. 种植土

Ⓐ

注：1. 水池长、宽、高尺寸可根据工程设计情况调整。长、宽尺寸
   不超过1.2m时，水池厚度可改为120mm.
   2. 在池底设置Φ75塑料排水管（并加阀门）排至雨水口处或接
   入下水管道。

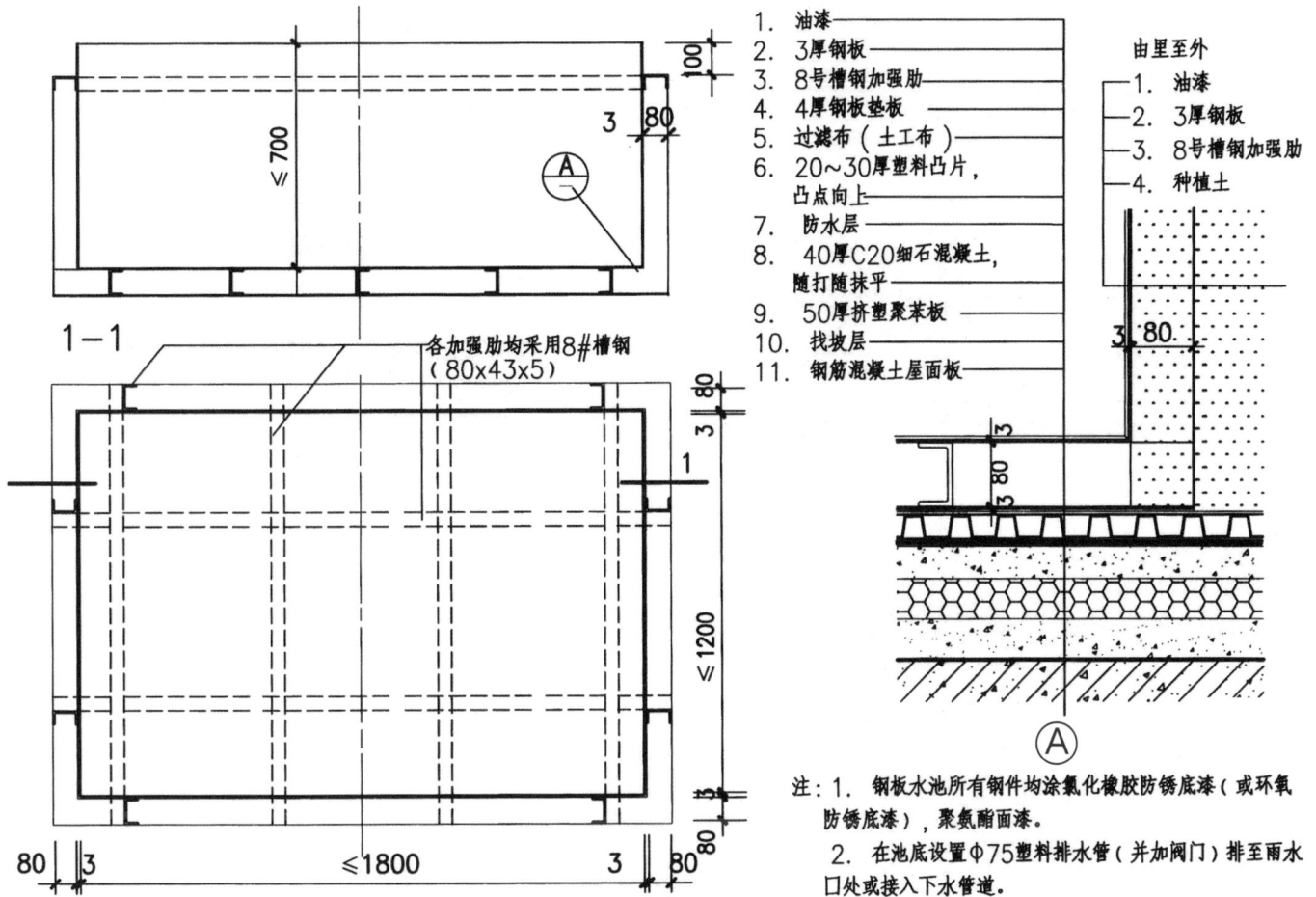

1. 油漆
2. 3厚钢板
3. 8号槽钢加强肋
4. 4厚钢板垫板
5. 过滤布（土工布）
6. 20~30厚塑料凸片，凸点向上
7. 防水层
8. 40厚C20细石混凝土，随打随抹平
9. 50厚挤塑聚苯板
10. 找坡层
11. 钢筋混凝土屋面板

由里至外
1. 油漆
2. 3厚钢板
3. 8号槽钢加强肋
4. 种植土

① 钢板、水池平面、矩形

各加强肋均采用8#槽钢
（80x43x5）

1-1

注：1. 钢板水池所有钢件均涂氯化橡胶防锈底漆（或环氧防锈底漆），聚氨酯面漆。

2. 在池底设置Φ75塑料排水管（并加阀门）排至雨水口处或接入下水管道。

图9-6 钢板水池

Φ6钢丝绳

剖面示意

带土球的木本植物

L60×60×4长1200
涂防腐剂

40×6扁钢与角钢焊

1200

锚绳

土中三角形埋件平面

图 9-7 乔木种植及花架柱脚

密封膏

0.7厚镀锌薄钢板泛水,
用自攻螺钉固定于柱上

两道防水层卷上

≥200

种植土

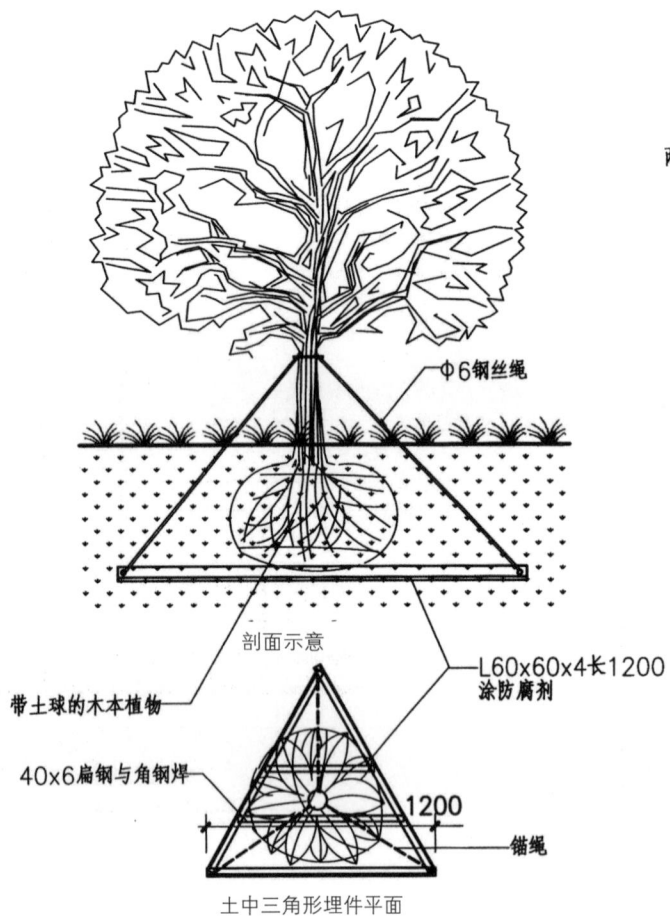

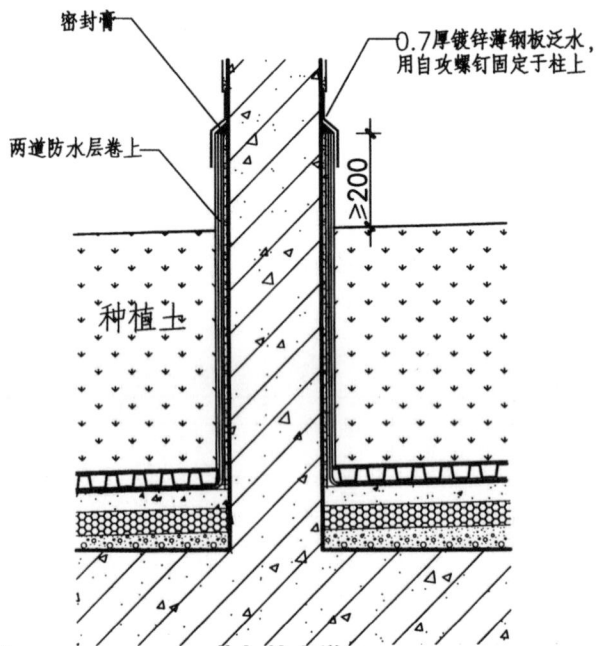

花架柱脚详图
（花架钢筋混凝土柱与钢筋混凝土屋面板连接）

花架柱抗风要求高一般均需做钢筋混凝土柱或钢柱,均需与钢筋混凝土屋面板锚固牢靠。本图为钢筋混凝土柱,钢柱可参考本图施工,无法与屋面板锚固时可做板状基础。屋面防水层至柱处断开,防水层卷上。

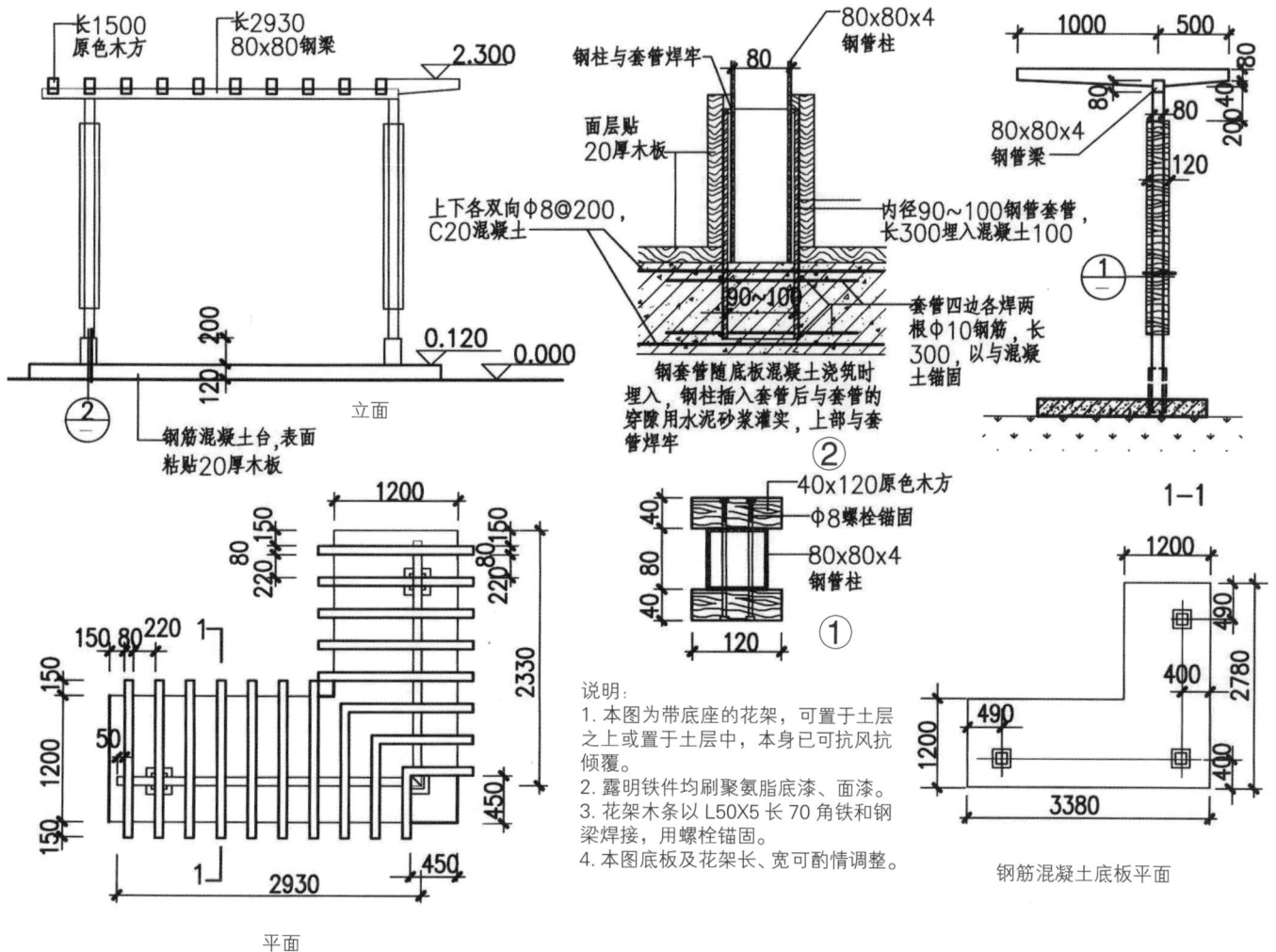

长1500
原色木方

长2930
80x80钢梁

2.300

80x80x4
钢管柱

钢柱与套管焊牢

80

面层贴
20厚木板

内径90~100钢管套管，
长300埋入混凝土100

上下各双向Φ8@200，
C20混凝土

90~100

套管四边各焊两
根Φ10钢筋，长
300，以与混凝
土锚固

0.120

0.000

120 200

立面

钢套管随底板混凝土浇筑时
埋入，钢柱插入套管后与套管的
穿隙用水泥砂浆灌实，上部与套
管焊牢

②

钢筋混凝土台，表面
粘贴20厚木板

1000  500

80

80x80x4
钢管梁

80

120

200 40

①

1—1

1200

80 150

220 80

220 150

150 80 220  1

150

50

1200

150

2330

450

1—1

2930

450

平面

40

80

40

120

40x120原色木方

Φ8螺栓锚固

80x80x4
钢管柱

①

图 9-8 带底座的花架构造

说明：
1. 本图为带底座的花架，可置于土层
之上或置于土层中，本身已可抗风抗
倾覆。
2. 露明铁件均刷聚氨脂底漆、面漆。
3. 花架木条以 L50X5 长 70 角铁和钢
梁焊接，用螺栓锚固。
4. 本图底板及花架长、宽可酌情调整。

1200

490

400

2780

400

490

1200

3380

钢筋混凝土底板平面

土工布

60x60木方长750，
离缝30，防腐处理

Φ20钢筋箍，接头处焊接，
焊缝长100，涂氯化橡胶防
锈底漆（或环氧防锈底漆），
聚氨酯面漆。

Ⓑ

Φ20钢筋（或30x6扁钢）箍，接头处
焊接，涂氯化橡胶防锈底漆（或环氧防
锈底漆），聚氨酯面漆。

500

100

500

Ⓒ

双排双向Φ8
中距150，
C25混凝土

100
50

Ⓑ

250    400

60

300

300

Ⓐ

① 方木挡土圈平面

≤2000

60

Ⓑ

Ⓐ

≤1800

100

≤1800

Ⓒ

② 钢筋混凝土挡土圈平面

注：土层加厚可种植较大乔木，位置宜设置在下层有承重墙或钢筋混凝土梁的部位。

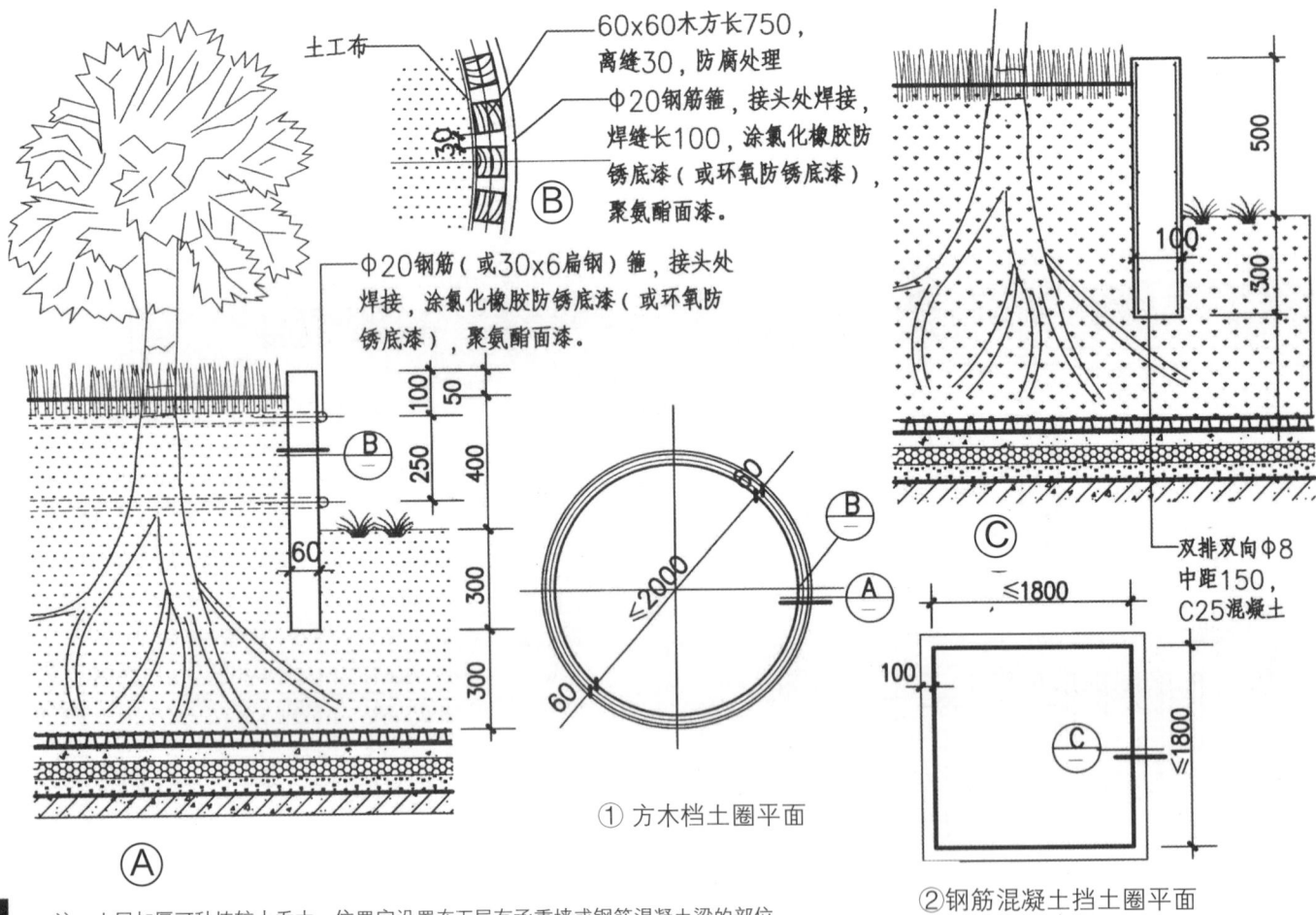

图 9-9 挡土圈构造

排水口四周铺卵石

200

排水口盖板用0.7厚
镀锌薄钢板制作, 刷
聚氨酯底漆、面漆

盘座 B

360

盘座 B

排水孔

种植土

排水孔

防水卷材伸
入雨水口内

雨水口 A

A

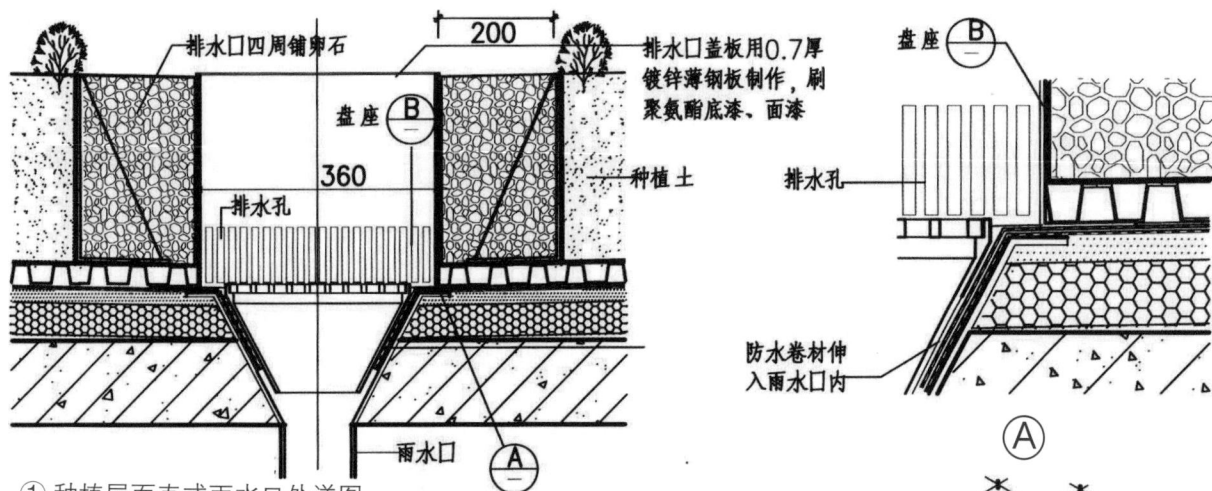

① 种植屋面直式雨水口处详图

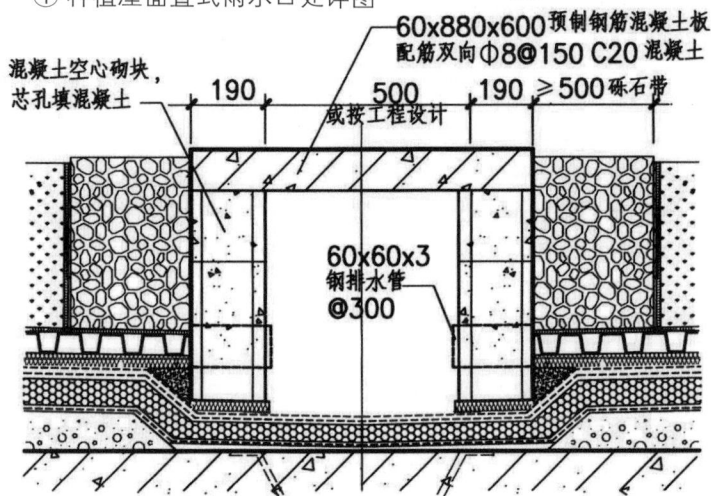

60×880×600预制钢筋混凝土板
配筋双向Φ8@150 C20 混凝土

混凝土空心砌块,
芯孔填混凝土

190  500  190  ≥500砾石带

或按工程设计

60×60×3
钢排水管
@300

② 排水沟

360  360

0.7厚镀锌薄
钢板制作, 刷
聚氨酯底漆、
面漆

D

10

20  10

500  500

B 内排水集水盘座

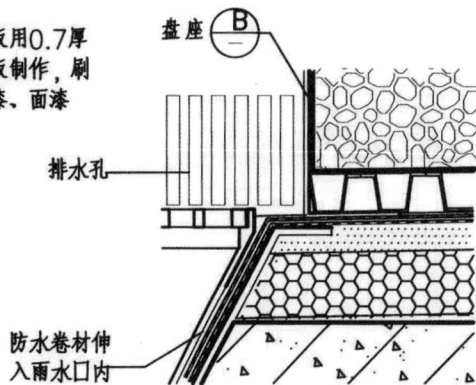

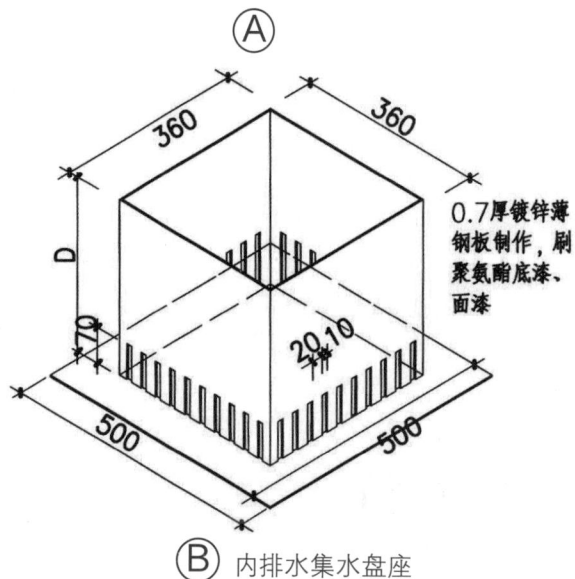

图 9-10 内排水口构造

211

25x50木条(防腐干燥处理)

50x50木方

600

50 25

雨水口箅子

1-1

角钢
L75x75x6
L=780

密封膏

防水卷材卷上

150

500

20

50x50木方

排水口三面设钢
板网框内置卵石

≥500砾石带

25x50木条(防腐干燥处理)

>150厚种植土

过滤布(土工布)

20~30高塑料(或橡胶)
排水凸片,凸点向上

保湿毡

隔离层

防根刺防水卷材

底层防水卷材

雨水口
外件

雨水口内件
(防水层包进后安装)

80

找坡层

保温层

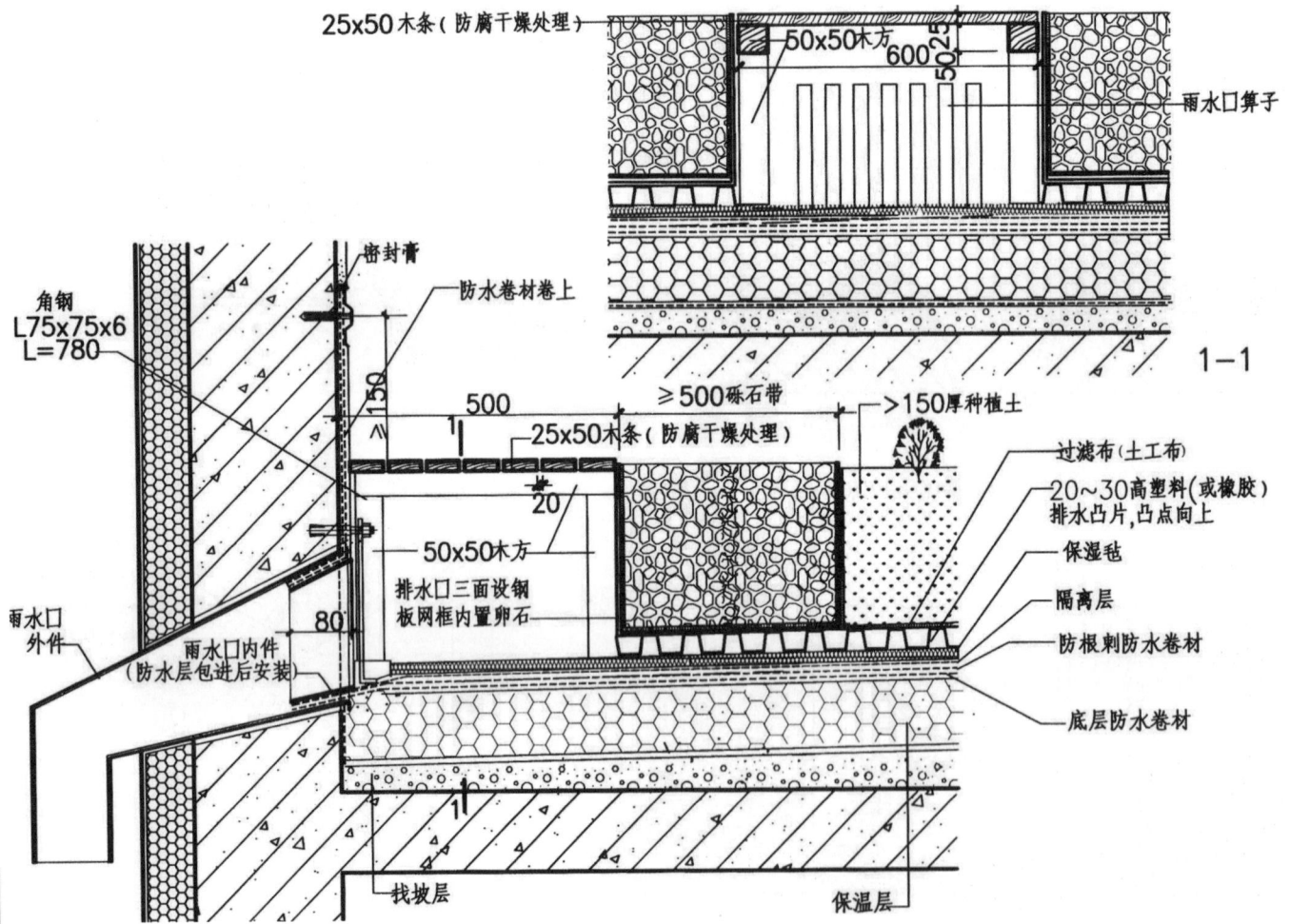

① 外排水口处详图

图 9-11 外排水口构造

双向5φ6
C20混凝土
φ40流水孔

Ⓐ
混凝土步道板

590
590
590
50
1-1

注：1.排水沟两侧砖墙采用非粘土实心砖或混凝土砖
DM10砂浆砌，土层厚度超过800及800以上时，下
部2/3的墙厚改为240，上部仍可为120厚。
2.混凝土步道板每隔3m干铺一块，以便于清扫排水
沟，其余均用DS砂浆铺卧。

女儿墙
栏杆

1100

50 150
Ⓐ
50
30

20 400 120

种植土

遇雨水口处排水
凸片留出
400x400洞

塑料凸片
排水板

防水层卷上至女儿
墙上部挑口

第一皮砖留排水缺口
宽60，中距300

此墙遇雨水口处留
洞（洞上部置两根
2φ10过梁）

①靠女儿墙处步道兼排水沟

Ⓐ
30

120 450 120

种植土

遇内雨水口处做法详
见内排水口详图

内排水管

第一皮砖留排水
缺口宽60，中距
300

②步道兼内排水沟

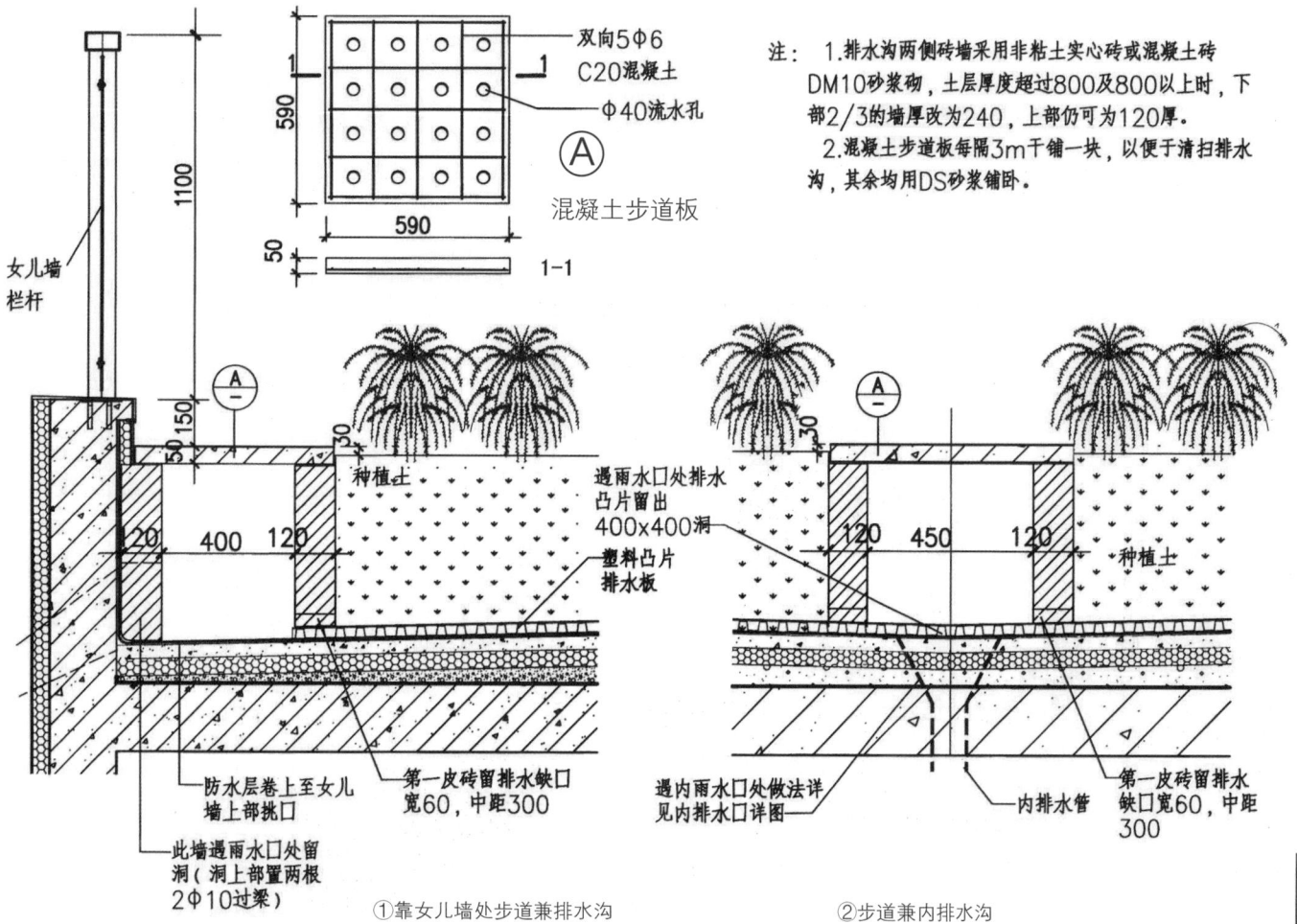

图9-12 排水沟兼步道构造

50x80x3通长矩形钢管

80

50

20

20x20方钢，中距130

20x20方钢，通长，与矩形钢管柱焊

1100

Ø8

90

120

120

6

50x80x3矩形钢管立柱，中距3000

130

钢筋混凝土女儿墙

30厚挤塑聚苯板

3~5厚DBI砂浆

防水层卷上3厚DS砂浆保护层

卵石带

60

50 50

50 50

种植土

土工布

300~500

塑料凸片排水板

防水层从种1~种8中选

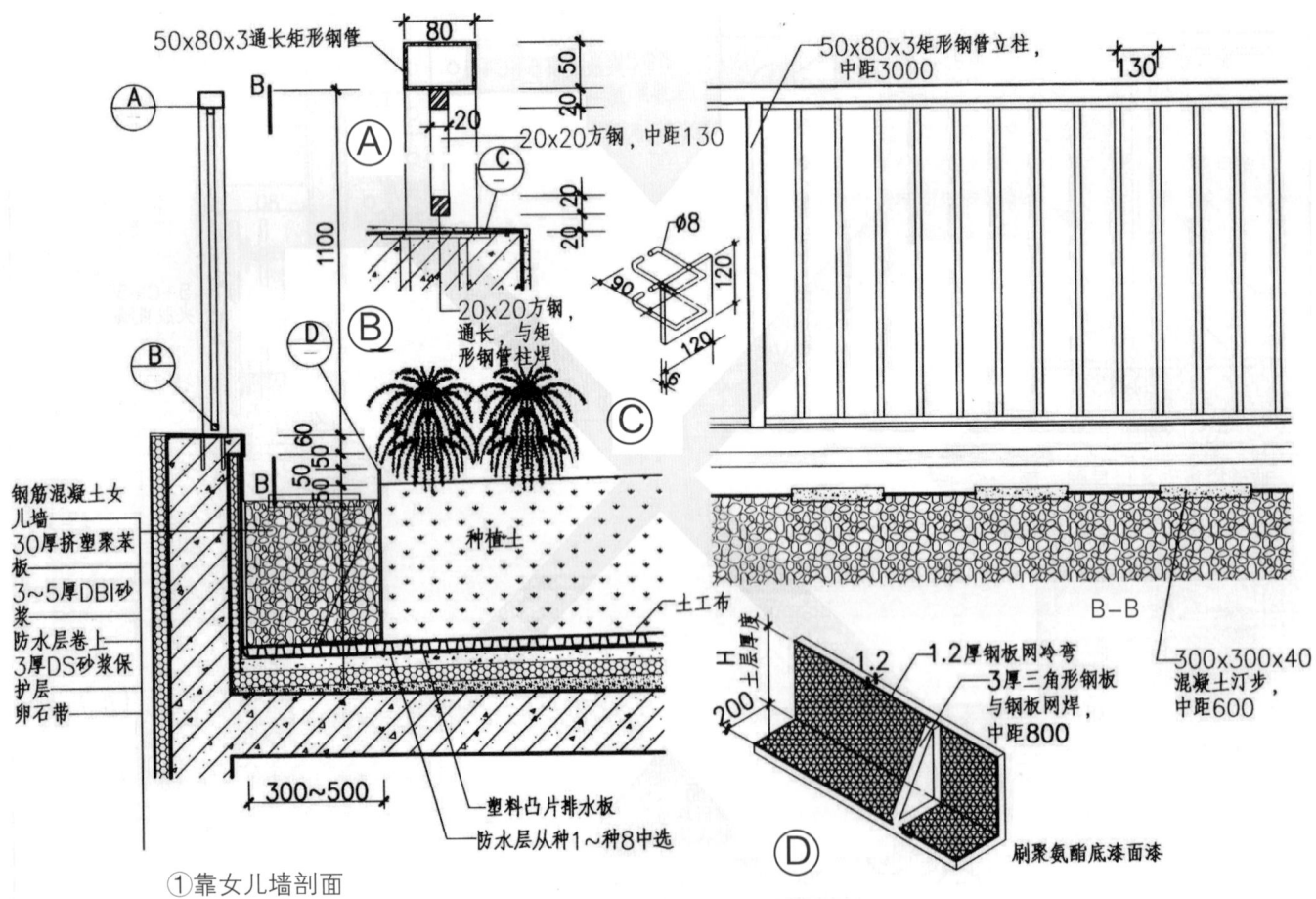

①靠女儿墙剖面

B-B

300x300x40混凝土汀步，中距600

土层厚度

200

1.2

1.2厚钢板网冷弯

3厚三角形钢板与钢板网焊，中距800

刷聚氨酯底漆面漆

D

图9-13 靠女儿墙栏杆、卵石带构造

## 1. 屋顶绿化植物选择

（1）基于屋顶环境条件的植物选择原则有以下几点：

①选择耐旱、抗寒性强的矮灌木和草本植物；

②选择阳性、耐瘠薄的浅根性植物；

③选择抗风、不易倒伏、耐积水的植物种类；

④选择以常绿植物为主，冬季能露地越冬的植物；

⑤尽量选用乡土植物，适当引用绿化新品种；

⑥选择能抵抗空气污染并能吸收污染的品种；

⑦选择容易移植，成活率高，耐修剪，生长较慢的品种；

⑧选择具有较低的养护管理要求的品种。

## 2. 屋顶绿化植物应用类型

（1）乔木：乔木在屋顶绿化设计中乔木的种植虽然较少，但在花园的设计中起到骨架和支柱的作用。作为花园的局部中心景物，应具备树形优美、姿态特异、叶色变化明显、花果观赏价值高等特点。选择针叶树种或叶形较小的树种，由于所用乔木都应根系较浅不会破坏防水层，所以小叶乔木比较不易在强风中受到损坏。

（2）花灌木：灌木是庭院式屋顶花园造景的主体植物。花灌木应具备花色鲜艳、花期持久、芳香宜人、挂果时间长、生长速度快、寿命长、易栽植、抗逆性强等特点。

（3）绿篱：绿篱植物是种植区边缘、雕塑喷泉的背景或景点分界处常栽种的植物。它的存在使种植区还处于有组织的安全的环境中，同时又可作为独立景点的衬托。但造园或管理时切不可使绿篱植物喧宾夺主。绿篱按特点又可分为花篱、果篱、彩叶篱、枝篱、刺篱等。用作绿篱的树种多生长慢，萌芽力强，耐修剪，抗性强。绿篱植物应用广泛，所用植物品种较多。

（4）地被植物：地被植物是覆盖地面的低矮植物，有草本植物、宿根花卉、蕨类植物、矮灌木和藤本植物。许多屋顶受到条件限制只能有低矮的地被植物造景。地被植物种类繁多应尽量选择具有较强扩展能力，能迅速覆盖地面且抗污染能力强，易于粗放管理，种植后不需经常更换的植物。

（5）攀缘植物：攀缘植物占用种植面积小，绿化覆盖率大，应用形式多样灵活，适用于与各种棚架、凉亭、栅栏、女儿墙、拱门、山石、垂直墙面、灯柱和花架搭配组景。多选用抗寒、抗风能力强、耐干旱、日照时间长，叶色有季节变化、开花结果等特点的攀缘植物。

（6）果树和蔬菜：现代生活崇尚绿色食品，许多屋顶绿化被开发成了绿色的菜园，不仅绿化了屋顶，也让人们吃到了新鲜的绿色蔬菜，享受到了城市中的"田园生活"。

## 3. 从造景的角度选择屋顶绿化的植物（图9-14）

a. 简单式屋顶绿化：通常指作为屋顶的装饰作用，用来改善环境，很少有人员的进入，种植土层较浅。植物应选择生命力强、耐贫瘠、管理粗放、能改善污染的低矮地被植物。如佛甲草、红景天等。

b. 花园式屋顶绿化：观赏性强、色彩丰富、生命力强。

c. 地下室（或首层）屋顶绿化：

非实土绿化，抬高树池种植浅根系的小乔木或灌木。如玉兰、鸡蛋花。

图9-14

## 1. 屋顶植物景观营造的要求

（1）具有观赏性和艺术美，能够美化屋顶环境，创造宜人的自然景观，为人们提供游览、休憩的娱乐场所；

（2）具有改善环境的生态作用，通过植物的光合、蒸腾、吸收和吸附，调节小气候，防风降沙，减轻噪音，吸收并转化环境中的有害物质，净化空气和水体，维护生态环境；

（3）依靠科学的配植，建立具备合理的时间结构、空间结构和营养结构的人工植物群落，为人们提供一个生态良性循环的生活环境。

## 2. 种植设计前需要了解的信息

（1）屋顶的环境条件

（2）屋顶花园的服务对象

（3）屋顶之外的环境

## 3. 种植设计的原则

（1）符合屋顶花园的性质和功能要求；

（2）考虑园林艺术的需要；

（3）选择适合的植物种类，满足植物生理要求；

（4）创建屋顶特色种植风格

## 4. 种植设计的手法

（1）利用灌木丛来柔化建筑屋顶的硬度感，适合大量运用抗性强的地被。

（2）协调色彩的手法

（3）观赏期的植物组合

由于我国南北地区气候差异较大，屋顶在选用绿化植物之前，首先要了解植物的生态习性及生长速度，以便选定适合地区的植物种类。在江南一带气候温暖、空气湿度较大，所以浅根性、树姿轻盈、秀美，花、叶美丽的植物种类都很适宜配植于屋顶花园中。尤其在屋顶铺以草皮，其上再植以花卉和花灌木，效果更佳。

在北方营造屋顶花园困难较多，冬天严寒，屋顶薄薄的土层很易冻透，而早春的旱风在冻土层解冻前易将植物吹干，故宜选用抗旱、耐寒的草种、宿根、球根花卉以及乡土花灌木，也可采用盆栽、桶栽，冬天便于移至室内过冬。北方常见的屋顶花园植物举例：

（1）乔木常用的有：玉兰、龙柏、龙爪槐、紫叶李、樱花、海棠类、垂枝榆、山楂等。

（2）花灌木：许多用于北方露地绿化的花灌木都可以用于屋顶绿化。如卫矛属、枸子属、小檗属、连翘、榆叶梅、迎春、金银木、黄栌、紫叶矮樱、红瑞木、月季类、锦带花类、木槿、黄刺玫、海州常山、石榴，小气候下棣棠、郁李、蜡梅等也是屋顶绿化的优良的花灌木。

（3）地被植物多为草本植物。此外宿根植物很多是地被覆盖的好品种。常用的草坪草有早熟禾、高羊茅、野牛草、匍匐翦股颖、中华结缕草、大羊胡子草、小羊胡子草、黑麦草等。其它北方屋顶绿化广泛使用的地被植物有垂盆草、佛甲草、白车轴草、银叶蒿、薯草、麦冬、凹叶景天、花叶蔓长春花、绿叶蔓长春花、百里香、常夏石竹、大花金鸡菊、紫菀、金银花、铺地柏、波斯菊、地被石竹、马蔺、鸢尾、玉簪、芍药等。常见的还有天鹅绒草、酢浆草、虎耳草及仙人掌科植物等。

北方露地常用的其它地被植物在环境适应的情况下都可以用于屋顶绿化，如小地榆、富贵草、费菜、粉八宝、荷兰菊、一枝黄花、假龙头、马薄荷、德国鸢尾、射干、楼斗菜、荷包牡丹、千屈菜、宿根福禄考、紫斑风铃草、桔梗、蛇鞭菊、黑心菊、花叶芦竹、玉带草、天竺葵、球根秋海棠、风信子、郁金香、金盏菊、石竹、旱金莲、大丽花、羽衣甘蓝、含羞草、紫茉莉、芍药、葱兰等。

（4）常用的一年生花卉有：大花马齿苋、二月蓝、蒲公英、蛇莓、天蓝苜蓿、猫眼草、点地梅、牵牛、田旋花、打碗花、龙葵、曼陀罗、阿尔泰狗娃花、委陵菜、苦苣菜、苦荬菜、矮牵牛、万寿菊、酢浆草、四季海棠、一串红、三色堇、百日草、鼠尾草、凤仙花、千日红、翠菊、金鱼草、雏菊、太阳花、鸡冠花等，多用于屋顶绿化中的花坛布置，表现植物的群体美。

（5）藤本不占或很少占用种植面积。其常见品种有爬山虎、紫藤、常春藤、葡萄、金银花、猕猴桃、南蛇藤、美国凌霄、五叶地锦、山荞麦、多花蔷薇、洋常春藤、茑萝、牵牛花、木香、蔓蔷薇等。

（6）抗污染树种在屋顶绿化设计中可选用桑、合欢、广玉兰、无花果、石榴等，这些植物抗污染力较强。但要考虑承载力尽量选择根系较浅植物较小的乔木。

（7）果树和蔬菜：矮化苹果、梨等可以作为微型的灌木来种植，处理为树墙或植物饰带。廊架上有丝瓜、葡萄、猕猴桃、黄瓜、丝瓜、扁豆等；地上有青菜、辣椒、西红柿、草莓、大葱等各种蔬菜。

## 芝加哥某银行广场屋顶花园

屋顶的设计 50% 为栽植区域，另外 50% 为与栽植混合的铺装区域，中间混合着乔木、灌木、地被。草坪区域都为方块形的草地。栽植的树木都比较大，而且它们生长迅速，为芝加哥的城市绿化作出重要贡献，这个花园为大楼所有的工作人员开放。

# 纽约现代艺术博物馆屋顶花园

纽约现代艺术博物馆屋顶花园位于纽约市区，它兼具了屋顶花园与艺术空间的双重作用，设计汲取了景观元素内在特质的同时，融入了艺术的处理手法，成就了一座都市观景花园。虽然人们无法近距离到达观赏，但周围的高空住户可以观赏到它的别样美景。

# 美国某癌症康复中心屋顶花园

康复园的设计考虑到客户的需求，设计师的看法和正在接受癌症治疗的病人的情感需求，尤其是肿瘤病人对环境的要求成为设计主要的考虑因素，其中包括：微气候、植物的选择和特殊需要的满足。

# 某屋顶露台

当代的屋顶花园设计让室内空间得到一种和谐的延伸， 软景的设计也与工业仓库达到一种均衡。半透明的隐私玻璃和悬臂式檐篷能保护花园免受阳光和风的侵袭。轻质花盆中所展示的植物是那些低耗水的肉质植物。

# 常用景观材料

## 1. 概念

景观工程材料是指在景观工程建设中使用的材料的统称，包括建造基础、泥、石材、玻璃、钢材、绿化混凝土、自动变色涂料、楼顶草坪、各种园林造景材料。在景观工程中，材料的性能、质量和价格直接影响到景观的适用、安全、经济和美观性。

## 2. 材料分类（表10-1）

景观工程材料品种繁多，可从不同的角度来进行划分。根据材料来源，可分为天然材料及人造材料；根据使用部位，可分为承重材料、屋面材料、墙体材料和地面材料等。目前，常见的是根据组成物质的化学成分和按使用功能划分。

按照化学成分不同，将景观工程材料分为无机材料、有机材料和复合材料三大类。

按使用功能将景观工程材料分为结构材料、围护材料和功能材料三大类。

结构材料指构成建筑物受力构件和结构所用的材料，如梁、板、柱、基础、框架等构件或结构使用的材料。结构材料要求具有足够的强度和耐久性，常用的有砖、石、钢筋混凝土、钢材等。

围护材料是用于建筑物围护结构的材料，如墙体、门窗、屋面等部位使用的材料。围护材料不仅要求具有一定的强度和耐久性，还要求同时具有保温隔热或防水、隔声等性能。常用的围护材料有砖、砌块、混凝土和各种墙板、屋面板等。

功能材料主要是担负建筑物使用过程中所必需的建筑功能的材料，如防水材料、防潮材料、绝热材料、吸声隔声材料、采光材料和室内外装饰中使用的各种涂料、镀层、贴面、各色瓷砖、具有特殊效果的玻璃等材料。

## 3. 技术标准

我国景观工程材料的技术标准分为国家标准、行业标准、地方标准、企业标准等，分别由相应的标准化管理部门批准并颁布。国家标准和行业标准属于全国通用标准，是国家指令性技术文件，各级生产、设计、施工等部门必须严格按照执行，不得低于此标准。地方标准时地方主管部门发布的地方性技术文件。凡没有指定国家标准、行业标准的产品应指定企业标准，而企业标准所制定的技术要求应高于类似（或相关）产品的国家标准。各级标准均有相应的代号（表10-2）。

表10-1 景观工程材料按化学成分分类

| 分类 | | | 用料及分层做法 |
|---|---|---|---|
| 无机材料 | 金属 | | 铁、钢、不锈钢、铝和铜及其合金 |
| | 非金属材料 | 天然石材 | 砂、石子、砌筑石材、装饰板材 |
| | | 烧土制品 | 砖、瓦、陶瓷、玻璃制品 |
| | | 玻璃及熔融制品 | 玻璃、玻璃纤维、矿棉、岩棉 |
| | | 胶凝材料 | 石灰、石膏、水泥 |
| | | 混凝土及硅酸盐制品 | 砂浆、混凝土、硅酸盐制品 |
| 有机材料 | 植物材料 | | 竹材、木材、植物纤维及其制品 |
| | 沥青材料 | | 石油沥青、煤沥青、沥青制品 |
| | 合成高分子材料 | | 塑料、涂料、胶黏剂、合成高分子防水材料 |
| 复合材料 | 无机非金属材料与有机材料复合 | | 玻璃纤维增强塑料、聚合物混凝土、沥青混凝土 |
| | 金属材料与无机非金属材料复合 | | 钢筋混凝土、钢纤维增强混凝土 |
| | 金属材料与有机材料复合 | | 彩色夹心复合钢板、塑钢门窗材料 |

表10-2 各级标准代号

| 标准种类 | 代号 | 表示内容 | 表示方法 |
|---|---|---|---|
| 国家标准 | GB | 国家强制标准 | 由标准名称、部门代号、标准编号、颁布年份等组成，例如：《硅酸盐水泥、普通硅酸盐水泥》（GB175-1999）《建筑用砂》（GB/T14684-2001） |
| | GB/T | 国家推荐性标准 | |
| | JC | 建材行业标准 | |
| 行业标准 | JGJ | 建筑工程行业标准 | |
| | YB | 冶金行业标准 | |
| | JT | 交通标准 | |

# 1. 概述

以天然岩石为原材料加工制作成的具有一定的物理、化学性能和规格、形状的工业产品。

石材主要可分为天然石材和人工石材（又名人造石）两大种类，石材是建筑装饰材料的高档产品，天然石材分为花岗岩、大理石、砂岩、石灰岩、火山岩等，随着科技的不断发展和进步，人造石的产品也不断日新月异，质量和美观已经不逊色天然石材。随着经济的发展，石材早已经成为建筑、装饰、道路、桥梁建设的重要原料之一。

# 2. 石材的主要技术性质

## （1）表观密度

石材的表观密度与矿物组成及孔隙率有关。致密的石材如花岗石和大理石等，其表观密度接近于密度，约为 2500~3100kg/m³，称为重质石材，可作为建筑物的基础、贴面、地面、房屋外墙、桥梁和水工构筑物等。孔隙率较大的石材，如火山凝灰岩、浮石等，其表观密度较小，约为 500~1700kg/m³，称为轻质石材，一般用作墙体材料。

## （2）吸水性

石材的吸水性主要与其孔隙率和孔隙特征有关。孔隙特征相同的石材，孔隙率愈大，吸水率也越高。石材吸水后强度降低，抗冻性变差，导热性增加，耐水性和耐久性下降。表观密度大的石材孔隙率小，吸水率也小。

## （3）耐水性

石材的耐水性以软化系数来表示。根据软化系数的大小，石材的耐水性分为高、中、低三等，软化系数大于 0.90 的石材为高耐水性石材；软化系数在 0.70~0.90 之间的石材为中耐水性石材；软化系数为 0.60~0.70 之间的石材为低耐水性石材。景观建筑工程中使用的石材，其软化系数应大于 0.80。

## （4）抗冻性

抗冻性是指石材抵抗冻融破坏的能力，是衡量石材耐久性的一个重要指标。石材的抗冻性与吸水率大小有密切关系。一般吸水率大的石材抗冻性能较差。另外，抗冻性还与石材吸水饱和程度、冻结温度和冻融次数有关。石材在水饱和状态下，经规定次数的冻融循环作用后，若无贯穿裂缝且重量损失不超过 5%、强度损失不超过 25% 时，则为抗冻性合格。

## （5）耐火性

石材的耐火性取决于其化学成分及矿物组成。由于各种造岩矿物热膨胀系数不同，受热后体积变化不一致，将产生内应力而导致石材崩裂破坏。另外，在高温下，造岩矿物会分解或晶型转变。如含有石膏的石材，在 100℃ 以上时即开始破坏；含有石英和其他矿物结晶的石材，如花岗岩等，当温度在 573℃ 以上时，由于石英受热膨胀，强度会迅速下降。

## （6）抗压强度

天然石材的抗压强度取决于岩石的矿物组成、结构、构造特征、胶结物质的种类及均匀性等。如花岗岩的主要造岩矿物时石英、长石、云母和少量暗色矿物，若石英含量高，则强度高；若云母含量高，则强度低。

石材是非均质和各向异性的材料，而且是典型的脆性材料，其抗压强度高、抗拉强度比抗压强度低得多，约为抗压强度的 1/20~1/10。按吸水饱和状态下的抗压极限强度平均值，天然石材的强度等级分别为 MU100、MU80、MU60、MU40、MU30、MU20、MU15、MU10 等九个等级。

## （7）硬度

天然石材的硬度主要取决于组成岩石的矿物硬度与构造。凡由致密、坚硬的矿物所组成的岩石，其硬度较高；结晶质结构硬度高于玻璃质结构；构造紧密岩石硬度也较高。岩石的硬度与抗压强度有很好的相关性，一半抗压强度高的其硬度也大。岩石的硬度越大，其耐磨性和抗刻划性能越好，但表面加工越困难。

## （8）耐磨性

石材的耐磨性与岩石组成矿物的硬度及岩石的结构和构造有一定的关系。一般而言，岩石强度高，构造致密，则耐磨性也较好。用于工程中的石材，应具有较好的耐磨性。

## 3. 石材品种

为了规范石材品种的统一，国际 GB/T 17670—1999《天然石材统一编号》将天然石材分为（a）花岗岩，代号"G"；（b）大理石，代号"M"；（c）板石（叠层岩），代号"S"三类。编号分两部分，第一部分为三种石材的英文字母，首位大写字母"G"、"M"、"S"，第二部分为四位数字，前两位数字为各省、自治区、直辖市行政区划代码；后两位数字为各省、自治区、直辖市所编的石材品种编号（表 10-3，10-4，10-5）。

表 10-3 板石名称与编号

| 地 区 | 名 称 | 编号 |
|---|---|---|
| 北京市 | 霞山岭青板石 | S1115 |
| | 霞山岭锈板石 | S1118 |
| 河南省 | 林州银晶板 | S4101 |
| | 林州白沙岩 | S4102 |
| 湖南省 | 桃红灰 | S4301 |
| | 凤凰黑 | S4306 |
| 贵州省 | 安顺青板石 | S5201 |
| | 纳雍黑板石 | S5202 |

表 10-4 大理石名称与编号

| 地 区 | 名 称 | 编号 | 地 区 | 名 称 | 编号 |
|---|---|---|---|---|---|
| 北京市 | 房山高庄汉白玉 | M1101 | 四川省 | 宝兴白 | M5101 |
| | 房山艾叶青 | M1102 | | 宝兴红 | M5107 |
| | 房山桃红 | M1107 | | 丹巴白 | M5109 |
| 辽宁省 | 丹东绿 | M2117 | | 宝兴大花绿 | M5112 |
| | 铁岭红 | M2119 | 贵州省 | 贵阳纹脂奶油 | M5201 |
| 江苏省 | 宜兴咖啡 | M3252 | | 遵义马蹄花 | M5221 |
| | 宜兴红奶油 | M3259 | | 贵定红 | M5241 |
| 浙江省 | 杭灰 | M3301 | | 毕节晶黑玉 | M5261 |
| 山东省 | 莱州雪花白 | M3711 | 云南省 | 河口雪花白 | M5306 |
| 湖北省 | 通山中米黄 | M4286 | | 贡山白玉 | M5322 |
| | 通山荷花绿 | M4292 | | 云南白海棠 | M5325 |
| 湖南省 | 慈利虎皮黄 | M4372 | | 云南米黄 | M5326 |
| | 芙蓉白 | M4378 | 陕西省 | 汉中雪花白 | M6101 |

表 10-5 花岗岩名称与编号

| 地 区 | 名 称 | 编 号 | 地 区 | 名 称 | 编 号 |
|---|---|---|---|---|---|
| 北京市 | 霞白虎涧红<br>密云桃花<br>房山瑞雪 | G1151<br>G1152<br>G1156 | 安徽省 | 岳西黑<br>岳西豹眼<br>天堂玉 | G3401<br>G3403<br>G3406 |
| 河北省 | 平山龟板玉<br>承德燕山绿 | G1301<br>G1306 | 福建省 | 泉州白<br>龙海黄玫瑰<br>武夷红<br>罗源紫罗兰 | G3506<br>G3510<br>G3528<br>G3564 |
| 山西省 | 北岳黑<br>灵丘太白青 | G1401<br>G1405 | 江西省 | 贵溪仙人红 | G3601 |
| 内蒙古自治区 | 傲包黑<br>诺尔红 | G1511<br>G1530 | 山东省 | 济南春<br>崂山灰<br>崂山红<br>平度白 | G3701<br>G3706<br>G3709<br>G3755 |
| 辽宁省 | 绥中芝麻白<br>绥中虎皮花 | G2103<br>G2107 | 河南省 | 淇县森林绿 | G4101 |
| 吉林省 | 吉林白 | G2201 | 湖北省 | 麻城彩云花<br>三峡红 | G4226<br>G4251 |
| 黑龙江省 | 楚山灰 | G2301 | 湖南省 | 衡阳黑白花<br>泊罗芝麻花 | G4385<br>G4394 |
| 浙江省 | 安吉红<br>龙泉红<br>嵊川黑玉<br>仕阳青 | G3301<br>G3302<br>G3314<br>G3316 | 四川省 | 二郎山冰花红<br>甘孜樱花白 | G5114<br>G5147 |
| 广东省 | 信宜星云黑<br>普宁大白花 | G4416<br>G4439 | 甘肃省 | 陇南芝麻白 | G6201 |
| 广西壮族自治区 | 岑溪红<br>桂林红 | G4562<br>G4572 | 新疆维吾尔自治区 | 天山冰花<br>天山绿<br>天山红 | G6504<br>G6507<br>G6520 |
| 四川省 | 芦山红<br>石棉红 | G5101<br>G5104 | | | |

## 4. 石材的分类

（1） 成因：岩浆岩、沉积岩、变质岩（表 10-6）。

（2） 使用

①砌筑用石材

a. 毛石：毛石是在采石场将岩石经爆破等方法直接得到的形状不规则的石块。按外形毛石分为乱毛石和平毛石两类。乱毛石是表面形状不规则的石块；平毛石是石块略经加工，大致有两个平行面的毛石。景观工程用毛石一般要求中部厚度不小于 150mm，长度为 300~400mm，质量约为 20~30kg，抗压强度应在 MU10以上，软化系数应大于 0.80。毛石主要用于砌筑基础、勒脚、墙身、挡土墙、堤岸及护坡等，也可用于配制片石混凝土。

b. 料石：料石是指经人工或机械加工而成的，形状比较规则的六面体石材。按照表面加工的平整程度分为毛料石、粗料石、半细料石和细料石四种。毛料石是表面不经加工或稍加凿琢修整的料石，叠砌面凹凸深度应不大于 25mm；粗料石表面经加工后凹凸深度应不大于 20mm；半细料石表面加工凹凸深度应不大于15mm；细料石表面加工凹凸深度应不大于 10mm。料石根据加工程度可用于砌筑基础、石拱、台阶、勒脚、墙体等处。

c. 广场地坪、园路用石材：广场地坪、园路用石材主要有石板、条石、方石、拳石、卵石等，这些石材要求具有较高的强度和耐磨性以及良好的抗冻和抗冲击性能。

②饰面石材

饰面石材是指用于建筑物表面起装饰和保护作用的石材，主要用于建筑物内外墙面、柱面、地面、台阶、门套、台面等处。

表 10-6 石材的分类

| | | |
|---|---|---|
| 岩浆岩 | 大块岩 | 深成岩：花岗岩、正长岩、闪长岩、辉长岩 |
| | | 喷出岩：斑岩、辉绿岩、玄武岩、安山岩、粗面岩 |
| | 碎片岩 | 散粒状：火山岩、浮石 |
| | | 胶结状：火山凝灰岩 |
| 沉积岩 | 化学沉积岩 | 石膏、白云岩、菱镁矿 |
| | 有机沉积岩 | 石灰岩、白坚、贝壳岩、硅藻土 |
| | 机械沉积岩 | 散粒状：黏土、砂、砾石 |
| | | 胶结状：砂岩、砾岩、角砾岩 |
| 变质岩 | 岩浆岩变质岩 | 片麻岩 |
| | 沉积岩变质岩 | 石英岩、大理岩、页岩 |

## 5. 景观工程常用石材

### （1）花岗岩

花岗岩属火成岩的深层岩，是火成岩中分布最广的一种岩石，其主要矿物成分为石英、长石及少量暗色矿物和云母。花岗岩是全晶质的，按结晶颗粒大小的不同，可分为细粒、中粒、粗粒及斑状等多种。花岗岩的颜色由造岩矿物决定，通常呈灰、黄、红及蔷薇色。花岗岩的技术特性是：表观密度大（2500~2800kg/m³），抗压强度高（120~250MPa），孔隙率小，吸水率低（0.1%~0.7%），材质坚硬，耐磨性好，不易风化变质，耐久性高。花岗岩属酸性岩石，耐酸性好。花岗岩不抗火，火灾时严重开裂。

花岗岩由于质地坚硬、耐磨、耐酸、耐久，外观稳重大方，所以被公认是一种优良的景观结构及装饰材料。花岗岩得天独厚的物理特性加上它美丽的花纹使其成为景观的上好材料，露天雕刻的首选之材，在景观及室外建筑中广泛使用，许多需要耐风吹雨打或需要长存的地方或物品都是由花岗岩制成的。花岗岩常以条石、方石、拳石等形式用于基础、勒脚、柱子、踏步、广场地坪、庭院小径等。花岗岩粗面板多用于室外地面、台阶、基座、踏步、檐口等处；亚光板常用于墙面、柱面、台阶、基座、纪念碑等，镜面板多用于室外墙面、地面、柱面等部位（图10-1、10-2）。

### （2）天然花岗岩板材

花岗岩荒料经锯切或雕琢加工成普通型平面板材（N型）或异形（S型或弧形）板材两种。根据其表面加工程度又可分为以下几种。

①蘑菇石板：这种板材四周轮廓是整齐规矩的矩形，而外表面凹凸不同呈鼓状，充分体现石材的天然粗犷的质感，常用于建筑立面的装饰。

图10-1 花岗岩落地灯

图10-2 花岗岩流水喷泉

②粗面板材（RU）：表面粗糙但平整，有较规则的加工条纹，给人以坚固、自然的感受，用于室外地面或踏步有防滑的效果。

③细面板材（RB）：表面经磨平但无光泽的板材，给人庄重华贵的感觉。

④镜面板材（PL）：是在细面板材的基础上经过抛光处理，使石材的本色和晶体结构一览无遗，熠熠生辉。用于室外柱面、墙面或室内地面等处，装饰和实用效果俱佳。

综合考虑花岗岩板材的加工、运输、施工以及对建筑结构荷载的影响。目前大量生产实用的板材厚度以20mm为主（表10-7）。

表10-7 常用花岗岩板材规格尺寸

| 长 | 宽 | 长 | 宽 | 长 | 宽 | 长 | 宽 |
|---|---|---|---|---|---|---|---|
| 300 | 300 | 400 | 400 | 600 | 600 | 900 | 900 |
| 305 | 305 | 600 | 300 | 640 | 610 | 600 | 305 |

（3）砂岩

砂岩是母岩碎屑沉积物被天然胶结物胶结而成，其主要成分是石英，有时也含有少量长石、方解石、白云石及云母等。根据胶结物的不同，砂岩又分为：由氧化硅胶结而成的硅质砂岩，常呈淡灰色或白色；由碳酸钙胶结而成的钙质砂岩，呈白或灰色；由氧化铁胶结而成的铁质砂岩，常呈红色；由黏土胶结而成的黏土质砂岩，呈灰黄色。砂岩的性能与胶结物种类及胶结的密实程度有关。由于砂岩的胶结物和构造的不同，其性能波动很大，抗压强度为5~200MPa。密实的硅质砂岩，坚硬耐久，耐酸，性能接近于花岗岩，可用于纪念性景观及耐酸工程。钙质砂岩，有一定的强度，加工较易，是砂岩中最常用的一种，但质地较软，不耐酸的侵蚀。铁质砂岩的性能稍差，其中胶结密实者，仍可用于一般景观工程。黏土质砂岩的性能较差，易风化，长期受水作用会软化，甚至松散，在景观中一般不用。砂岩常用于景观雕塑、浮雕壁画、花盆、雕刻花板、喷泉、柱子等处（图10-3，10-4）。

（4）石灰石

石灰石的主要矿物组成为方解石。常含有少量黏土、二氧化硅、碳酸镁及有机物质等。各种致密石灰石表现密度一般为2000~2600kg/m³，相应的抗压强度为20~120MPa。如黏土杂质含量超过3%~4%，则其抗冻性、耐水性显著降低。含氧化硅的石灰石，硬度高、强度大、耐久性好。纯石灰岩遇稀盐酸立即起泡，致密的硅质及镁质石灰石则很少起泡。石灰石分布极广，开采加工容易，常作为地方材料，广泛用于景观基础、墙体及一般砌石工程。致密石灰石加工成碎石，可用作碎石路面及混凝土骨料。石灰石不能用于酸性或含游离二氧化碳较多的水中，石灰石也是制造石灰和水泥的重要原料（图10-5，10-6）。

图10-3 砂岩水景雕塑小品 图10-4 砂岩大象雕塑小品　　　图10-5 石灰石　　　　　　图10-6 石灰石墙体

## 5. 大理石

大理石原指产于云南省大理的白色带有黑色花纹的石灰岩。大理石是由石灰石或白云岩变质而成，其主要矿物成分仍然是方解石或白云石。经变质后，大理石中结晶颗粒直接结合，呈整体构造，所以抗压强度高（100~300MPa），质地致密而硬度不大（3~4），比花岗岩易于雕琢磨光。纯大理石为白色，我国常称为汉白玉、雪花白等。大理石中如含有氧化铁、云母、石墨、蛇纹石等杂质，则使板面呈现红、黄绿、棕、黑等各种斑驳纹理，具有良好的装饰性。有杂质的大理石不适合用于室外，其主要化学成分为碱性物质碳酸钙，易被酸侵蚀。由于城市空气中常含有二氧化硫，遇水时生成硫酸与大理石中的碳酸钙反应，使表面失去光泽，变得粗糙多孔。而汉白玉、草白玉则可以用于室外，不易被酸侵蚀。汉白玉是一种晶莹洁白的大理石，色白纯洁，内含闪光晶体，给人一尘不染和庄严肃穆的美感，多作为雕塑、装饰墙壁、栏杆等。此外还有草白玉，也称青白石，在景观中常用于雕刻浮雕、石桥、柱子、栏杆等处。大理石抗风化耐久性不及花岗岩，但耐碱性好（图10-7，10-8）。

图 10-7 汉白玉

## 6. 青石板

青石板属于沉积岩类，主要成分为石灰石、白云石，是水成岩中分布最广的一种岩石。常用青石板的色泽为豆青色和深豆青色以及青色带灰白结晶颗粒等多种。青石板的主要产地有台州、江苏吴县、北京石化区等。青石板表现密度为1000~2600kg/m³，抗压强度为10~100MPa，质地密实，强度中等，易于加工，可采用简单工艺凿割成薄板或条形材，是理想的景观装饰材料。常用于景观墙裙、地坪铺贴以及庭院栏杆（板）、台阶灯，具有独特风格（图10-9，10-10）。

图 10-8 汉白玉栏杆

图 10-9 青石板

图 10-10 青石板路

## 6. 置石种类

### （1）常用太湖石

太湖石出自西洞庭，即苏州洞庭东山、西山一带。太湖石属于石灰岩，水中、山中皆有所产。太湖石因所产地区不同又可分为南太湖石和北太湖石。江南各地所产通称南太湖石。太湖石外观呈现柔曲圆润、玲珑剔透、皱纹疏密、涡洞相套的特点。太湖石的比重较小，质地一般轻脆易损，质脆则叩之有声。就色泽而言因地而异，产于水中的南太湖石质纯而洁白，产于土中者色青灰而稍枯涩。适宜布置公园、草坪、校园、庭院旅游景色等，具有很高的观赏价值，是叠置假山，建造园林，美化生态，点缀环境的最佳选择（图10-11，10-12）。

### （2）北太湖石

北京大量用的一种湖石，类似太湖石，而产地在长江以北，故称北太湖石。如北京房山区、河北易县、河南新乡、山东泰山、崂山及太行山往东一带都有所产。北京西南郊房山区大灰厂一带所产的湖石俗称土太湖石或房山石，其形体较太湖石为浑，比重大，质韧而带绵性，多密布的小孔穴而少有玲珑嵌空。房山石外观比较沉实、浑厚、雄壮，很宜于表现北方宫苑之雄浑的性格，一般用作修筑叠石假山、点缀庭院，特别适宜布置苑圃庭院，或者作为屏障、驳岸、石矶，或作峰石的特置处理（图10-13）。

### （3）黄石

属于黄色的一种细砂岩，因含有不同的矿物成分而具有不同的颜色。黄石在华东、华南等地区均产。常州黄山、苏州尧峰山、镇江圌山所产较著名。黄石因色而名，一般为陈茶黄色，色多较深。黄石体态浑厚沉实、雄奇顽劣、平正大方、具有雄健、挺拔之美。由于黄石的节理接近于相互垂直，所形成的锋面具有棱角锋芒毕露，而成棱之两面却具有明暗对比，立体感强，块钝而棱锐，具有强烈的光影效果。在景观中常用黄石作为驳岸石、以及作为散点石散置于路旁、台阶边缘等处（图10-14）。

图10-11 太湖石

图10-12 太湖石

图10-13 北太湖石

图10-14 黄石

（4）青石

属于水成岩中呈青灰色的细砂岩，北京西郊红山口一带均有所产。质地纯净而少杂质。其体形多呈片状，故又有"青云片"之称。青石纹理纵横交错，不规整，节理面亦少有方解型。青石很少完全方整，而是呈有平有斜的各种块状体。青石可作景观材料、园林假山等用途；独块青石通常用于刻字或特置于公园、居住区、办公楼、广场入口等处（图 10-15）。

（5）灵璧石

灵璧石产于安徽省宿州灵璧县之磐山，灵璧石石质坚硬素雅，色泽美观。其石漆黑如墨，也有灰黑、浅灰、赭绿等色。甚为清润，质地亦脆，轻击微扣，可发出如磐的声音，余韵悠长。灵璧石千姿万态，纹理丰富，有所绵韧性。灵璧石可作为置石置于景观园林中供人欣赏，且有利于美化环境（图 10-16）。

（6）黄蜡石

呈黄色而质感如蜡质、有光泽的大型卵石。属矽化安山岩或砂岩，主要成分为石英，油状蜡质的表层为低温熔物，韧性强，硬度 6.5～7.5。黄蜡石主要产于两广地区，以黄色为多见，其中以纯净的明黄为贵。其质地为卵石而石形并不呈卵形，而多为抹圆角有涡状凹面的各种墩块状。黄蜡石也有呈长条状的。黄蜡石作为观赏石多用于公共休闲场所，墩、条配合使则会有富于变化的组合景观（图 10-18）。

（7）卵石

卵石指的是风化岩石经流水作用的冲击和相互摩擦而形成的粒径为 60～200mm 的天然粒料，石之棱角磨去而变成卵圆形或长圆形。比表面积好，机械强度高，无杂质。卵石常用于景观地面和墙壁的装饰，以及道路和庭院铺设。与棕榈科的一些植物组合成小品很能反映岭南风光（图 10-17）。

图 10-15 青石

图 10-16 灵璧石

图 10-17 卵石

图 10-18 黄蜡石

## 1.定义

木材与石材、砖并称三大主要景观构成要素，木材的种类很多，常按树种分为针叶树软木和阔叶树硬木两大类。

## 2.分类

软木：针叶树属于软木，质软，易加工。是主要的景观用材，可用于景观墙面、地面、隔音板、隔热板等处。常用的树种有红松、落叶松、云杉、冷杉、杉木、柏等（图10-19）。

硬木：阔叶树属于硬木，质硬，常用于制作家具，景观一般不用。常用的树种有栎、柞、水曲柳、榆、椴木等，较软的有杨木、桦木等（图10-20）。

## 3. 木材及其制品

木材主要用于花架、栏杆、平台、码头、坐凳面、窗框、地板等。利用其装饰性，木材可以用作各种装饰条、墙裙、隔断等（图10-21，10-22）。

不同的用途要求木材采用不同的形式，我国木材供应的形式主要有原条、原木和板枋三种。

原条是指已经除去皮、根、树梢的木料，但尚未按一定尺寸加工成规定的木料。

原木是原条按一定尺寸加工而成的规定直径和长度的木料。它可直接在景观中做木桩、桁架、格栅、楼梯和木柱等。

板枋是原木经锯解加工而成的木料，宽度为厚度的三倍或三倍以上的木料，称为板材；宽度不足厚度三倍的木料，称为枋材。

图 10-20 硬木

图 10-21 木材制品

图 10-19 软木

图 10-22 木材制品

图 10-23 木材的干燥

图 10-24 人工防腐木木板

图 10-25 碳化木

## 4. 木材的处理

（1）木材的干燥：木材在加工、使用前必须进行干燥处理（图 10-23）。

（2）木材的防腐和防虫：木材经防腐防虫剂的处理，使木材变为含毒物质，杜绝菌类、昆虫繁殖。处理方法可用涂刷法和浸渍法。

（3）木材的防火：通常是将防火涂料刷于木材表面，也可把木材放入防火涂料槽内浸渍。

（4）人工防腐木

指经过防腐剂处理后的木材，一般是指经过不同类型的水基防腐剂或有机溶剂防腐剂处理后，达到一定的防腐等级的木材。使用化学药剂对木材进行处理，其环保和安全性能取决于防腐剂的种类和用量等，木材的力学强度基本不受影响（图 10-24）。

人工防腐木处理工序：

①真空高压浸渍

这个过程是防腐处理的关键步骤，首先实现了将防腐剂打入木材内部的物理过程，同时完成了部分防腐剂有效成分与木材中淀粉、纤维素及糖份的化学反应过程，从而破坏了造成木材腐烂的细菌及虫类的生存环境，有效地提高木材的室外防腐木性能。

②高温定性

在高温下继续使防腐剂尽量均匀渗透到防腐木材内部，并继续完成防腐剂有效成分与木材中淀粉、纤维素及糖分的化学反应过程。进一步破坏造成木材腐烂的细菌及虫类的生存环境。

③自然风干

自然风干要求在木材的实际使用地进行风干，这个过程是为了适应室外露天木地板及户外专用防腐木地板由于环境变化产生所造成的木材细胞结构的变化，使其在渐变的过程中最大程度的充分固定，从而避免在使用过程中的变化。

④碳化木

是在不含任何化学剂条件下应用高温对木材进行同质碳化处理，使木材表面具有深棕色的美观效果，并拥有防腐及抗生物侵袭的作用，属于物理处理，环保和安全性能优良。其含水率低、不易吸水、材质稳定、不变形、完全脱脂不溢脂、隔热性能好、施工简单、涂刷方便、无特殊气味。其防腐烂、抗虫蛀、抗变形开裂、耐高温性能也成为户外泳池景观的理想材料（图 10-25）。

## 5. 常用的人工防腐木种类

### 俄罗斯樟子松

俄罗斯樟子松树质细、纹理直，经防腐处理后，能有效地防止霉菌、白蚁、微生物的侵蚀，能有效抑制处理木材含水率的变化，减少木材的开裂程度，让室外防腐木板材更加经久耐用，使防腐木材使用寿命延长。另外其优秀的力学表现及美丽纹理深受设计师及工程师所推荐。俄罗斯樟子松防腐材应用范围极广，木栈道、亭院平台、亭台楼阁、水榭回廊、花架围篱、步道码头、儿童游戏区、花台、垃圾箱、户外家具以及室外环境、亲水环境等项目均可使用（图10-26）。

### 北欧赤松

质量上乘的欧洲赤松，经过特殊防腐处理后，具有防腐烂、防白蚁、防真菌的功效。专门用于户外环境，并且可以直接用于与水体、土壤接触的环境中，是户外景观中木制地板、围栏、桥体、栈道及其他木制小品的首选材料（图10-27）。

### 南方松（黄松）

南方松的主要特点有：高强度、高耐磨性、高防腐性、握钉能力强、木理纹路优美。南方松木是进行加压防腐处理的理想树种，经过防腐和压力处理的南方松，防腐剂可直达木芯。在安装过程中可以任意切割，断面无须再刷防腐涂料。因此南方松木是制造木板道路、露台、台阶、栏杆及室外地板的理想材料。即使暴露在风雨中或与地面接触或用在高温地区也不易腐坏（图10-28）。

### 铁杉

铁杉在强度方面，略低于南方松，比较适合做防腐处理。经过加压防腐处理的铁杉木材既美观又结实，堪与天然耐用的北美红雪松媲美。铁杉可以保持稳定的形态和尺寸，不会出现收缩、膨胀、翘曲或扭曲，而且抗晒黑。几乎所有木材经过长期日晒后都会变黑，但铁杉可以在常年日晒后仍保持新锯开时的色泽。铁杉具有很强的握钉力和优异的粘合性能，可以接受各种表面涂料，而且非常耐磨，是适合户外景观各种用途的木材（图10-29）。

### 芬兰木

通常所说的芬兰木，实际上也是防腐木的一种。国内芬兰防腐木分为芬兰原装进口和进口原料加工处理两种类型。主要材质是北欧红松（*Pinus silvestris*)，主要生长在芬兰。最早将防腐后的北欧赤松输入中国的国家，因此人们习惯上称北欧赤松防腐木为"芬兰木"。北欧红松具有很好的结构功能，气干密度为0.54g/cm³（干材重量约540kg/m³）。纹理均匀细密，质量上乘。北欧红松生长于寒冷地区，慢生树种，木质紧密，含脂量低，木材纤维，木节小，比大部分软木树种强度高（图10-30）。

图10-26 俄罗斯樟子松

图10-27 北欧赤松

图10-28 南方松

图10-29 铁杉

图10-30 芬兰木

## 6. 常用天然防腐木

指芯材的天然耐腐性达到耐腐以上的木材。不同树种的木材由于其芯材中抽提物的不同，天然耐腐性也有很大差别。其特性一是没有进行任何处理，环保和安全性能优良；二是可保持木材原有的色泽、纹理和强度等性能（表10-8）。

### 西部红雪松

西部红雪松 (*Thuja plicata Donn*)，是北美等级最高的防腐木材。它卓越的防腐能力来源于自然生长的一种被称为 Thujaplicins 的醇类物质；另外红雪松中可被萃取的一种被称为 Thujic 的酸性物质确保了木材不被昆虫侵蚀，无需再做人工防腐和压力处理。红雪松稳定性极佳，使用寿命长，不易变形（图10-31）。

### 菠萝格

菠萝格学名：印茄（*Intsia biujga 0.Ktze*），是防腐木现有材种中稳定性最好的，纹理交错，重硬坚韧，花纹美观，心材甚耐久，含油、抗潮、抗白蚁性极强，耐候性强。菠萝格因颜色有轻微差别，分"红菠萝"、"黄菠萝"，大径材、树根部颜色偏红、偏深，品质较好，小径材、树梢部颜色偏黄、偏浅，色泽较好（图10-32）。

### 巴劳木

巴劳木学名：平滑娑罗双木（*Shorea laevis*），属纯天然环保材，原木无需经过化学处理即可长期使用在户外。巴劳木密度较高，平均密度接近于水的密度，水较难将木材完全渗透。其耐磨性好，开裂少，抗劈裂，使用寿命比普通防腐木长。其颜色浅至中褐色，部分微黄，时间长久可渐变为银灰和古铜色。适用于园林景观、小桥、花架、木栅栏、墙面装饰板等处（图10-33）。

图 10-31 西部红雪松　　图 10-32 菠萝格

图 10-33 巴劳木

表 10-8 天然耐腐性等级及树种举例

| 天然耐腐性等级 | 天然耐腐性描述 | 树种举例 |
|---|---|---|
| 1 | 强耐腐 | 柚木、非洲紫檀 |
| 2 | 耐腐 | 红雪松、菠萝格、巴劳木 |
| 3 | 中等耐腐 | 花旗松 |
| 4 | 稍耐腐 | 欧洲云杉、南方松、奥古曼 |
| 5 | 不耐腐 | 马尾松、山毛榉 |

## 1. 定义

金属可分为黑色金属和有色金属两大类。黑色金属的主要成分是铁及其合金，即通常所称的钢铁；而有色金属是指除钢铁以外的其他金属，如铜、铝、锌及其合金。

## 2. 分类

### （1）钢

是含碳量小于 2% 的铁碳合金（含碳量大于 2% 时为生铁）。钢经轧制或加工成各种型材，如钢板、角钢、槽钢、工字钢、钢管、钢筋、钢丝等，通称为钢材。作为一种景观材料，钢材的主要优点如下：

①强度高

表现为抗拉、抗压、抗弯及抗剪强度都很高。在景观中可用作各种构件和零部件。在钢筋混凝土中，能弥补混凝土抗拉、抗弯、抗剪和抗裂性能较低的缺点。

②塑性好

在常温下钢材能接受较大的塑性变形。钢材能接受冷弯、冷拉、冷拔、冷轧、冷冲压等各种冷加工。冷加工能改变钢材的断面尺寸和形状，并改变钢材的性能。

③品质均匀、性能可靠

钢材性能的利用效率比其他非金属材料高。此外，钢材的韧性高，能经受冲击作用；可以焊接或铆接，便于装配；能进行切削、热轧和锻造；通过热处理方法，可在相当大的程度上改变或控制钢材的性能。景观钢材的主要缺点是易锈蚀，使用时需加保护。

### （2）钢筋（图 10-34）

其常用的品种很多。按钢种分，有碳素结构钢和低合金结构钢。按直径分，凡直径在 6~40mm 者，称为钢筋；直径在 2.5~5mm 者为钢丝；2.5mm 以下者不能作配筋材料使用。按加工过程分，有热轧钢筋、冷拉钢筋、冷拔低碳钢丝、碳素钢丝、刻痕钢丝和钢绞线等。在一般钢筋混凝土结构中大量应用的是热轧钢筋。

在热轧钢筋中，应用最多的是 Q235 号钢筋，（表 10-9）低合金结构钢由于强度高，能节约钢材，降低景观造价，应用十分普遍。为进一步提高钢筋强度，节约钢材，在材料质量和施工条件许可的情况下，可在景观企业对Ⅰ级、Ⅱ级、Ⅲ级和Ⅳ级钢筋进行冷拉。冷拉时按钢的质量和等级，严格控制冷拉伸长率或同时控制冷拉应力，以免因冷拉而使塑性不足或发生冷拉脆断。钢筋的冷拉制度及冷拉后的机械性能，均须符合国家标准的规定。

图 10-34 钢筋    图 10-35 钢板    图 10-36 钢管

表 10-9 热轧钢筋的机械性能

| 表面形状 | 钢筋级别 | 强度等级代号 | 牌 号 | 公称直径 (mm) | σs,(MPa) | σb,(MPa) | d5,(%) | 冷弯 d 弯心直径 a 钢筋公称直径 |
|---|---|---|---|---|---|---|---|---|
| | | | | | 不小于 | | | |
| 光圆 | Ⅰ | R235 | Q235 | 8~20 | 235 | 370 | 25 | 180° d=a |
| 带肋钢筋 | Ⅰ | RL335 | HRB335 | 6~25；28~50 | 335 | 490 | 16 | 180° d=3a;d=4a |
| | Ⅱ | RL400 | HRB400 | 6~25；28~50 | 400 | 570 | 14 | 180° d=4a;d=4a |
| | Ⅲ | RL540 | HRB500 | 6~25；28~50 | 540 | 630 | 12 | 180° d=6a;d=7a |

本表引自西安建筑科技大学等合编.《建筑材料》.2004

（3）型钢

是一种有一定截面形状和尺寸的条型钢材。钢结构构件一般应直接选用各种型钢。构件之间可直接连接或辅以连接钢板进行连接，方式可铆接、螺栓连接或焊接，所以钢结构所用钢材主要是型钢和钢板，如角钢、槽钢、工字钢等，组成各种形式的钢结构。

①热轧型钢：常用的热轧型钢有角钢（等边和不等边）、槽钢、工字钢、T型钢、H型钢、L型钢等。②冷弯薄壁型钢：通常是用2~6mm薄钢板冷弯或模压而成，有角钢、槽钢等开口薄壁型钢和方形、矩形等空心薄壁型钢，可用于轻型钢结构。冷弯薄壁型钢的表示方法与热轧型钢相同。

工字钢、槽钢、角钢广泛应用于景观和金属结构，往往配合使用。角钢广泛地用于各种景观结构和工程结构，如房梁、桥梁、廊架等。槽钢主要用于景观结构和其它工业结构，槽钢还常常和工字钢配合使用。工字钢广泛用于各种景观结构、桥梁、支架、机械等（图10-37，10-38，10-39）。

图10-37 角钢

图10-38 槽钢

（4）钢板

是用钢水浇注，冷却后压制而成的平板状钢材。根据轧制温度不同，又可分为热轧和冷轧两种。按厚度来分，热轧钢分为厚板（厚度大于4mm）和薄板（厚度为0.35~4mm）两种；冷轧钢板只有薄板（厚度为0.2~4mm）一种。钢板用于制造各种景观及工程结构和构件。厚板可用于焊接结构，薄板可用作围护结构、墙面、面板等（图10-35，10-40）。

（5）钢管

有焊接钢管、无缝钢管等品种（图10-36，10-41）。

图10-39 型钢

图10-40 钢板

图10-41 钢管

（6）铸铁

含碳量大于 2% 的铁碳合金称为生铁。生铁除含碳量较高外，尚含较多的硅、锰、磷、硫等元素。铸铁具有良好的铸造性能，易于切削加工，成本低，是工业上用途十分广泛的一种黑色金属材料。

铸铁性脆，无塑性，抗压强度较高，但抗拉和抗弯强度不高，在景观中不宜用作结构材料。常用铸铁的实际含碳量为 3%~3.5%，抗拉强度 120~240MPa。

在景观中大量采用铸铁水管，用作上下水道及其连接件，其他如排水沟、地沟、窨井、盖板等也多用之。铸铁是一种常用的景观装修材料，用于制作栏杆、栅栏及某些景观小品（图 10-42）。

（7）铝

是近几十年内发展起来的一种轻金属材料。纯铝的密度为 2.7g/cm$^3$，仅为钢的 1/3。铝的性质活泼，在大气中有良好的抗蚀能力。铝的缺点是弹性模量低、热膨胀系数大、不易焊接、价格较高。按化学成分，可分纯铝和合金铝两大类。纯铝（代号 L）的铝含量在 98.8% 以上。纯铝的强度不高（$\sigma b$ =80~100MPa），延伸性良好（$\delta$ =40%），可加工成铝板、铝箔和铝型材。铝板在景观中常用于照明灯饰、隔断、挡板、墙面、支架等（图 10-43）。

（8）铝合金

通常是以铝－铜－镁－锰－硅－锌等的合金。防锈铝合金常用阳极氧化法对铝材进行表面处理，增加氧化膜厚度，以提高铝材的表面硬度、耐磨性和耐蚀性。硬铝和超硬铝合金中的铜、镁、锰等合金元素含量较高，使铝合金的强度较高（$\sigma b$ =350~500MPa），延伸性和加工性能良好。由于铝及铝合金的固有特性，与钢材相比，强度低，弹性模量小，价格性能比高，使铝及铝合金目前尚不适于用作承重结构材料。铝合金常用在景观装饰板、龙骨、柱梁、栏杆、栏栅、扶手、标志牌、支架、铆钉结构件等处（图 10-44）。

（9）铜及其合金

其延展性极好。在各种铜合金中，最常用的是黄铜（铜锌合金）和青铜（铜锡合金），铜合金的特点是强度较高，耐磨，耐蚀。黄铜粉（俗称金粉）常用于调制装饰涂料，代替"贴金"。铜及铜合金用于制造各种景观及工程结构和构件、管道、配件、装饰器件、墙面装饰等。如铜水管具有美观耐用、安装方便、安全防火等诸多优点，与镀锌钢管和塑料管相比具有优越的性能，在景观中用于供水系统。铜耐大气腐蚀性能很好、经久耐用、可以回收，它有良好的加工性可以方便地制作成复杂的形状，而且它还有美观的色彩，因此在景观墙面装饰、塑像、纪念物等方面都大量使用铜及铜合金（图 10-45）。

图 10-42 铸铁井盖

图 10-43 铝

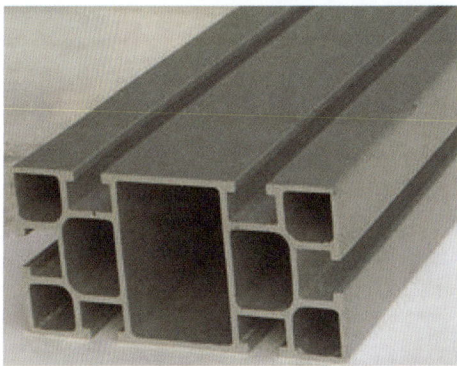
图 10-44 铝合金

图 10-45 铜

## 1. 概述

由胶凝材料将骨料胶结成整体的复合固体材料总称为混凝土。由胶凝材料和细骨料配制而成者称砂浆。

水泥混凝土是最常用的一种混凝土，简称混凝土，是由水泥、水和粗、细骨料按适当比例配合，拌制均匀，浇筑成型，经硬化后形成的人造石材。在混凝土中，石子和砂起骨架作用，叫骨料。水泥和水构成水泥浆，包裹了骨料颗粒，并填充空隙。水泥浆在拌合时起润滑作用，在硬结后显示出胶结和轻度作用。骨料和水泥复合发挥作用，构成混凝土整体。

混凝土是一种主要的景观材料。这是由于混凝土的原材料丰富，经久耐用，节约能源，价格较金属、木材和塑料等便宜，而且本身还具有很多优势：

（1）可以根据不同要求，改变组成成分及其数量比例（称为配合比），配制出具有特定物理力学性能的产品；

（2）拌合物可浇筑成不同形状和大小的制品或构件；

（3）表面可以做成各种花饰、具有一定的装饰效果；

（4）热膨胀系数与钢筋相近，相互之间有牢固的粘结力，两者可以取长补短，协同工作，所组成的钢筋混凝土，坚固耐久，维护费用低；

（5）可以现浇成抗震性良好的整体景观物，也可以做成各种类型的装配式预制构件。

## 2. 混凝土基本组成

在普通混凝土中，水泥约占混凝土总重的 10%~15%，其余均为砂、石骨料，砂、石比例为 1:2 左右，空气的体积含量为 1%~3%。

混凝土中的骨料分为细骨料和粗骨料。

（1）细骨料即混凝土用砂，分为天然砂、人工砂两类。天然砂是由风化、水流搬运和分选、堆积形成的粒径小于 4.75mm 的岩石颗粒，但不包括软质岩、风化岩石的颗粒。按产源不同，天然砂分为河砂、湖砂、山砂、淡化海砂；人工砂是经除土处理的机制砂、混合砂的统称。机制砂是由机械破碎、筛分制成的粒径小于 4.75mm 的岩石颗粒，但不包括软质岩、风化岩的颗粒。

（2）粗骨料是指粒径大于 4.75mm 的骨料，常用碎石和卵石两种。碎石是天然岩石或卵石经机械破碎、筛分制成的粒径大于 4.75mm 的岩石颗粒；卵石是由天然风化、水流搬运和分选、堆积而成的粒径大于 4.75mm 的岩石颗粒，卵石按产源不同可分为河卵石、海卵石、山卵石等。碎石与卵石相比，表面比较粗糙、多棱角，表面积大、孔隙率大，与水泥的黏结强度较高。因此，在水灰比相同条件下，用碎石拌制的混凝土流动性较小，但强度较高；而卵石则正好相反。

## 3. 混凝土外加剂

混凝土外加剂是指在混凝土拌合过程中掺入的，用以改善混凝土性能的化学物质，其掺量一般不超过水泥质量的 5%。按外加剂的主要功能分类，外加剂可以分为：改善混凝土拌合物流变性能的外加剂，包括各种减水剂、引气剂和泵送剂等。

调节混凝土凝结、硬化时间的外加剂，包括缓凝剂、早强剂和速凝剂等；

改善混凝土耐久性的外加剂，包括引气剂、防水剂和阻锈剂等；

改善混凝土其他性能的外加剂，包括引气剂、膨胀剂、防冻剂、着色剂、防水剂和泵送剂等。

图 10-46 混凝土搅拌站

图 10-47 混凝土搅拌机

图 10-48 混凝土浇筑

## 4. 混凝土分类

按表观密度大小，混凝土通常分为：普通混凝土、轻混凝土、重混凝土；

混凝土按功能及用途分类：如结构混凝土、防水混凝土、耐热混凝土、耐酸混凝土、装饰混凝土、大体积混凝土等；

按胶凝材料分类：可分为水泥混凝土（普通混凝土）、聚合物混凝土、水玻璃混凝土等；

按生产工艺和施工方法分：可分为泵送混凝土、喷射混凝土、压力灌浆混凝土、离心混凝土、碾压混凝土、挤压混凝土等。

## 5. 混凝土的强度

混凝土拌合物经硬化后的最重要的力学性能，是指混凝土抵抗压、拉、弯、剪等应力的能力，应达到规定的强度要求。通常以混凝土的抗压强度作为其力学性能的总指标。混凝土的强度常常是混凝土抗压强度的简称。混凝土的强度等级用符号 C 与其立方体抗压强度标准值 Rb（以 MPa 计）表示。分 C7.5、C10、C15、C20、C25、C30、C35、C40、C45、C50、C55 及 C60 共 12 个等级。为了保证工程质量并节约水泥，设计时必须根据景观构件所处部位及承受荷载的性质，选用不同强度等级的混凝土：C7.5~C15—用于垫层、基础、地坪及受力不大的构件；C20~C30—用于景观的普通钢筋混凝土结构中的梁、板、柱、大台阶、廊架等部位；C30 以上—用于特种结构。

## 6. 几种景观常用混凝土

沥青混凝土 沥青混凝土也称沥青混合料，是由沥青、粗细骨料和矿粉按一定比例拌合而成的一种复合材料。沥青混合料有良好的力学性能、噪声小、良好的抗滑性、经济耐久、排水性良好。用于景观工程中的沥青混凝土分透水性沥青混凝土和加入添加材料的沥青混凝土，主要有：透水性脱色沥青混凝土、改性沥青混凝土、彩色热轧混凝土、彩色骨料沥青混凝土、铁丹沥青混凝土、脱色沥青混凝土、软木沥青混凝土。

（1）绿化混凝土

孔洞型绿化混凝土块体材料 实体部分与普通混凝土材料相同，只是在块体材料的形状上设计了一定比例的孔洞，为绿色植被提供空间。

一般做法为：用预制成转制品进行现场拼装，但此法连续性差，易出现破碎、局部沉降等现象，不适合大面积、大坡度、连续性地面绿化；另一种方法是 Grasscape 超级植草地坪系统，这是一种现场制作的连续多孔质的草皮 / 混凝土铺地系统，可根据承重要求加以钢筋强化，绿化率达 60% 以上，可用于有荷载要求的绿地铺装、护坡、护岸等。

多孔连续型绿化混凝土 以多孔混凝土为骨架结构，内部存在一定量的连通孔隙，可为混凝土表面的绿色植物提供根部生长、养分吸取空间。可作为护坡绿化材料。

孔洞型多层结构绿化混凝土块体材料 上下层均为多孔混凝土板，上层均匀设置直径约 10mm 的孔洞，多孔混凝土板本身的孔隙率为 20% 左右，强度约 10MPa；底层不带孔洞，孔隙率小于上层，做成凹槽形，两层复合形成中间有培生空间、上层有植物生长孔的夹层块体。可用于墙体顶部等不能与土壤直接相连的部位绿化。

（2）透水混凝土

水泥透水混凝土 以硅酸盐类水泥为胶凝材料，采用单一粒级的粗骨料，不用细骨料配制的无砂、多孔混凝土。混凝土拌合物较干硬，采用压力成型，形成连通孔隙的的混凝土。该种透水性混凝土成本低，制作简单，适用于用量较大的道路铺筑，而且耐性好。但强度、耐磨性及抗冻性不强。

高分子透水性混凝土 采用单一粒级的粗骨料，以沥青或高分子树脂为胶结材料配制而成的透水性混凝土。与水泥混凝土相比，此种混凝土强度较高，成本也高。由于有机胶凝材料耐候性差，在大气因素作用下容易老化，且性质随温度变化比较敏感，尤其是温度升高时，容易软化流淌，使透水性受到影响。

烧结透水性制品 是将废弃的瓷砖、长石、高岭土等矿物的粒状物和浆体拌合，压制成坯体，经高温煅烧而成，具有多孔结构的块体材料。该种混凝土透水性好、强度高、耐磨性好、耐久性优良。但成本较高。适用于用量较小的高档地面部位。

## 1. 定义

墙体材料是景观工程中十分重要的材料，不但具有结构、围护功能，而且可以美化环境。因此，合理选用墙体材料对景观建筑物的功能、安全以及造价等均具有重要意义。目前，用于墙体的材料品种较多，总体可归纳为墙体砖材、墙体砌块、墙用板材和墙面砖四大类。

## 2. 第一类：墙体砖材

烧结砖

（1）普通黏土砖

由于普通黏土砖制砖毁田取土，因此我国已明文规定禁止使用。烧结砖根据10块砖样的抗压强度试验结果分为MU30、MU25、MU20、MU15、MU10共五个强度等级，各等级应符合表10-10规定。

（2）烧结页岩砖

页岩砖是国家提倡发展的节能材料，是替代黏土砖的更新产品。烧结页岩砖是利用页岩为主要原料进行高温烧制的砖块。有烧结页岩多孔砖、页岩空心砖、页岩砖、高保温模数砖、清水墙砖等类别。具有强度高、保温、隔热、隔音等特点，页岩砖最大的优势就是与普通黏土砖施工方法完全一样，无须附加任何特殊施工设施、专用工具，是普通黏土砖的最佳替代品。烧结的页岩系列产品符合GB9196—88标准规定的标准。抗压强度大于15MPa，吸水率为6%—8%，烧结页岩砖根据抗压强度分为MU30、MU25、MU20、MU15、MU10五个强度等级，表现密度在800—1000之间。主要颜色有红色、粉色、黄色、棕色、灰色、青色等多种。烧结页岩普通砖常用尺寸规格（mm）：240×115×53；烧结页岩空心砌块常用尺寸规格（mm）：240×180×90。常适用于景观砌筑承重墙与非承重墙。烧结页岩砖砌筑清水墙，兼具墙体的砌筑与饰面，用于砌筑清水墙的烧结砖包括长方体的标准砖块和配套的异形砖，具有多种饰面效果（图10-49，10-52）。

（3）烧结多孔砖

烧结多孔砖强度较高，主要用于承重部位，是一种常见的墙体材料，其孔洞率（孔洞总面积占其所在砖面面积的百分率）一般在20%左右。《烧结多孔砖》（GB13544—2000）规定，根据抗压强度分为MU30、MU25、MU20、MU15、MU10五个强度等级（图10-50）。

表 10-10

| 表面形状 | 钢筋级别 | 变异系数 $d \leq 0.21$ | 变异系数 $d > 0.21$ |
| --- | --- | --- | --- |
| | | 强度标准值 $f_k \geq$ | 单块最小抗压强度值 $f_{min} \geq$ |
| MU30 | 30.0 | 22.0 | 25.0 |
| MU25 | 25.0 | 18.0 | 22.0 |
| MU20 | 20.0 | 14.0 | 16.0 |
| MU15 | 15.0 | 10.0 | 12.0 |
| MU10 | 10.0 | 6.5 | 7.5 |

图 10-49 烧结页岩砖灯柱

图 10-50 烧结多孔砖

图 10-51 烧结空心砌块

图 10-52 烧结页岩砖

图 10-53 蒸压灰砂砖

图 10-54 粉煤灰砖

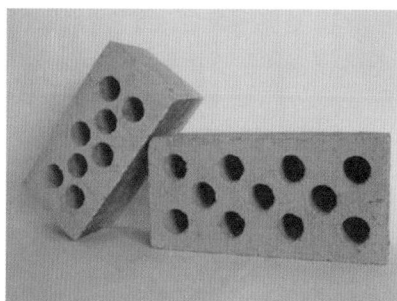

图 10-55 粉煤灰砖

（4）烧结空心砖和空心砌块

烧结空心砖、烧结空心砌块主要用于非承重部位。空心砖是顶面有孔洞的砖，其孔形大，而数量少，根据 GB13545—92 规定，烧结空心砖的长度不超过 365mm，宽度不超过 240mm，高度不超过 115mm，超过尺寸者称空心砌块，其孔型应采用矩形孔或其他孔型。根据表现密度分为 800、900、1100 三个级别。

## 3. 第二类：非烧结砖

不经焙烧而制成的砖均为非烧结砖，如碳化砖、免烧免蒸砖、蒸养（压）砖等。目前应用较广的是蒸养（压）砖，这类砖石以含钙材料（石灰、电石渣等）和含硅材料（砂子、粉煤灰、煤矸石、灰渣、炉渣等）与水拌合，经压制成型、常压或高压蒸汽养护而成，主要品种有灰砂砖、粉煤灰砖、煤渣砖等。

（1）蒸压灰砂砖

蒸压灰砂砖是用磨细生石灰和天然砂，经混合搅拌、陈化（使生石灰充分熟化）、轮碾、加压成型、蒸压养护（175~191 ℃，0.8~1.2MPa 的饱和蒸汽）而成。用料中石灰约占 10%~20%。蒸压灰砂砖有彩色的（Co）和本色的（N）两类，本色为灰白色，若掺入耐碱颜料，可制成彩色砖（图 10-53）。

按照《蒸压灰砂砖》（GB11945-1999）的规定，蒸压灰砂砖根据尺寸偏差、外观质量、强度及抗冻性分为优等品（A）、一等品（B）和合格品（C）三个质量等级。蒸压灰砂砖的外形为直角六面体，公称尺寸为 240mm×115mm×53mm。根据抗压强度和抗折强度分为

MU25、MU20、MU15、MU10 四个强度等级。

蒸压灰砂砖材质均匀密实，尺寸偏差小，外形光洁整齐，表观密度为 1800~1900kg/m³，导热率约为 0.61W/（m·K）。MU15 及其以上的灰砂砖可用于基础及其他建筑部位；MU10 的灰砂砖仅可用于防潮层以上的建筑部位。由于灰砂砖中的某些水化产物（氢氧化钙、碳酸钙等）不耐酸，也不耐热，因此不得用于长期受热 200℃以上、受骤冷骤热和有酸性介质侵蚀的建筑部位，也不宜用于有流水冲刷的部位。

（2）粉煤灰砖

蒸压（养）粉煤灰砖石以粉煤灰、石灰或水泥为主要原料，掺加适量石膏、外加剂、颜料盒骨料等，经坯料制备、压制成型、高压或常压蒸汽养护而制成。其颜色分为本色（N）和彩色（Co）两种。

根据《粉煤灰砖》（JC239-2001）的规定，粉煤灰砖根据尺寸偏差、外观质量、强度等级、抗冻性和干燥收缩分为优等品（A）、一等品（B）和合格品（C）三个质量等级。

粉煤灰砖的公称尺寸为 240mm×115mm×53mm。按照抗压强度和抗折强度分为 MU30、MU25、MU20、MU15、MU10 五个强度等级。粉煤灰砖可用于工业与民用建筑的墙体和基础，但用于基础或易受冻融和干湿交替作用的建筑部位时，必须使用 MU15 及以上强度等级的砖。粉煤灰砖不得用于长期受热 200 ℃以上、受急冷急热和有酸性介质侵蚀的建筑部位。为避免或减少收缩裂缝的产生，用粉煤灰砖砌筑的建筑物，应适当增设圈梁及伸缩缝（图 10-54，10-55）。

煤渣砖

煤渣砖是以煤渣为主要原料，加入适量石灰、石膏等材料，经混合、压制成型、蒸汽或蒸压养护而制成的实心砖，颜色呈黑灰色。

根据《煤渣砖》（JC525-1993）的规定，煤渣砖的公称尺寸为240mm×115mm×53mm，按其抗压强度和抗折强度分为MU20、MU15、MU10、MU7.5四个强度等级。

煤渣砖可用于工业与民用建筑的墙体和基础，但用于基础或用于易受冻融和干湿交替作用的建筑部位必须使用MU15及其以上的砖。煤渣砖不得用于长期受热200℃以上、受急冷急热和有酸性介质侵蚀的建筑部位。

## 4. 第三类：墙体砌块

墙体砌块石用于砌筑的、形体大于砌墙砖的人造块材。砌块一般为直角六面体，也有各种异型的。砌块系列中主规格的长度、宽度或高度有一项或一项以上分别大于365mm、240mm、或115mm，但高度不大于长度或宽度的6倍，长度不超过高度的3倍。按产品主规格的尺寸可分为大型砌块（高度大于980mm）、中型砌块（高度为380~980mm）和小型砌块（高度为115~380mm）。

砌块的分类方法很多，按用途可分为承重砌块和非承重砌块；按空心率（砌块上孔洞和槽的体积总和与按外廓尺寸算出的体积之比的百分率）可分为实心砌块（无孔洞或空心率小于25%）和空心砌块（空心率等于或大于25%）；按材质又可分为硅酸盐砌块、轻骨料混凝土砌块、普通混凝土砌块等。

（1）蒸压加气混凝土砌块（代号ACB）

蒸压加气混凝土砌块是以钙质材料（水泥、石灰等）、硅质材料（砂、矿渣、粉煤灰等）以及加气剂（铝粉）等，经配料、搅拌、浇注、发气、切割和蒸压养护而成的多孔硅酸盐砌块。

蒸压加气混凝土砌块质量轻，表观密度约为黏土砖的1/3，具有保温、隔热、隔声性能好、抗震性强、耐火性好、易于加工、施工方便等特点，是应用较多的轻质墙体材料之一。适用于低层建筑的承重墙、多层建筑的间隔墙和高层框架结构的填充墙，也可用于一般工业建筑的围护墙，作为保温隔热材料也可用于复合墙板和屋面结构中。在无可靠的防护措施时，该类砌块不得用于水中、高湿度和有侵蚀介质的环境中，也不得用于建筑物的基础和温度长期高于80℃的建筑部位。

（2）粉煤灰砌块（代号FB）

粉煤灰砌块属硅酸盐类制品，是以粉煤灰、石灰、石膏和骨料（炉渣、矿渣）等为原料，经配料、加水搅拌、振动成型、蒸汽养护而制成的密实砌块。

根据《粉煤灰砌块》【JC238-1991（1996）】的规定，粉煤灰砌块的主规格尺寸有880mm×380mm×240mm和880mm×430mm×240mm两种。按立方体试件的抗压强度，粉煤灰砌块分为MU10级和MU13级两个强度等级；按外观质量、尺寸偏差和干缩性能分为一等品（B）和合格品（C）两个质量等级。

粉煤灰砌块的干缩值比水泥混凝土大，弹性模量低于同强度的水泥混泥土制品。粉煤灰砌块适用于一般工业与民用建筑的墙体和基础，但不宜用于长期受高温和经常受潮湿的承重墙，也不宜用于有酸性介质侵蚀的建筑部位。

（3）普通混凝土小型空心砌块（代号NHB）

普通混凝土小型空心砌块主要是以普通混凝土拌合物为原料，经成型、养护而成的空心块体墙材。有承重砌块和非承重砌块两类。为减轻自重，非承重砌块也可用炉渣或其他轻质骨料配制。

普通混凝土小型空心砌块的主规格尺寸为390mm×190mm×190mm，最小外壁厚应不小于30mm，最小肋厚应不小于25mm。空心率应不小于25%。

根据《普通混凝土小型空心砌块》（GB8239-1997）的规定，砌块按尺寸偏差和外观质量分为优等品（A）、一等品（B）和合格品（C）三个质量等级。按抗压强度分为MU3.5、MU5.0、MU7.5、MU10、MU15.0、MU20.0六个强度等级。

普通混凝土小型空心砌块适用于地震设计烈度为8度及8度以下地区的一般民用与工业建筑物的墙体。对用于承重墙和外墙的砌块，要求其干缩值小于0.5mm/m，非承重或内墙用的砌块，其干缩值应小于0.6mm/m。

（4）轻骨料混凝土小型空心砌块（代号 LHB）

轻骨料混凝土小型空心砌块是由水泥、砂（轻砂或普砂）、轻粗骨料、水等经搅拌、成型而得。所用轻粗骨料有粉煤灰陶粒、页岩陶粒、膨胀珍珠岩、自然煤矸石轻骨料、煤渣等。其主规格尺寸为 390mm×190mm×190mm。

根据《轻集料混凝土小型空心砌块》（GB/T15229-2002）的规定，轻骨料混凝土小型空心砌块按砌块孔的排数分为五类：实心（0）、单排孔（1）、双排孔（2）、三排孔（3）和四排孔（4）。按砌块密度等级分为八级：500、600、700、800、900、1000、1200、1400。按砌块强度等级分为六级：1.5、2.5、3.5、5.0、7.5、10.0。按砌块尺寸允许偏差和外观质量，分为两个等级：一等品（B）和合格品（C）。砌块的吸水率不应大于 20%，干缩率、相对含水率、抗冻性应符合标准规定。

强度等级为 3.5 级以下的砌块主要用于保温墙体或非承重墙体，强度等级为 3.5 级及其以上的砌块主要用于承重保温墙体。

混凝土中型空心砌块

混凝土中型空心砌块是以水泥或无熟料水泥，配以一定比例的骨料，制成空心率≥25%的制品。砌块的尺寸规格为：长度，500mm、600mm、800mm、1000mm；宽度，200mm、240mm；高度，400mm、450mm、800mm、900mm。

中型空心砌块具有表观密度小、强度较高、生产简单、施工方便等特点，适用于民用与一般工业建筑物的墙体。

5. 第四类：墙用板材（景观工程使用很少）

（1）水泥类墙用板材

水泥类墙用板材具有较好的力学性能和耐久性，可用于承重墙、外墙和复合墙板的外层面。其主要缺点是表观密度大、抗拉强度低。主要品种有预应力混凝土空心墙板、纤维增强低碱度水泥建筑平板。

（2）石膏类墙用板材

石膏制品有许多优点，石膏类板材在轻质墙体材料中占有很大比例，主要有纸面石膏板、无纸面的石膏纤维板、石膏空心条板和石膏刨花板等。

（3）植物纤维类板材

主要有稻草板、蔗渣板、麦秸板、稻壳板等。

（4）复合墙板

常用的复合墙板主要由承受外力的结构层（多为普通混凝土或金属板）、保温层（矿棉、泡沫塑料、加气混凝土等）及面层（各类具有可装饰性的轻质薄板）组成。其优点是承重材料和轻质保温材料的功能都得到合理利用，实现了物尽其用，拓宽了材料来源。

主要有混凝土夹心板、泰柏板、轻型夹心板等。

## 6. 第五类：墙面砖

包括彩釉砖、无釉外墙砖、劈离砖等。

### （1）彩釉砖

彩釉砖是上釉陶瓷制品，其釉面色彩丰富，有各种拼花图案的印花砖、浮雕砖，具有耐磨、抗压、防腐蚀、强度高、表面光、易清洗、防潮、抗冻、釉面抗急冷、急热性能良好等特点，是一种比较普遍应用的外墙贴面装饰材料。按表面质量和变形允许偏差，彩釉砖分优等品、一等品和合格品，产品主要规格有（mm）：100×100、150×150、200×200、250×250、300×300、400×400、150×75、200×100、200×150、250×150、300×200、115×60、240×60、260×65（图10-56）。

### （2）无釉外墙砖

无釉外墙砖的尺寸、性能均与彩釉砖无明显差别，仅砖面不上釉料，且一般为单色，常见颜色有白、黄、红、绿、咖啡、黑等多种（图10-57）。

### （3）劈离砖

劈离砖又称劈裂砖、劈开砖，因焙烧后可将一块双联砖分离为两块砖而得名，在陶瓷中，属炻质类墙地砖装饰材料。劈离砖坯致密，吸水率小于8%，表面硬度大，为莫氏硬度6以上，故耐磨，抗折强度大于20MPa，抗压强度约135MPa，色彩自然，质感好，表面光，易清洗，可在-40℃下不开裂，其抗冻性好，耐酸碱，且防潮、不打滑、不反光、不退色，砖背面有燕尾槽，对砂浆的附着力强，能牢固粘结在墙面上，不易脱落，适用于车站、停车场、人行道、广场等各类景观的墙地面。产品规格有（mm）：240×50×13、194×90×13、150×150×13、190×190×13、240×52×11、240×115×11、194×94×11（图10-58）。

### （4）陶瓷艺术砖

以砖的色彩、块体大小、砖面堆积陶瓷的高低构成不同的浮雕图案为基本组合件，将它组合成各种抽象和具体图案，这种砖在造型上具有艺术性，在平面组合上具有较大的自由性，在不同环境的光照下，能给人以强烈的艺术感染力，且强度高、耐风化、耐腐蚀、装饰效果好，其吸水率不大于10%，能耐5次冻融循环，弯曲强度不小于15MPa（图10-59）。

图 10-56 彩釉砖

图 10-57 无釉外墙砖

图 10-58 劈离砖

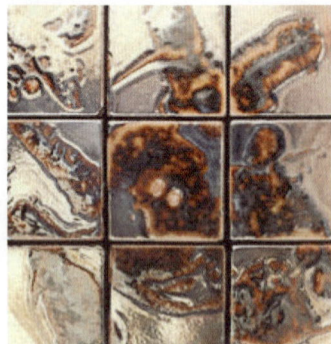
图 10-59 陶瓷艺术砖

## 1. 定义

工程中将散粒料（如砂子、石子）或块状材料（如砖或石块）黏合为一个整体的材料，统称为胶凝材料。

## 2. 分类及特性

（1）水泥

水泥是水硬性矿物胶凝材料，也是现今最重要的建筑材料之一，是制造混凝土、钢筋混凝土、预应力混凝土构件的最基本的组成材料，广泛用于各类工程。在景观工程中，常用的是硅酸盐系水泥，有硅酸盐水泥、普通硅酸盐水泥、火山灰质硅酸盐水泥、矿渣硅酸盐水泥、粉煤灰硅酸盐水泥、复合硅酸盐水泥等。

1）硅酸盐水泥

由硅酸盐水泥熟料、0~5% 石灰石或粒化高炉矿渣、适量石膏磨细制成的水硬性胶凝材料，称为硅酸盐水泥。

硅酸盐水泥的主要熟料矿物组成如下：硅酸三钙（$3CaO \cdot SiO_2$，简写为 $C_3S$），含量37%~60%；硅酸二钙（$2CaO \cdot SiO_2$，简写为 $C_2S$），含量15%~37%；铝酸三钙（$3CaO \cdot Al_2O_3$，简写为 $C_3A$），含量7%~15%；铁铝酸四钙（$4CaO \cdot Al_2O_3 \cdot Fe_2O_3$，简写为 $C_4AF$），含量10%~18%。除以上四种主要熟料矿物外，水泥中还含有少量游离氧化钙、游离氧化镁和碱，国家标准明确规定其总含量一般不超过水泥量的10%。

水泥的建筑技术性能主要是由水泥熟料中的几种主要矿物水化作用的结果所决定的。水泥中各熟料矿物的含量，决定着水泥某一方面的性能，当改变各熟料矿物的含量时，水泥性质即发生相应的变化。

国家标准对硅酸盐水泥的技术要求有细度、凝结时间、体积安定性和强度等。

硅酸盐水泥的性质：

①快凝快硬高强 硅酸盐水泥的凝结硬化速度快、强度高，尤其是早期强度高。适用于有早强要求的冬季施工的混凝土工程，地上、地下重要结构物及高强混凝土和预应力混凝土。

②抗冻性好 硅酸盐水泥采用合理的配合比和充分养护后，密实度较高，故抗冻性好，适用于冬季施工及遭受反复冻融的混凝土工程。

抗碳化能力强 硅酸盐水泥密实度高且碱性较强，一方面二氧化碳不易渗入水泥内部，另一方面钢筋混凝土中钢筋处于这种强碱性环境中，在其表面会形成一层坚韧致密的钝化膜，保护钢筋免遭锈蚀。

③耐磨性好 硅酸盐水泥强度高，耐磨性好，适用于道路、地面等对耐磨性要求高的工程。

④抗腐蚀性差 硅酸盐水泥水化产物中有较多的氢氧化钙和水化铝酸钙，耐软水及耐化学腐蚀能力差。故硅酸盐水泥不适用于受海水、矿物水、硫酸盐等化学侵蚀介质腐蚀的地方。

⑤耐热性差 水泥在温度约为 300 ℃时，水泥的水化物开始脱水，体积收缩，水泥强度下降，当受热 700 ℃以上时，强度降低更多，甚至完全破坏，所以硅酸盐水泥不宜用于耐热混凝土工程。

⑥水化热大 硅酸盐水泥含有大量的 $C_3S$、$C_3A$，在水泥水化时，放热速率快且放热量大，用于冬季施工可避免冻害。但高水化热对大体积混凝土工程不利，一般不适于大体积混凝土工程。

2）普通硅酸盐水泥

凡由硅酸盐水泥熟料、6%~15% 混合材料、适量石膏磨细制成的水硬性胶凝材料，称为普通硅酸盐水泥（简称普通水泥），代号 P·O。

普通硅酸盐水泥的初凝不得早于 45min，终凝不得迟于 10h。普通水泥强度等级分为 32.5、32.5R、42.5、42.5R、52.5、52.5R。

普通硅酸盐水泥中绝大部分是硅酸盐水泥熟料，其性能与硅酸盐水泥相近。但因为掺入了少量的混合材料，与硅酸盐水泥相比，早期硬化速度稍慢，3d 的抗压强度稍低，抗冻性与耐磨性也稍差。

**3）矿渣硅酸盐水泥、火山灰质硅酸盐水泥、粉煤灰硅酸盐水泥**

凡由硅酸盐水泥熟料和粒化高炉矿渣、适量石膏磨细制成的水硬性胶凝材料，称为矿渣硅酸盐水泥（简称矿渣水泥），代号 P·S。

凡由硅酸盐水泥熟料和火山灰质混合材料、适量石膏磨细制成的水硬性胶凝材料称为火山灰质硅酸盐水泥（简称火山灰质水泥），代号 P·P.

凡由硅酸盐水泥熟料和粉煤灰、适量石膏磨细制成的水硬性胶凝材料称为粉煤灰硅酸盐水泥（简称粉煤灰水泥），代号 P·F.

矿渣硅酸盐水泥、火山灰质硅酸盐水泥、粉煤灰硅酸盐水泥对细度、凝结时间及体积安定性的要求均与普通水泥相同。按照国家标准的规定，这三种水泥熟料中氧化镁的含量不宜超过 5.0%。

这三种水泥强度等级分别为 32.5、32.5R、42.5、42.5R、52.5、52.5R。

矿渣水泥中熟料的含量比硅酸盐水泥少，掺入的粒化高炉矿渣量比较多，与普通硅酸盐水泥相比，有以下特点：凝结硬化慢、早期强度低、后期强度增长较快，水化热较低，抗碳化能力较差，保水性差、泌水性较大，耐热性较好，硬化时对湿热敏感性强等。

火山灰质水泥需水量大，在硬化过程中的干缩较矿渣水泥更为显著，在干热环境中易产生干缩裂缝。因此，使用时必须加强养护，使其在较长时间内保持潮湿状态。另外火山灰质水泥颗粒较细，泌水性小，故具有较高的抗渗性，宜用于有抗渗要求的混凝土工程。

粉煤灰水泥的主要特点是干缩性比较小，甚至比硅酸盐水泥及普通水泥还小，因而抗裂性较好。由于粉煤灰的颗粒多呈球形微粒，吸水率小，所以粉煤灰水泥的需水量小，配制的混凝土和易性较好。

**4）复合硅酸盐水泥**

凡由硅酸盐水泥熟料、两种或两种以上规定的混合材料、适量石膏磨细制成的水硬性胶凝材料，称为复合硅酸盐水泥（简称复合水泥），代号 P·C。

按照国家标准规定，水泥熟料中氧化镁的含量不得超过 5.0%。如水泥经压蒸安定性试验合格，则熟料中氧化镁的含量允许放宽到 6.0%。水泥中三氧化硫的含量不得超过 3.5%。

**5）铝酸盐水泥**

以铝酸钙为主要成分的铝酸盐水泥熟料，经磨细而成的水硬性胶凝材料称为铝酸盐水泥（高铝水泥），其代号为 CA。铝酸盐水泥的主要矿物成分为铝酸一钙（$CaO \cdot Al_2O_3$）和二铝酸钙（$CaO \cdot 2Al_2O_3$），有时还含有很少量的 $2CaO \cdot SiO_2$ 和其他铝酸盐。

铝酸盐水泥的主要特性和应用如下：快凝早强，主要用于工期紧急的工程、抢修工程（如堵漏）等，也可用于冬期施工的工程；水化热大，不宜用于大体积混凝土工程；较高的耐热性；抗碱性极差，不得用于接触碱性溶液的工程；抗矿物水和硫酸盐作用的能力很强；自然条件下，长期强度及其他性能略有降低的趋势，因此，铝酸盐水泥不宜用于长期承重的结构及用于高温高湿环境的工程中。

铝酸盐水泥制品不得进行蒸汽养护；铝酸盐水泥不得与硅酸盐水泥或石灰相混，以免引起闪凝和强度下降，铝酸盐水泥也不得与尚未硬化的硅酸盐水泥混凝土接触使用。

**6）膨胀水泥**

膨胀水泥在水化过程中能产生体积膨胀，在硬化过程中不仅不收缩，而且有不同程度的膨胀。使用膨胀水泥能克服和改善普通水泥混凝土的一些缺点（常用水泥在硬化过程中常产生一定收缩，造成水泥混凝土构件裂纹、透水和不适宜某些工程的使用），能提高水泥混凝土构件的密实性，提高混凝土的整体性。

膨胀水泥按主要成分有硅酸盐型、铝酸盐型、硫铝酸盐型和铁铝酸钙型几类，其膨胀机理都是水泥中所形成的钙矾石的膨胀。其中，硅酸盐膨胀水泥凝结硬化较慢，铝酸盐膨胀水泥凝结硬化较快。

膨胀水泥常用于水泥混凝土路面、机场道面或桥梁修补混凝土。此外用于防止渗漏、修补裂缝及管道接头等工程。

（2）石灰

1）石灰品种

块状生石灰块 是由石灰石煅烧成的白色或灰色疏松结构的块状物，主要成分为氧化钙（CaO）。块状生石灰放置太久，会吸收空气中的水分而自动熟化成熟石灰粉，还会再吸收空气中的二氧化碳反应生成碳酸钙，失去胶结能力。

磨细生石灰粉 磨细生石灰粉是以块状生石灰为原料经破碎、磨细而成，也称建筑生石灰粉。目前在景观工程中，大量采用磨细生石灰粉来代替石灰膏或消石灰粉配制成砂浆或灰土，或直接用于制造硅酸盐制品。

消石灰粉 消石灰粉是将块状生石灰淋以足量的水，经熟化后所得到的主要成分为 $Ca(OH)_2$ 的粉末状产品。

石灰膏 石灰膏是将块状生石灰用过量的水（约为生石灰体积的3~4倍）消化，或将消石灰粉和水拌合而成的膏状物。常用于调制石灰砌筑砂浆或抹面砂浆，也常调制混合砂浆。

2）石灰的特性

良好的可塑性及保水性 生石灰熟化后形成颗粒极细（粒径为0.001mm）呈胶体分散状态的 $Ca(OH)_2$ 粒子，颗粒表面能吸附一层较厚的水膜，降低了颗粒间的摩擦力，具有良好的可塑性，易摊铺呈均匀的薄层。在水泥砂浆中加入石灰，可明显提高砂浆的可塑性，改善砂浆的保水性。

凝结硬化慢、强度低 从生石灰的凝结硬化过程中可知，石灰的凝结硬化速度非常缓慢。生石灰熟化时的理论需水量较小，为了使石灰具有良好的可塑性，常常加入较多的水，多余的水分在硬化后蒸发，在石灰内部形成较多的空隙，使硬化后的石灰强度不高，1:3 石灰砂浆28d 抗压强度通常为 0.2~0.5MPa。

耐水性差 石灰是一种气硬性胶凝材料，不能在水中硬化，对于已硬化的石灰材料，若长期受到水的作用，会因 $Ca(OH)_2$ 溶解而导致破坏，所以石灰耐水性差，不宜用于潮湿环境及遭受水侵蚀的部位。

体积收缩大 石灰浆体在硬化过程中要蒸发大量的水，使石灰内部毛细孔失水收缩，引起体积收缩。因此纯石灰浆一般不单独使用，必须掺入填充材料，如掺入砂子配成石灰砂浆可减少收缩，而且掺入的砂能在石灰浆内形成连通的毛细孔道，使内部水分蒸发，并进一步加速碳化，以加快硬化。此外还常在石灰砂浆中加入纸筋、麻刀等纤维状材料制成石灰纸筋灰、石灰麻刀灰以减少收缩裂缝。

3）石灰的应用

拌制灰土或三合土 灰土即熟石灰粉和黏土按一定比例拌合均匀，夯实而成，常用有二八灰土及三七灰土（体积比）；三合土即熟石灰粉、黏土、骨料按一定的比例混合均匀并夯实。夯实后的灰土和三合土广泛用作建筑物的基础、路面或地面的垫层，其强度比石灰和黏土都高，其原因是黏土颗粒表面的少量活性 $SiO_2$、$Al_2O_3$ 与石灰发生反应生成水化硅酸钙和水化铝酸钙等不溶于水的水化产物的缘故。

配制石灰砂浆和石灰乳 用水泥、石灰膏、砂配制的混合砂浆广泛用于砌筑工程，用石灰膏与砂、纸筋、麻刀配制成的石灰砂浆、石灰纸筋灰、石灰麻刀灰广泛用作内墙、顶棚的抹面砂浆。由石灰膏稀释成石灰乳，可用作简易的粉刷涂料。

生产硅酸盐制品 磨细生石灰与砂或粒化高炉矿渣、炉渣、粉煤灰等硅质材料混合成型，再经常压或高压蒸汽养护，就可制得密实或多孔的硅酸盐制品，如灰砂砖、粉煤灰砖、加气混凝土砌块等。

4）生产碳化石灰板

将磨细的生石灰、纤维状填料（如玻璃纤维）或轻质骨料按比例混合搅拌成型，再通入 $CO_2$ 进行人工碳化，可制成轻质板材，称为碳化石灰板。为提高碳化效果，减轻自重，可制成空心板。该制品表观密度小，热导率低，主要用作非承重的隔墙板、顶棚等。

加固含水的软土地基 生石灰可用来加固含水的软土地基，如石灰桩，它是桩孔内灌入生石灰块，利用生石灰吸水熟化时体积膨胀的性能产生膨胀压力，从而使地基加固。

利用生石灰配制无熟料水泥 用矿渣、粉煤灰、火山灰质材料与石灰共同磨细制得无熟料水泥。生石灰配制无熟料水泥是利用生石灰水化产物 $Ca(OH)_2$ 对工业废渣碱性激发作用，生成有胶凝性、耐水性的水化硅酸钙和水化铝酸钙。这一原理在利用工业废渣生产建筑材料时广泛采用。

（3）建筑石膏

1）定义

石膏是一种传统的气硬性胶凝材料，其制品具有质轻、耐火、隔声、绝热等优良性能。石膏作为重要的外加剂，广泛应用于水泥、水泥制品及硅酸盐制品的生产中。

2）建筑石膏的特性

凝结硬化快　建筑石膏加水拌合后，浆体几分钟后便开始失去可塑性，30min 内完全失去可塑性而产生强度。这对成型带来一定的困难，因此在使用过程中，常掺入一些缓凝剂，如亚硫酸盐、酒精废液、硼砂、柠檬酸等，其中硼砂缓凝剂效果好，用量为石膏质量的 0.2%~0.5%。

体积微膨胀性　多数胶凝材料在硬化过程中一般都会产生收缩变形，而建筑石膏在硬化时却体积膨胀，膨胀率为 0.5%~1%。这一性质使石膏可浇注出纹理细致的浮雕花饰，同时石膏制品质地洁白细腻，因而特别适合制作建筑、景观装饰制品。

硬化后孔隙率高　为了使石膏浆体具有施工要求的可塑性，建筑石膏在加水拌合时往往加入大量的水（约占建筑石膏质量的 60%~80%），而建筑石膏理论需水量仅占 18.6%，这些多余的自由水蒸发后留下许多空隙。因此石膏制品具有孔隙率大、表观密度小保温隔热性能好等优点，同时也带来强度低、吸水率大、抗渗性差等缺点。

防火性好，但耐火性差　建筑石膏硬化后主要成分为 $CaSO_4 \cdot 2H_2O$，其中的结晶水在常温下是稳定的，但当遇到火宅时，结晶水会吸收大量热量，石膏中结晶水蒸发后产生的水蒸气，一方面延缓石膏表面温度的升高，另一方面水蒸气幕可有效地阻止火势蔓延，起到了防火作用。但二水石膏脱水后强度下降，因此耐火性差。

环境的调节性　建筑石膏是一种无毒无味、不污染环境、对人体无害的建筑材料。由于其具有较强的吸湿性，热容量大、保温隔热性能好，故在室内小环境下，能在一定程度上调节环境的温度、湿度，使室内环境更符合人类生理需要，有利于人体健康。

耐水性、抗冻性差　建筑石膏制品的孔隙率大，且二水石膏可微溶于水，遇水后强度大大降低，其软化系数仅有 0.2~0.3，是不耐水材料。若石膏制品吸水后受冻，会因孔隙中水分结冰膨胀而破坏。因此石膏制品不宜用在潮湿寒冷的环境中。

3）建筑石膏的应用

①室内抹灰和粉刷　以建筑石膏为基础加水、砂拌合成的石膏砂浆，用于室内抹灰。建筑石膏或建筑石膏和不溶性硬石膏二者混合后再掺入外加剂、细骨料即制成了粉刷石膏。按用途可分为面层粉刷石膏 (M)、底层粉刷石膏（D）和保温层粉刷石膏（W）三类。粉刷石膏是一种新型内墙抹灰材料，该抹灰表面光滑、细腻、洁白，具有防火、吸声、施工方便、黏结牢固等特点，同时石膏抹灰的墙面、顶棚还可以直接涂刷涂料及粘贴壁纸。

②建筑石膏制品　建筑石膏制品主要有纸面石膏板、装饰石膏板、吸声穿孔石膏板等，由于石膏制品具有良好的装饰功能，而且具有不污染、不老化、对人体健康无害等优点，近年

来倍受青睐。

③纸面石膏板 普通纸面石膏板适用于办公楼等建筑室内吊顶、墙面隔断等处的装饰；耐水纸面石膏板主要用于厨房、卫生间灯潮湿场合的装饰；耐火纸面石膏板主要用于防火等级要求高的建筑物，如影剧院、体育馆、幼儿园、展览馆等。

④装饰石膏板 装饰石膏板包括平板、孔板、浮雕板、防潮板等品种，其中平板、孔板和浮雕板是根据板面形状命名的；防潮板是根据石膏板在特殊场合的使用功能命名的。装饰石膏板主要用于建筑物室内墙面和吊顶装饰。

⑤吸声穿孔石膏板 吸声穿孔石膏板除了具有一般石膏板的优点外，还能吸声降噪，明显改善建筑物的室内音质、音响效果，改善生活环境和劳动条件。

⑥石膏艺术制品 石膏艺术制品是用优质建筑石膏为原料，加入纤维增强材料等外加剂，与水一起制成料浆，再经浇注入模，干燥硬化后而制得的一类产品。石膏艺术制品品种繁多，主要包括平板、浮雕板系列，浮雕饰线系列（阴型饰线及阳型饰线），艺术顶棚、灯圈、浮雕壁画、画框等。

建筑石膏在运输、储存过程中必须防止受潮，一般储存3个月后强度下降30%左右。所以储存期超过3个月，应重新检验，确定等级。

由胶凝材料将骨料胶结成整体的复合固体材料总称为混凝土。由胶凝材料和细骨料配制而成者称砂浆。

水泥混凝土是最常用的一种混凝土，简称混凝土，是由水泥、水和粗、细骨料按适当比例配合，拌制均匀，浇筑成型，经硬化后形成的人造石材。

在混凝土中，石子和砂起骨架作用，叫骨料。水泥和水构成水泥浆，包裹了骨料颗粒，并填充空隙。水泥浆在拌合时起润滑作用，在硬结后显示出胶结和轻度作用。骨料和水泥复合发挥作用，构成混凝土整体。

混凝土是一种主要的景观材料。这是由于混凝土的原材料丰富，经久耐用，节约能源，价格较金属、木材和塑料等便宜，而且本身还具有很多长处：

1）可以根据不同要求，改变组成成分及其数量比例（称为配合比），配制出具有特定物理力学性能的产品；

2）拌合物可浇筑成不同形状和大小的制品或构件；

3）表面可以做成各种花饰、具有一定的装饰效果；

4）热膨胀系数与钢筋相近，相互之间有牢固的粘结力，两者可以取长补短，协同工作，所组成的钢筋混凝土，坚固耐久，维护费用低；

5）可以现浇成抗震性良好的整体景观物，也可以做成各种类型的装配式预制构件。

## 1. 建筑砂浆概述

建筑砂浆是将砌筑块体材料（砖、石、砌块）粘结为整体的砂浆。是由无机胶凝材料（水泥、石灰、石膏和粘土）、细骨料和水，有时也掺入某些掺合料组成。建筑砂浆和混凝土的区别在于不含粗骨料，它是由胶凝材料、细骨料和水按一定的比例配制而成。

建筑砂浆常用于砌筑砌体（如砖、石、砌块）结构，建筑物内外表面（如墙面、地面、顶棚）的抹面，大型墙板、砖石墙的勾缝，以及装饰材料的粘结等。

## 2. 分类

根据所用胶凝材料的不同，建筑砂浆分为水泥砂浆、石灰砂浆和混合砂浆等；按用途，砂浆可分为砌筑砂浆、抹面砂浆、装饰砂浆、防水砂浆、勾缝砂浆以及耐酸、耐热等特种砂浆。不同砂浆应根据用途，合理选择胶凝材料或水泥的品种（表10-12）。

### （1）砌筑砂浆

用于砌筑沙浆的胶凝材料有水泥和石灰，细骨料主要是天然砂，所配制的砂浆称为普通砂浆。常用的砌筑砂浆有水泥砂浆、石灰砂浆、水泥石灰混合砂浆等。水泥砂浆适用于潮湿环境及水中的砌体工程；石灰砂浆仅用于强度要求低、干燥环境中的砌体工程；混合砂浆不仅和易性好，而且可配制成各种强度等级的砌筑沙浆，除对耐水性有较高要求的砌体外，可广泛用于各种砌体工程中。砌筑砂浆能把单块砖、石或砌块胶结成整体，也用于填充构件的接缝。砌筑砂浆的作用是保证构件均匀受力，整体工作。为此，要求新拌砂浆具有良好的流动性和保水性，硬化后具有一定的强度。砌筑砂浆的强度等级分为M2.5、M5.0、M7.5、M10、M15共5个等级。一般砌体强度主要取决于砖或砌块的强度。通常采用M2.5~M10砂浆（图10-60）。

砌筑砂浆的技术性能包括：流动性（稠度）、保水性、强度、粘结力砂浆应随拌随用，水泥砂浆和水泥混合砂浆应分别在3h和4h内使用完毕；当施工期间最高气温超过30℃时，应分别在拌成后2h和3h内使用完毕。对掺用缓凝剂的砂浆，其使用时间可根据具体情况延长（表10-11）。

砌筑砂浆应采用机械搅拌，自投料完算起，搅拌时间应符合下列规定：水泥砂浆和水泥混合砂浆不得少于2m；水泥粉煤灰砂浆和掺用外加剂的砂浆不得少于3m；掺用有机塑化剂的砂浆，应为3~5m。

图 10-60 砌筑砂浆

表 10-11 砌筑砂浆的稠度适宜值

| 砌体种类 | 砂浆稠度 /mm |
|---|---|
| 烧结普通砖砌体 | 70~90 |
| 轻骨料混凝土小型空砌块砌体 | 60~90 |
| 烧结多孔砖、空心砖砌体 | 60~80 |
| 烧结普通砖平拱式过梁 空斗墙、筒拱 普通混凝土小型空心砌块砌体 加气混凝土砌块砌体 | 50~70 |
| 石砌体 | 30~50 |

## （2）抹面砂浆

凡涂抹在构件表面以及基底材料的表面，兼有保护基层和满足使用要求作用的砂浆，可统称为抹面砂浆（也称抹灰砂浆）。与砌筑砂浆相比，抹面砂浆具有以下特点：①抹面层不承受荷载；②抹面层与基底层要有足够的粘结强度，使其在施工中或长期自重和环境作用下不脱落、不开裂；③抹面层多为薄层，并分层涂抹，面层要求平整、光洁、细致、美观；④多用于干燥环境，大面积暴露在空气中。

根据其功能不同，抹面砂浆一般可分为普通抹面砂浆和特殊用途砂浆（具有防水、耐酸、绝热、吸声及装饰等用途的砂浆）。景观常用的普通抹面砂浆是水泥砂浆，因其耐水性能较好。抹面砂浆应用与基面牢固地粘合，因此要求砂浆应有良好的和易性及较高的粘结力。抹面砂浆常分两层或三层进行施工：底层砂浆的作用是使砂浆与基层能牢固地粘结，应有良好的保水性。中层主要是为了找平，有时可省去不做。面层主要为了获得平整、光洁地表面效果（图 10-61）。

图 10-61 抹面砂浆

表 10-12 砂浆的配比和应用

| 品种 | 配合比（体积比） | 应用 |
|---|---|---|
| 水泥砂浆 | 水泥 : 砂<br>1:1<br>1:2.5<br>1:3 | 清水砖墙勾缝<br>内、外墙，地面、楼面水泥砂浆面层<br>砖或混凝土墙面水泥砂浆底层 |
| 混合砂浆 | 水泥 : 石灰膏 : 砂<br>1:0.5:4<br>1:1:6<br>1:3:9 | 加气混凝土水泥砂浆抹面打底<br>加气混凝土水泥砂浆抹面中层<br>混凝土墙水泥砂浆抹面打底 |
| 石灰砂浆 | 石灰膏 : 砂<br>1:3 | 砖或混凝土内墙石灰砂浆底层和中层 |
| 纸筋灰 | 100kg 石灰膏加 3.8kg 纸筋 | 内墙、吊顶石灰砂浆面层 |
| 麻刀灰 | 100kg 石灰膏加 1.5kg 麻刀 | 板条、苇箔抹灰的底层 |

（3）防水砂浆

一种刚性防水材料，通过提高砂浆的密实性及改进抗裂性以达到防水抗渗的目的。主要用于不会因结构沉降，温度、湿度变化以及受振动等产生有害裂缝的防水工程。用作防水工程的防水层的防水砂浆有三种：刚性多层抹面的水泥砂浆、掺防水剂的防水砂浆、聚合物水泥防水砂浆。使用于景观墙体、水池等部分的防水、防渗、防潮及渗漏修复工程。如用于景观水池等工程的防水层及防水混凝土结构的附加防水层，属潮湿条件下施工的刚性防水施工工艺（图10-62）。

（4）装饰砂浆

装饰砂浆是用于景观饰面装饰，它是在抹面的同时，经各种加工处理而获得特殊的饰面形式，以满足审美需要的一种砂浆。装饰砂浆饰面可分为两类，即灰浆类饰面和石碴类饰面。灰浆类饰面是通过水泥砂浆的着色或水泥砂浆表面形态的艺术加工，获得一定色彩、线条、纹理质感的表面装饰。石碴类饰面是在水泥砂浆中掺入各种彩色石碴作骨料，配制成水泥石碴浆抹于墙体基层表面，然后用水洗、斧剁、水磨等手段除去表面水泥浆皮，呈现出石碴颜色及其质感的饰面。装饰砂浆表面可进行各种艺术处理，制成水磨石、水刷石、斩假石、麻点、干粘石、贴花、拉毛、拉条和人造大理石等（图10-63）。

（5）干拌砂浆

干拌砂浆是由专业生产厂生产、把经干燥筛分处理的细集料与无机胶凝材料、矿物掺合料、其它外加剂按一定比例混合成的一种粉状或颗粒状混合物。在施工现场按使用说明加水搅拌即成砂浆拌合物。产品的包装形式可分为散装或袋装（图10-64）。

景观工程中常用的是用于砌筑工程的干拌砌筑砂浆。

标记与强度等级：干拌砌筑砂浆DM，强度等级分为DM2.5、DM5.0、DM7.5、DM10、DM15，后加 –LR、–MR 和 –HR，分别代表低保水性、中保水性和高保水性。D 代表 dry–mixed mortar 的意思，即干拌砂浆。D 后的 M 代表干拌砂浆的砌筑用途（masonry）。

（6）聚合物砂浆

水泥砂浆的拌合物中加入聚合物乳液后【聚合物有聚乙烯醇缩甲醛树脂（即107胶）、环氧树脂等】均成为聚合物水泥砂浆。目前常采用的聚醋酸乙烯乳液、不饱和聚酯（双酚A）。聚合物水泥砂浆在硬化过程中，聚合物与水泥之间不发生化学反应，水泥水化物被乳液微粒所包裹，成为互相填充的结构。聚合物水泥砂浆的黏结力较强，同时耐蚀、耐磨及抗渗性能均高于一般的水泥砂浆。目前，聚合物砂浆主要用来提高装饰砂浆的黏结力以及填补钢筋混凝土构件的裂缝、抹耐磨及耐侵蚀的面层等。

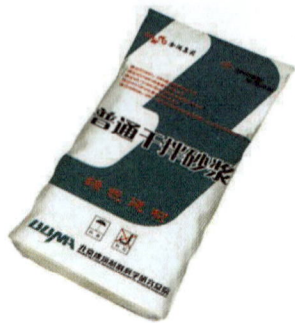

图 10-62 防水砂浆　　　图 10-63 装饰砂浆　　　图 10-64 干拌砂浆

## 2. 防水材料概述

总体来说防止雨水、地下水、工业和民用的给排水、腐蚀性液体以及空气中的湿气、蒸气等侵入建筑物与景观的材料基本上都统称为防水材料。

种植屋面防水材料

种植屋面必须铺设一层耐植物根系穿刺、耐腐蚀、耐霉烂、耐水性好及耐久性优良的防水材料，种植屋面应根据工程具体情况及设计要求，铺设 1~2 道防水层。

（1）耐根穿刺层材料宜选用下列几种：

铜复合胎基改性沥青根阻防水卷材（SBS）是一种理想的、种植屋面用根阻防水卷材。其根阻性能是通过在 SBS 改性沥青涂层中加入的生物阻根剂，以及经过铜蒸气处理过的聚酯复合胎基来实现的。当植物根接触到涂层中的生物阻根剂就会发生角质化，不会继续生长，即使是植物根接触到了胎基，也会因为复合铜胎基中铜离子的作用，使植物根转向寻找其他方式继续生长，不会继续破坏防水层。通过以上双重保护使这种材料可以在种植屋面系统中发挥强大的根阻性能。同时它具有良好的防水性能，很强的抗变形能力，理想的耐久性能。采用热熔法施工（图 10-65）。

图 10-65 铜复合胎基改性沥青根阻防水卷材

（2）聚氯乙烯防水卷材（PVC）

是一种性能优异的高分子防水材料，以聚氯乙烯树脂为主要原料，加入多种化学助剂和抗老化组分，经混炼、挤出成型和硫化等工序加工制成的防水卷材。它使用寿命长、耐老化、屋面材料可使用 30 年以上，地下可达 50 年之久。拉伸强度高、延伸率高、热处理尺寸变化小、低温柔性好、适应环境温差变化性好。另外，它耐根系渗透性好、抗穿孔性好，耐化学腐蚀性强。采用热焊接法接缝施工，施工方便、焊接、牢固可靠且环保无污染。具有良好的可塑性，边角细微部分处理方便快捷（图 10-66）。

图 10-66 聚氯乙烯防水卷材

（3）热塑性聚烯烃防水卷材（TPO）

是以采用先进的聚合技术将乙丙橡胶与聚丙烯结合在一起的热塑性聚烯烃合成树脂为基料，加入抗氧剂、防老剂、软化剂制成的新型防水卷材，属合成高分子防水卷材类防水材料。它具有较强的耐候能力、低温柔度，在两层 TPO 材料中间加设一层聚酯纤维织物后，可增强其物理性能、提高其断裂强度、抗疲劳、抗穿刺能力。它具有良好的加工性能、力学性能和高强焊接性能，厚 1.2~1.5mm，采用热焊接法接缝施工。在实际的应用中，它具有潮湿屋面可施工、外露无须保护层、施工方便、无污染等特点，十分适用于轻型节能屋面的防水层（图 10-67）。

（4）合金防水卷材（PSS)

PSS 合金防水卷材属惰性金属范畴，它是以铅、锡、锑等金属材料经熔化、浇筑、辊压成片状可卷曲的防水材料。具有抗渗透、耐腐蚀、不生锈、不燃烧、不老化、耐久性好、强度高、延伸率大、耐高低温好、耐穿刺好等特点。对基层要求低、可在潮湿基层上使用，防水性能可靠。采用热焊接法施工，施工方便、使用寿命长、维修费用省，综合性能优越。

图 10-67 热塑性聚烯烃防水卷材

（5）高密度聚乙烯土工膜（HDPE）

选用聚乙烯原生树脂，主要成分为 97.5% 的高密度聚乙烯，约 2.5% 的碳黑、抗老化剂、抗氧剂、紫外线吸收剂、稳定剂等辅料。它具有高抗拉强度，纵横向变形均匀，防渗性、耐磨性、耐腐蚀性能好，以及有较大的使用温度范围（-60 ~ 60℃）和较长的使用寿命（50 年）。它厚 1.0~1.5mm，采用热焊接法接缝施工，尺寸稳定性好，黏结性好，施工方便（图 10-68）。

（6）金属铜胎改性沥青防水卷材（JCUB）

是以金属铜为胎基，上下两层分别涂以高聚物改性沥青胶或自黏沥青胶，两面覆以隔离材料所制成的防水卷材。金属加强保护，预防根穿刺，阻止水蒸气。它密闭、密封双结合，具有蠕变性，可吸收应力。施工采用热熔法，基面要求平整、牢固、密实、无裂缝、无蜕皮起壳现象。各种连接、转角处均应做成圆角或钝角处理。施工后避免尖、刺损伤，24 小时稳定期。

图 10-68 高密度聚乙烯土工膜

（7）聚乙烯胎高聚物改性沥青防水卷材（PPE）

以高密度的聚乙烯膜为胎基，上下表面为高聚物改性沥青胶，表面覆盖隔离材料制成的防水卷材。它具有致密性、耐渗、耐根穿刺性,适于种植和水蒸气较大的防水工程。耐腐蚀性强，即使长期浸泡在酸碱盐水中，防水性能和耐久性能也不受影响。可采用热熔法施工或冷胶黏剂黏贴施工（图10-69）。

（8）聚乙烯丙纶防水卷材

是以原生聚乙烯合成高分子材料加入抗老化剂、稳定剂、助黏剂等与高强度新型丙纶涤纶长丝无纺布，经过一次复合而成的新型防水卷材。它可以在环境 -40 ~ -60℃范围内长期稳定使用。适合多种材料黏合，尤其与水泥材料在凝固过程中直接黏合，只要无明水便可施工，其抗拉强度高、抗渗能力强、低温柔性好、膨胀系数小、摩擦系数小、性能稳定可靠、综合性能良好。采用专用胶黏剂冷黏结施工（图10-70）。

图10-69 聚乙烯胎高聚物改性沥青防水卷材

图10-70 聚乙烯丙纶防水卷材

表10-13 防水层厚度选用表

| | 防水材料 | 选用厚度（mm） | 施工方法 |
|---|---|---|---|
| 1 | 合金防水卷材 (PSS) | 单层使用 ≥ 0.5 | 热焊接法 |
| 2 | 铜复合胎基改性沥青根阻防水卷材 (SBS) | 单层使用 ≥ 4；双层使用 ≥ 4+3 ① | 热熔法 |
| 3 | 金属铜胎改性沥青防水卷材 (JCuB) | 单层使用 ≥ 4；双层使用 ≥ 4+3 | 热熔（冷自黏）法 |
| 4 | 聚乙烯胎高聚物改性沥青防水卷材 (PPE) | 单层使用 ≥ 4；双层使用 ≥ 4+3 | 冷自黏（热熔）法 |
| 5 | 高聚物改性沥青防水卷材 (SBS) | 单层使用 ≥ 4；双层使用 ≥ 6（3+3） | 热熔法 |
| 6 | 双面自黏橡胶沥青防水卷材 (BAC) | 单层使用 ≥ 3；双层使用 ≥ 2+2 | 水泥浆湿铺法 |
| 7 | 聚氯乙烯防水卷材 (PVC) | 单层使用 ≥ 1.5；双层使用 ≥ 1.2+1.2 | 热焊接法 |
| 8 | 聚乙烯丙纶防水卷材 | 单层使用 ≥ 0.9；双层使用 ≥ 0.7+0.7 | 专用胶黏法② |
| 9 | 水泥基渗透结晶型防水涂料 | 单层使用 ≥ 0.8，用料量 ≥ 1.2kg/m² | 涂刷施工 |

（9）景观水池防水材料

SBS 改性沥青防水卷材

是以 SBS 橡胶改性石油沥青引为侵渍覆盖层，以聚酯纤维无纺布、黄麻布、玻纤毡等分别制作为胎基，以塑料薄膜为防黏隔离层，经选材、配料、共熔、浸渍、复合成型、卷曲等工序加工制作。具有很好的耐高温性能，可以在 −25~100℃ 的温度范围内使用，具有较高的弹性和耐疲劳性，延伸性能好，以及具有较强的耐穿刺能力、耐撕裂能力。其使用寿命长，施工简便，污染小。施工方法：施工前应清理基层缺陷，基层含水率不大于 9%，涂刷专用底子油并充分干燥后再施工（图 10-71）。

（10）APP 改性沥青防水卷材

是以聚脂毡或玻纤毡为胎基，以 APP 改性沥青为主要原料，以聚乙烯膜或其它隔离材料所制成的一种塑性卷材。具有非常好的稳定性和拉伸强度，耐高温、耐紫外线、抗老化性能强。一般情况下，APP 改性沥青的老化期在 20 年以上，温度适应范围为 −15~130℃，适用于较高气温环境的建筑防水。特别是耐紫外线的能力比其他改性沥青卷材都强，非常适宜在有强烈阳光照射的炎热地区使用。施工方法：热熔或冷黏。施工操作简单、安全、无污染，不受气温影响，一年四季均可施工（图 10-72）。

（11）水泥基渗透结晶型掺和剂防水钢筋混凝土

是一种独特结晶的干粉混合剂。这种混合剂是在混凝土或水泥砂浆配料时加入的，即和水泥同步使用，省工省时，它可以使混凝土防水、防腐、提高强度。其特有的活性化学物质利用水泥混凝土本身固有的化学特性及多孔性，以水做载体，借助渗透作用，在混凝土微孔及毛细管中传输、充盈，再次发生水化作用，而形成不溶性的枝蔓状结晶并与混凝土结合成为整体，挡住任何方向来的水及其它液体，达到永久性的防水、防潮和保护钢筋、增强混凝土结构强度的效果（图 10-73）。

（12）水泥基渗透结晶型防水涂料

是以特种水泥、石英砂等为基料，掺入多种活性化学物质制成的粉状刚性防水材料。与水作用后，材料中含有的活性化学物通过载体水向混凝土内部渗透，在混凝土中形成不溶于水的结晶体，堵塞毛细孔道，从而使混凝土致密、防水。它适宜在潮湿的基面上施工，具有很强的渗透能力、在混凝土内部渗透结晶，不易被破坏，具有自我修复能力，可修复小于 0.4mm 的裂缝。它可以防止冻融循环、抑制碱骨料反应，防止化学腐蚀对混凝土结构的破坏。

（13）EPDM 复合防水卷材

三元乙丙防水卷材（简称 EPDM）是用三元乙丙橡胶做主体材料，加入防老化剂、促进剂、并加入纳米材料，使防水卷材的耐候性有很大提高。它具有高强高弹性、拉伸性能好、耐老化、耐紫外线照射、耐化学腐蚀、耐根系渗透等特点。耐高低温性能好，能在 −70~110℃ 的环境条件下使用。使用寿命在 50 年以上，掩埋下使用 100 年以上或更长。施工工艺：清理基层→ 涂刷基层处理剂→ 附加层处理→ 卷材黏贴面涂胶→ 基层表面涂胶→ 卷材的黏接、排气、压实→ 卷材接头黏接、压实→ 卷材末端收头及封边处理→ 做保护。

图 10-71 SBS 改性沥青防水卷材

图 10-72 APP 改性沥青防水卷材

图 10-73 水泥基渗透结晶型防水涂料

（14）膨润土防水毯

它是由高膨胀性的钠基膨润土填充在特制的复合土工布和无纺布之间，用针刺法制成的膨润土防渗垫可形成许多小的纤维空间，使膨润土颗粒不能向一个方向流动，遇水时在垫内形成均匀高密度的胶状防水层，有效地防止水的渗漏。它密实性好、防水性能持久、耐老化、耐腐蚀。膨润土为天然无机材料，对人体无害无毒，具有良好的环保性能。施工方法：施工比较简单，不需要加热和黏贴。只需用膨润土粉末和钉子、垫圈等进行连接和固定。施工后不需要特别的检查，如果发现防水缺陷也容易维修（图10-74）。

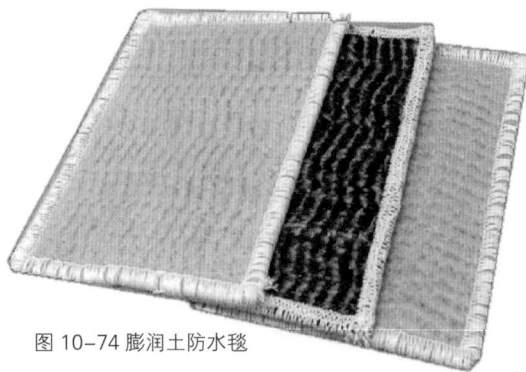

图10-74 膨润土防水毯

**其他防水材料**

（1）防水涂料

是在常温下呈无定形液态，经涂布能在结构物表面固化形成具有相当厚度并有一定弹性的防水膜的物料总称。防水涂料广泛适用于景观工程的屋面防水、地下室防水和地面防潮、防渗等。按主要成膜物质可分为乳化沥青类防水涂料、改性沥青类防水涂料、合成高分子类防水涂料和水泥基防水涂料等。

（2）沥青基防水涂料

可分为冷底子油、沥青胶及乳化沥青。

高聚物改性沥青防水涂料以沥青为基料，用合成高分子聚合物进行改性，制成的水乳型或溶剂型防水涂料。此类涂料在柔韧性、抗裂性、拉伸强度、耐高低温性能、使用寿命等方面比沥青及涂料都有很大改善。适用于Ⅱ级及以下防水等级的屋面、地面、地下室等部位的防水工程。

（3）合成高分子防水涂料

合成高分子防水涂料是以合成橡胶或合成树脂为主要成膜物质制成的单组分或多组分的防水涂料。此类涂料比沥青基及改性沥青基防水涂料具有更好的弹性和塑性、耐久性以及耐高低温性能。常见有聚氨酯防水涂料、石油沥青聚氨酯防水涂料、硅橡胶防水涂料。

聚合物水泥防水涂料 是以聚丙烯酸酯乳液、乙烯醋酸乙烯共聚乳液和各种外加剂组成的有机液料与高铁高铝水泥、石英、砂及各种添加料组成的无机粉料按一定比例复合制成的防水涂料。聚合物水泥防水涂料无毒无害，可用于饮用水工程，施工安全、简单工期短，涂层高弹性、高强度，还可按工程需要配制彩色涂层。

（4）密封防水材料

是指能承受位移以达到气密、水密目的而嵌入建筑接缝中的材料。

聚硫密封膏 是以LP液态聚硫橡胶为基料，再加入硫化剂、增塑剂、填充料等拌制成的均匀的膏状体。其具有黏结力强、抗撕裂性强、耐油、耐湿热、耐水和耐低温等性能，适应温度范围宽（-40～96℃），低温柔韧性好，抗紫外线暴晒以及抗冰雪和水浸能力强。特别适用于长期浸泡在水中的工程（如水库、堤坝、游泳池等）、严寒地区的工程。

硅酮（聚硅氧烷）密封膏 又称有机硅密封膏，是以有机硅为基料配成的建筑用高弹性密封膏。其具有优异的耐热性、耐寒性、使用温度为-50～250℃，并具有良好的耐候性，使用寿命为30年以上，与各种材料都有较好的黏结性能，耐拉伸压缩疲劳性强，耐水性好。

聚氨酯密封膏 具有模量低、延伸率大、弹性高、黏性好、耐低温、耐水、耐酸碱、抗疲劳、使用年限长等优点，而且在弹性建筑密封膏中价格较低。其广泛用于给排水管道、游泳池、道路桥梁等工程的接缝密封与渗漏修补。

丙烯酸类树脂密封膏 此类密封膏在一般建筑材料（如砖、砂浆、混凝土、大理石、花岗石等）上不产生污染。其具有优良的抗紫外线性能，延伸率也很好，而且价格比橡胶类密封膏便宜，属于中等价格及性能的产品。此类密封膏主要用于屋面、墙板、门、窗嵌缝，但它的耐水性不是很好，故不宜用于长期浸泡在水中的工程，亦不宜用于频繁受振动的工程。

## 1. 玻璃

是以石英砂、纯碱、石灰石等为主要原料,并加入助熔剂、脱色剂、着色剂、乳浊剂等辅助原料,经加热熔融、成型、冷却而成的一种硅酸盐材料。因主要成分有硅、钠、钙,故又称钠、钙硅酸盐玻璃,为常用的玻璃品种。

玻璃的抗压强度为 600~1600MPa,而抗拉强度仅 40~120MPa,在冲击荷载作用下容易破碎,是典型的脆性材料。玻璃表现密度较大,约为 2450~2550kg/m³。玻璃的热稳定性差,遇沸水易破裂。玻璃的化学稳定性较好,耐酸性强,能抵抗除氢氟酸以外的多种酸类侵蚀,但碱液和金属碳酸盐能溶蚀玻璃。玻璃长期受水作用,会水解而生成碱和硅酸,这种现象称为玻璃的风化。玻璃有极好的光学性质,它不仅能透过光线,而且还能反射和吸收光线。(图 10-75,10-76,10-77)

### (1)普通平板玻璃

普通平板玻璃是玻璃中较为常用的一种类型。普通平板玻璃按生产方法分有垂直引上法和浮法两种。前者按厚度分为 2、3、4、5、6mm 五类,其中 2、3mm 的玻璃用于一般景观的窗玻璃,其余作玻璃深加工原片。浮法玻璃按厚度分为 3、4、5、6、8、10、12mm 七种。玻璃不仅透光性好,能隔绝空气,且略有隔声效果。根据外观缺陷严重程度及数量多少,国标将平板玻璃分为特选品、一等品和二等品。浮法玻璃分为优等品、一等品和合格品三个等级(图 10-78)。

图 10-75 玻璃阳光房

图 10-76 玻璃廊架

图 10-77 玻璃围栏

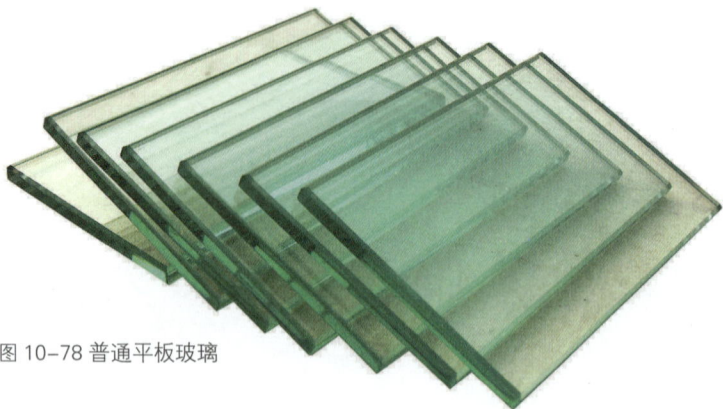
图 10-78 普通平板玻璃

（2）装饰玻璃

顾名思义是一种以装饰功能为主的玻璃。它包括磨砂玻璃、花纹玻璃、彩色玻璃、玻璃空心砖等。

（3）磨砂玻璃

磨砂玻璃是将平板玻璃用机械喷砂、手工研磨或氢氟酸溶蚀等方法处理表面。以得到均匀的毛面。磨砂玻璃也称毛玻璃。当光线通过玻璃时，便产生漫反射，即只能透光而不透视（图10-79）。

（4）花纹玻璃

根据加工方法的不同，分压花玻璃和喷花玻璃两种。压花玻璃又称滚花玻璃，它是在压延玻璃时，将滚筒上的各种花纹图案印压在红热的玻璃上，即成压花玻璃。喷花玻璃又称胶花玻璃，是在普通平板玻璃表面贴上花纹图案，抹以护面层，并经喷砂处理而成（图10-80）。

（5）彩色玻璃

彩色玻璃又称有色玻璃，分透明和不透明两种。透明彩色玻璃是在原料中加入适量的金属氧化物使玻璃着色而成。不透明彩色玻璃分釉面和彩色乳浊饰面玻璃两种。釉面玻璃是在平板玻璃的一面喷涂彩色易熔色釉，在焙烧炉中加热至釉料熔融，使釉和玻璃牢固地结合在一起。彩色乳浊饰面玻璃是在彩色玻璃的原料中加入乳浊剂制成（图10-82）。

（6）玻璃空心砖

玻璃空心砖是把两块压铸成凹形的玻璃经熔接或胶结而成的正方形玻璃砖（图10-81）。

图10-79 磨砂玻璃

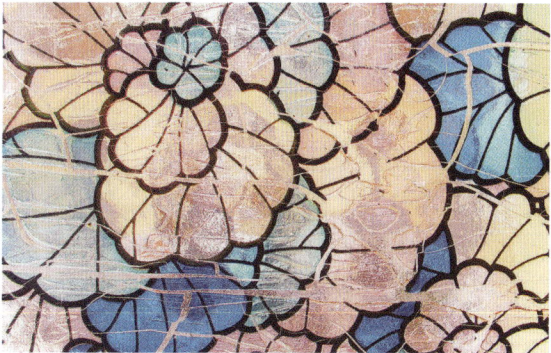

图10-80 花纹玻璃

图10-82 彩色玻璃

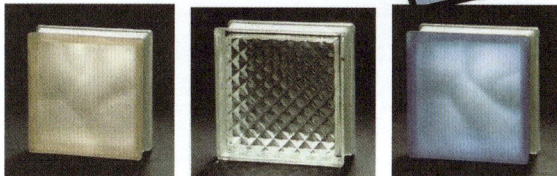

图10-81 玻璃空心砖

（7）安全玻璃

主要是指玻璃受到破坏时尽管碎裂，但不掉下；有时虽然破碎后掉下，但碎块无尖角，均不致伤人。有的安全玻璃还有防火作用。安全玻璃视所用原片的品种不同，可同时具有一定的装饰效果。考虑到安全因素，景观选材时尽量选用安全玻璃。安全玻璃的主要品种有钢化玻璃、夹丝玻璃、夹层玻璃等。

（8）钢化玻璃

钢化玻璃又称强化玻璃。它是将平板玻璃经物理或化学方法强化处理后，使玻璃的强度，抗冲击性、耐温度剧烈变化等性能均大幅度提高的玻璃。

钢化玻璃的抗弯强度比同厚度普通玻璃高3倍以上，抗冲击性能也大大提高，且能耐急冷急热，当玻璃破碎后碎块无尖锐棱角，不致伤人。钢化玻璃不能切割磨削，边角不能碰击，使用时需选用现成的尺寸规格，或提出具体的玻璃加工尺寸及图纸。钢化玻璃常用于景观门窗、隔墙、玻璃幕墙等处（图10-83）。

（9）夹丝玻璃

夹丝玻璃又称防碎玻璃。它是将预先加热的金属网或金属丝压入已红热软化的压花玻璃或磨光玻璃中，即成夹丝玻璃。夹丝玻璃的抗折强度、抗冲击性和耐温度剧烈变化的性能均比同厚度的普通玻璃高。夹丝玻璃适用于景观的门、窗、隔墙、走廊等处（图10-84）。

（10）夹层玻璃

夹层玻璃是用透明的黏性薄膜将两片或多片玻璃胶结，经加热加压黏合而成。夹层玻璃的透明度好，抗冲击性比普通玻璃高几倍，破碎时碎片仍黏在薄膜上，不易脱落伤人，且耐热、耐湿、耐寒性能好。夹层玻璃多用于室外景观的门窗、栏板、隔断（图10-85）。

（11）防火玻璃

防火玻璃属夹层玻璃的一个品种。它是在两层玻璃间夹具有防火功能的透明膜而成。防火玻璃有良好的透光和防火隔热性能，有一定的耐久性和抗冲击强度。除透明的防火玻璃外，还有茶色、压花、磨砂和带有图案等的防火玻璃多种。防火玻璃用于建筑采光顶等处（图10-86）。

图10-83 钢化玻璃

图10-84 夹丝玻璃

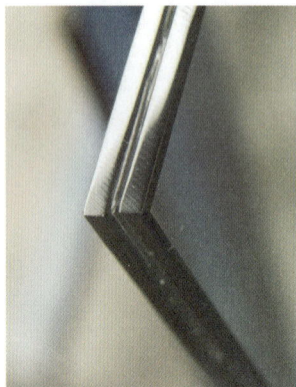

图10-85 夹层玻璃

图10-86 防火玻璃

## 2. 建筑涂料

将用于建筑物、构筑物表面涂敷，能起到防护、装饰、防锈、防腐、防水及其他特殊功能的干结成膜，叫做建筑涂料。

（1）种类

按所起的作用不同，可分为主要成膜物质（基料、胶黏剂和固着剂）、次要成膜物质（颜料和填料）、稀释剂和助剂四类。

按构成涂膜主要成膜物质的化学成分，可将建筑涂料分为有机涂料（溶剂型涂料、水溶性涂料、乳胶涂料）、无机涂料、无机和有机复合涂料三类。

按构成涂膜的主要成膜物质，可将涂料分为聚乙烯醇系建筑涂料，丙烯酸系建筑涂料、氯化橡胶外墙涂料、聚氨酯建筑涂料和水玻璃及硅溶胶建筑涂料等。

按建筑物的使用部位，可将其分为外墙涂料、内墙涂料、顶棚涂料和屋面防水涂料。

按建筑涂料的功能可将其分为装饰性涂料、防火涂料、保温涂料、防腐涂料和防水涂料。

按涂膜的状态可将其分为薄质涂料、厚质涂料、砂壁涂料及变形凹凸花纹涂料等。

（2）常用品种

9）内墙涂料（略）

常用的外墙涂料有过氯乙烯外墙涂料、氧化橡胶外墙涂料、丙烯酸酯外墙涂料、聚氨酯系外墙涂料、水溶性氯磺化聚乙烯涂料、乙－丙乳液涂料、氯－醋－丙三元共聚乳液涂料、丙烯酸酯乳液涂料、彩砂涂料 JH80–1 无机外墙涂料、JH80–2 无机外墙涂料、KS–82 无机高分子外墙涂料、薄抹涂料等。

常用的地面涂料有过氯乙烯地面涂料、环氧树脂厚质地面涂料、聚氨酯地面涂料、塑料涂布地面等。

## 3. 建筑塑料

景观工程与建筑上常用的塑料绝大多数都是以合成树脂为基本材料，再按一定的比例加入填充料、增塑剂、着色剂、稳定剂等材料，经混炼、塑化，并在一定压力和温度下制成的。但也有不加任何外加剂的塑料，如有机玻璃、聚乙烯等。

塑料的性质主要取决于树脂的性质，合成树脂是主要由碳、氢和少量的氧、氮、硫等原子以某种化学键结合而成的有机化合物。

分类

通常按树脂的合成方法分为聚合物塑料和缩合物塑料；按树脂在受热时所发生的变化不同分为热塑性塑料和热固性塑料。

常用品种

聚乙烯塑料（PE）；聚氯乙烯塑料（PVC）；聚苯乙烯塑料（PS）；聚丙烯塑料（PP）；聚甲基丙烯酸甲酯（PMMA）；聚酯树脂（PR）；酚醛树脂（PF）；有机硅树脂（Si）。

景观工程中常用到塑料管材、塑料地板、塑料装饰板和玻璃钢建筑制品。

常见的玻璃钢制品使用玻璃纤维及其织物为增强材料，以热固性不饱和聚酯（UP）树脂或环氧树脂 (EP) 等为胶黏料制成的一种复合材料。它质量轻、强度接近刚才，因此得名。景观工程中常用其做玻璃钢波形瓦、玻璃钢采光罩、楼梯扶手、景观小品等。

## 4. 建筑陶瓷

在景观工程中应用较多的建筑陶瓷制品有釉面砖、外墙面砖与地面砖、陶瓷锦砖、琉璃制品、陶瓷壁画及卫生陶瓷等。

墙地砖

包括外墙面砖和室外地面铺贴用砖，是以优质陶土原料加入其他材料配成生料，经半干法压制成型后于 1100℃左右焙烧而成，分有釉和无釉两种。墙地砖主要用于建筑物外墙贴面和室外地面装饰铺贴用。用于外墙面的常用规格为 150mm×75mm、 200mm×100mm 等，用于地面的常用规格有 300mm×300mm、 400mm×400mm，其厚度在 8~12mm 之间。

## 5. 陶瓷锦砖

俗称马赛克，是以优质瓷土为主要原料，以半干法压制成型，经 1250℃高温烧制成边长不大于 40mm 的方形、长方形或六角形等薄片状小块瓷砖后，在按设计图案反贴在牛皮纸上而成。其图案美观、质地坚实、抗压强度高、耐污染、耐服饰、耐磨、耐水、抗火、抗冻、不滑、易清洗且坚固耐用，造价低。

## 6. 琉璃制品

琉璃制品是以难熔黏土做原料，经配料、成型、干燥、素烧，表面涂以琉璃釉料后，再经烧制而成。琉璃制品常见的颜色有：金、黄、蓝和青等。其主要产品有琉璃瓦、琉璃砖、琉璃兽、琉璃花窗、栏杆等装饰制品，还有琉璃桌、绣墩、鱼缸、花盆、花瓶等陈设用的工艺品。琉璃制品常用于景观古建筑的板瓦、筒瓦、滴水、勾头以及飞禽走兽等用作槽头和屋脊的装饰物，还可以用于园林建筑中的亭、台、楼、阁等。

## 7. 陶瓷壁画

陶瓷壁画是以陶瓷面砖、陶板等块材经镶拼制作的具有较高艺术价值的现代景观装饰。陶瓷壁画具有单块砖面积大、厚度薄、强度高、平整度好、吸水率小、抗化学腐蚀、耐急冷急热等特点。其施工方便，可具有绘画、书法、条幅等多种功能。陶板表面可制成平滑面、浮雕花纹图案等。

陶瓷壁画适用于宾馆、大厦、酒店等高层建筑的镶嵌，也可镶贴于公共活动场所，如机场候机厅、车站候车室、大型会议室、园林旅游区以及码头、地铁、隧道灯公共设施的装饰。

# 参考文献：

## 一、设计标准、规范

《城市道路绿化规划与设计规范》CJJ 75—97

《种植屋面工程技术规程》JGJ155-2007

《种植屋面防水施工技术规程》DB11/366-2006（北京市地方标准）

《煤渣砖》JC525-1993

《粉煤灰砌块》JC238-1991（1996）

《游泳池和类似场所灯具安全要求》GB7000.8-0997

《城市道路照明设计标准》CJJ45-2006

《防尘、防固体异物和防水灯具的规定》GB4208

## 二、设计图集

《庭院·小品·绿化》88J10（建筑构造通用图集）

《环境景观绿化种植设计》03J012-2（国家建筑标准设计图集）

《屋面详图》08BJ5-1（华北标BJ系列图集）

《工程做法》08BJ1-1（华北标BJ系列图集）

## 三、文献

【1】丁绍刚.风景.园林景观设计师手册.上海：上海科学技术出版社，2009.

【2】（美）丹尼斯等著，俞孔坚等译.景观设计师便携手册.北京：中国建筑工业出版社，2002.

【3】建设部住宅产业化促进中心.居住区环境景观设计导则.北京：中国建筑工业出版社，2009.

【4】国际绿色屋顶协会，健康绿色屋顶协会.最新国外屋顶绿化.武汉：华中科技大学出版社，2009.

【5】尹吉光.图解.园林植物造景.2版.北京：机械工业出版社2011.6

【6】董丽.园林花卉应用设计.2版.北京：中国林业出版社.2010.1

【7】徐峰，封蕾，郭子一.屋顶花园设计与施工.北京.化学工业出版社.2007.2

【8】陈有民.园林树木学.中国林业出版社

【9】丁绍刚.风景园林概论.北京：中国建筑工业出版社，2008.

【10】胡长龙.园林规划设计.北京：中国农业出版社，2002.

【11】西安建筑科技大学等合编.《建筑材料》.2004

【12】王磐岩.风景园林师设计手册.中国建筑工业出版社，2011

【13】照明设计手册（第二版）.北京照明学会照明设计委员会编，北京，中国电力出版社2006

【14】建筑照明（原著第二版）/（美）埃甘，（美）欧尔焦伊著；袁樵译.北京：中国建筑出版社，2006

【15】李农著.照明规划设计方案的构成与表现：国家高级照明设计师专业能力考核技术的要点与实例.北京：
中国建筑工业出版社，2013.11

【16】照明设计师：国家职业资格二级/中国就业培训技术指导中心组织编写.北京：中国劳动社会保障出版
社，2012